一 流 学 科 建 设 研 究 生 教 材

多孔材料化学

廖耀祖 钱 成 吕 伟 等 编著

Porous
Materials
Chemistry

本书配有数字资源与在线增值服务
微信扫描二维码获取

认准正版
首次获取资源时,
需刮开授权码涂层,
扫码认证

刮开涂层
扫码认证

 化学工业出版社
·北京·

内容简介

《多孔材料化学》由我国当前活跃在多孔材料化学领域科研一线的学者和专家撰写，结合作者团队已取得的代表性研究进展，同时对部分国内外同领域的相关重要工作进行了概述，全书主体内容包括 8 章，包括共轭微孔聚合物材料、共价有机框架材料、离子型多孔聚合物材料、笼状多孔材料、金属有机框架材料、介孔无机材料和多孔硅材料、多孔碳材料，涵盖了目前多孔材料化学的基本研究范畴，系统性强，反映了当前该领域的研究前沿与现状。

本书可供高等院校和科研部门从事材料化学、高分子化学、超分子科学及相关专业的师生与科研工作者阅读参考，也可作为研究生和高年级本科生拓展知识面的参考用书。

图书在版编目（CIP）数据

多孔材料化学 / 廖耀祖等编著. -- 北京 ：化学工业出版社，2024.9. --（一流学科建设研究生教材）.
ISBN 978-7-122-44765-4

Ⅰ. TB39

中国国家版本馆 CIP 数据核字第 2024YZ6157 号

责任编辑：王 婧 杨 菁
文字编辑：杨凤轩 师明远
责任校对：王鹏飞
装帧设计：张 辉

出版发行：化学工业出版社
　　　　　（北京市东城区青年湖南街13号　邮政编码100011）
印　　装：中煤（北京）印务有限公司
710mm×1000mm　1/16　印张16　字数295千字
2025年5月北京第1版第1次印刷

购书咨询：010-64518888
售后服务：010-64518899
网　　址：http://www.cip.com.cn
凡购买本书，如有缺损质量问题，本社销售中心负责调换。

定　　价：98.00元

序

多孔材料作为一类具有独特结构和性能的功能材料，在当今材料科学、化学、环境工程科学及相关领域中占据着重要的地位。它们以其高比表面积、丰富的孔道结构和多样的化学组成，展现出广泛的应用前景，从吸附、分离、催化、能源存储与转化，到生物医学等众多领域，都能看到多孔材料的身影。

多孔材料在现代化学和材料科学中发挥着重要作用。随着多学科交叉的不断深入，多孔材料的研究和开发日新月异，及时梳理该领域的最新研究进展非常重要。《多孔材料化学》旨在为读者提供一个全面、系统地了解多孔材料的平台，涵盖了多孔材料的基本概念、化学基础、合成方法、结构特征、性能与应用等方面的内容。该书不仅介绍了多孔材料的经典理论和重要研究成果，还关注了该领域的最新发展动态和前沿研究方向，使读者能够紧跟时代步伐，把握多孔材料学科发展的脉搏。同时，为了帮助读者更好地理解，书中配备了大量的图表和实例，以增强教材的可读性。

编写团队成员均是多年从事多孔材料化学科研与教学的一线教师，其中国家级人才计划入选者4人，省市级人才计划入选者9人。编写团队师德师风优良、学术水平高、教学能力强。书中内容安排合理，图文并茂，语言简洁流畅，结构层次分明。通过这本书，读者将深入了解多孔材料的物理化学本质，掌握其结构设计、化学合成和性能调控的基本原理和方法，为从事相关领域的研究和开发工作奠定坚实的基础。

丰美芳

中国科学院院士

2025年1月于上海

前　言

孔隙，在自然界无处不在。多孔材料是一类由相互贯通或封闭的孔洞构成网络结构的材料，因其具有高比表面积、高孔隙率、高透过性、高吸附性、可组装性等诸多物理化学特性，在现代化学和材料科学中发挥着重要作用。多孔材料在化工、生物医药、能源、环境等领域展现出广阔的发展前景。例如，以无机沸石分子筛为典型代表的多孔材料已被广泛应用在气体吸附与分离、能量存储、催化、传感以及生物成像与癌症诊疗等关键领域。随着现代科学技术的发展，多孔材料的内涵不断扩大，其组分从传统单一的无机组分材料发展到有机无机杂化材料，再发展到纯有机材料或纯碳组分材料。

近年来，国内外学者们对多孔材料的研究兴趣日益浓厚，从多孔材料的合成方法、结构表征到功能应用，都取得了长足的发展。多孔材料设计合成的独特规律以及实际应用的重要价值，促使我们思考多孔材料领域中一些共性科学问题。基于编者科研工作实例，结合多孔材料前沿技术发展动态，广泛收集国内外有关文献资料，编写了此书。书中比较全面地介绍了多孔材料的设计原理、制备方法、表征技术和主要用途。本书在组织选材方面，注意将基础知识与应用实例结合起来，力求每章内容既相对独立又相互联系，在写作方面尽量做到通俗易懂，由浅入深，使读者在轻松阅读的过程中获得思考和启示。

本书将现代合成化学、材料制备方法与材料构效关系研究紧密结合，对多孔材料结构和性能的国内外最新研究成果进行总结，突出解决问题的思路和方法，为研究生及高年级本科生的学习提供参考。在内容安排上，全书共8章，主要包括共轭微孔聚合物材料、共价有机框架材料、离子型多孔聚合物材料、笼状多孔材料、金属有机框架材料、介孔无机材料、多孔硅材料和多孔碳材料等内容。参加本书编写的有：廖耀祖（绪论和第1章）、吕伟（第1章）、钱成（第2章）、张卫懿（第3章）、陈丰坤（第4章）、宣为民和郑琦（第5章）、罗维（第6章）、杨建平（第 7 章）、李小鹏（第 8 章）。全书由廖耀祖负责制定编写大纲和定稿工作，由钱成负责统稿工作。

本书承蒙东华大学朱美芳院士审阅，并提出了诸多宝贵的意见，在此特致以衷心的谢意。

限于编者的水平，书中疏漏和不妥之处在所难免，敬请各院校教师和读者予以批评指正。

编著者

2025 年 1 月于东华大学

目　录

第 3 章
离子型多孔聚合物材料 / 058

第 4 章
笼状多孔材料 / 088

第 5 章
金属有机框架材料 / 121

第 6 章
介孔无机材料 / 160

第 7 章
多孔硅材料 / 190

第 8 章
多孔碳材料 / 225

绪　论

多孔材料是具有孔道结构的功能材料，由连续的固相作为材料骨架，气相或液相形成孔隙。根据孔径大小，多孔材料可以分为微孔材料（＜2nm）、介孔材料（2～50nm）和大孔材料（＞50nm）。按照组成分类，多孔材料可以分为无机多孔材料、无机-有机杂化多孔材料和有机多孔材料。无机多孔材料包括天然或合成的沸石、纯硅分子筛、多孔碳、多孔硅、气凝胶等类型。无机-有机杂化多孔材料的典型代表是金属有机框架（metal organic frameworks，MOFs），它是一类由金属离子或金属团簇与有机配体通过配位键自组装形成的多孔晶态材料。多孔有机聚合物（porous organic polymers，POPs）是一类具有微孔或介孔结构的有机多孔材料，通常由 C、H、O、N、B 等元素组成。POPs 材料主要包括多孔配位笼（porous coordination cages，PCCs）、氢键有机骨架（hydrogen-bonded organic frameworks，HOFs）、共价有机框架（covalent organic frameworks，COFs）、共轭微孔聚合物（conjugated microporous polymers，CMPs）、多孔芳香骨架（porous aromatic frameworks，PAFs）、超交联多孔聚合物（hypercrosslinked porous polymers，HCPs）、共价三嗪框架（covalent triazine frameworks，CTFs）、超分子有机框架（supramolecular organic frameworks，SOFs）和卤键有机框架（halogen-bonded organic framework，XOFs）等类型。

多孔材料一般具有相对密度低、比强度高、比表面积大、重量轻、隔音、隔热、渗透性好等优点，在现代化学及材料科学领域中占据了重要地位。自古至今，硅藻、木材、树叶、珊瑚、棉花和黏土矿物等天然多孔材料一直被人们广泛应用。尽管这些材料在科学界的关注始于近代，但其使用历史可追溯至古代。例如，蒙脱石具有强烈的吸水性，已被世界各地的人们用于止泻。我国是蒙脱石使用较早的国家，在公元 741 年大医学家陈藏器编著的《本草拾遗》中提到的"甘土"就是今天的蒙脱石。木炭因其优良的吸附性能曾被用于治疗胃肠道疾病，这一做法自古代延续至近代早期。随着早期木炭吸附研究的进展，沸石逐渐在科学界获得关注。沸石一词来源于希腊语中的"zeo"（沸腾）和"lithos"（石头），它是一种具有高度有序孔隙结构的铝硅酸盐矿物。瑞典矿物学家 Axel Fredrick Cronstedt 于 1756 年首次发现了天然沸石。20 世纪初，沸石的商业价值被发掘出来，用于硬水的软化并被添加到洗衣粉中用来改善洗涤效果，这种用途沿用至今。1925 年，沸石分离分子的效应被首次报道，研究证明从孔隙中去除水后，沸石晶体可以根据孔道大小的不同来分离气体分子，这种特性被称为"分子筛"作用。1932 年，"分子筛"这一名词首次在科学出版物中出现。受此启发，英国化学家 Richard Barrer 开始深入研究沸石分子筛的气体吸附性质，并且着手人工合成沸石分子筛。1948 年，他首次成功实现了自然界不存在的、具有全新结构的人造沸石分子筛的合成。由于沸石具有显著的吸附性能和原子级精度的化学结构，工业界的研究人员迅速加入沸石分子筛的研究行列中来。美国联合碳化公司 Robert Milton 在 1951 年开始推动沸石作为催化剂的研究与应用。其中具有代表性的是 Y 型分子筛，它是石油催化裂化、加氢裂化和异构化等反应中常用的强酸性催化剂。沸石分子筛逐渐替代了传统的无定形的二氧化硅和氧化铝催化剂，成为石油炼制领域的重要催化剂，对石油化学工业产生了深远的影响，也是当今世界工业领域使用最广泛的催化剂之一。

多孔聚合物网络（porous polymer networks，PPNs）出现于 20 世纪 40 年代末，其结构基于聚苯乙烯和磺化聚苯乙烯的非本征多孔聚合物体系。然而，直到 21 世纪，这类材料才开始受到深入研究。Neil McKeown 作为 PPNs 吸附研究的早期先驱，首次提出了"自聚微孔聚合物（polymers of intrinsic microporosity，PIMs）"这一术语，并制备了具有特定孔径和高气体吸附能力的材料。到 20 世纪 80 年代末，人们发现配位化合物和配位聚合物可以表现出高度的结晶性。Richard Robson 在这一领域的早期研究主要集中于二维和三维结晶配位聚合物。随后，Susumu Kitagawa 在 20 世纪 80 年代和 90 年代设计了多孔无机 - 有机杂化材料，推动了该领域的发展。随着 Omar M. Yaghi 在 20 世纪 90 年代末报道了稳定且永久多孔的金属有机框架（MOFs）材料，多孔配位材料的研究也日益受到关注。MOFs 的广泛研究也促进了基于类似原理新材料的出现。综上所述，对多孔材料的持续研究极大地丰富了这一领域的科学内涵。

近年来，随着同步辐射、中子散射、分布函数分析、高性能计算、三维旋转电子衍射和冷冻电子显微镜等新技术的发展，我们能够在分子水平上更深入地理解材料的结构和动力学。例如，冷冻电子显微镜首次实现了对封装在 MOFs 材料孔道中的气体分子的直接可视化。结合冷冻三维电子衍射和准原位同步辐射粉末衍射技术成功实现了首例 COF 旋转异构体的原子级观测及其演化规律的跟踪。这些研究表明，即使在多孔材料这样一个历史悠久的领域，仍然存在新的知识亟待探索。因此，我们有必要用全新的视角重新审视前人研究的材料，这也是编写本教材的初衷。本书以不同类型的多孔材料为主题，依据我们编写教材章节的经验，系统地介绍了该领域的研究现状。内容涵盖以下几方面：共轭微孔聚合物材料、共价有机框架材料、离子型多孔聚合物材料、笼状多孔材料、金属有机框架材料、介孔无机材料、硅基多孔材料及多孔碳材料。由于本书各章节内容之间具有一定的独立性，读者可以根据个人需求选择性阅读相关章节。

第1章
共轭微孔聚合物材料

共轭微孔聚合物（conjugated microporous polymers，CMPs）是一类由全共轭分子链围筑、自具微孔（< 2nm）及三维网络骨架结构的无定形高分子材料，是一种 π 共轭体系结构与稳定的内在微孔骨架相结合的新兴有机多孔材料[1,2]。CMPs 的刚性共轭单元和成键方式使其骨架可以有效地支撑起微孔通道，故具有较高的比表面积。CMPs 无定形特性使其在强酸、强碱或高温等条件下具有高物理化学稳定性，共轭结构赋予了 CMPs 独特的半导体特性。2007 年，英国利物浦大学 Cooper 课题组[3] 报道了首个 CMP- 聚亚芳基亚乙炔基［poly（aryleneethynylene），PAEs］网络化合物，并研究了其对于二氧化碳和氢气的吸附性能。随后，一系列不同网络结构和性能的 CMPs 被研发出来，并探索了其在气体吸附与分离、能源存储与转化、水体净化等领域的应用价值。

1.1
共轭微孔聚合物的设计和合成路径

构筑 CMPs 的结构单元需具有两个及以上的反应位点或交联点，主要通过共价键的方式聚合形成多孔共轭结构。一般而言，依据其空间结构的不同，构筑单元可分为 C_2、C_3、C_4 和 C_6 四种类型，通常含有活性基团如卤素、硼酸、炔烃、烯烃、腈、胺、醛或活化的酚取代芳香族单体等。这些构筑单元可通过化学反应形成三维网络高分子。构筑单元的多元性和灵活性使得 CMPs 的合成具有非常强的分子设计性。图 1-1 总结了目前 CMPs 常用的合成方法[4]。根据成键方式的不同，这些合成方法可分为 C-C 偶联反应（如 Sonogashira-Hagihara

偶联反应、Suzuki-Miyaura 偶联反应、Yamamoto 偶联反应、Heck 偶联反应和氧化偶联反应）、以氨基为聚合反应位点的 C-N 偶联反应（如 Buchwald-Hartwig 偶联反应）以及其他种类的反应（如席夫碱缩合反应、环化三聚反应、吩嗪环融合反应、杂环连接反应、炔烃复分解反应、超交联聚合和 Chichibabin 吡啶合成反应等）。

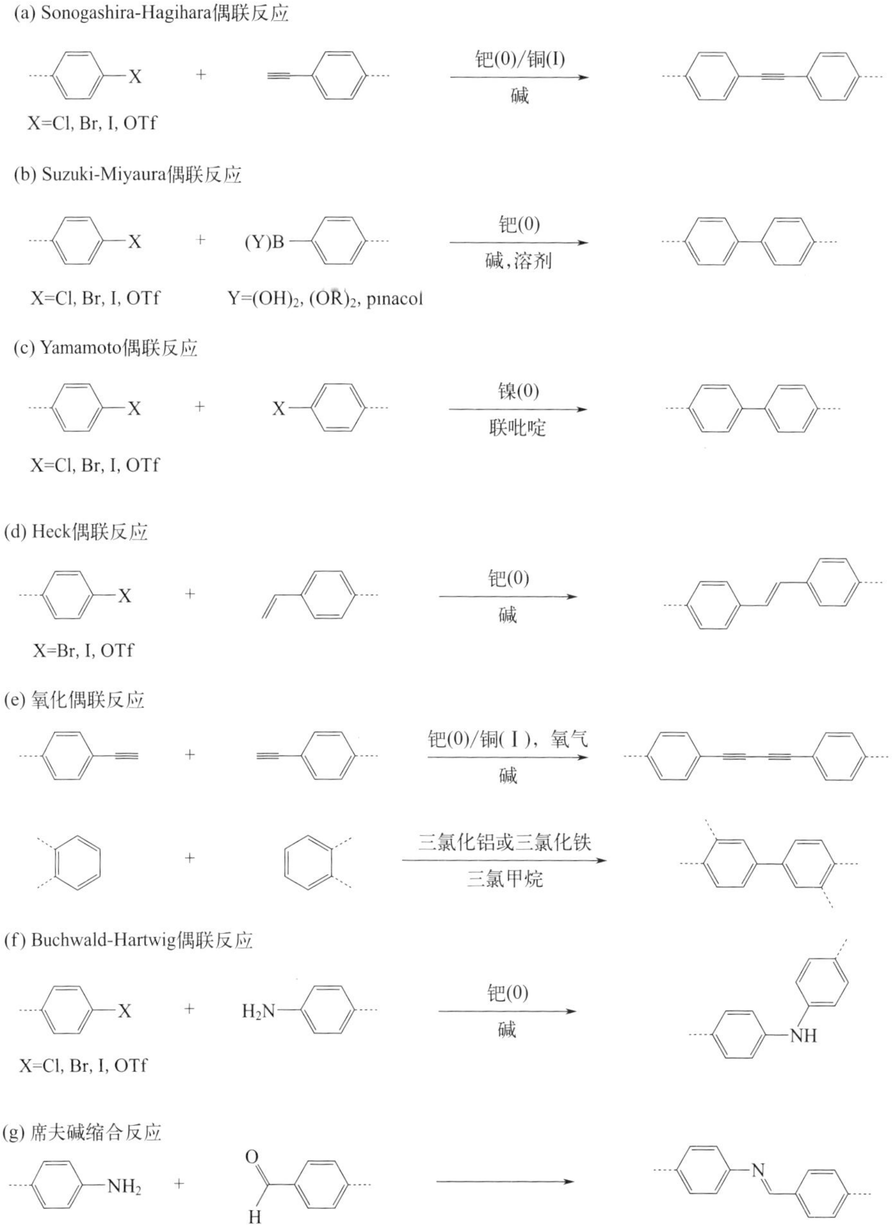
(a) Sonogashira-Hagihara偶联反应
X
+
钯(0)/铜(I)
碱
X=Cl, Br, I, OTf
(b) Suzuki-Miyaura偶联反应
X
+
(Y)B
钯(0)
碱，溶剂
X=Cl, Br, I, OTf
Y=(OH)2, (OR)2, pinacol
(c) Yamamoto偶联反应
X
+
X
镍(0)
联吡啶
X=Cl, Br, I, OTf
(d) Heck偶联反应
X
+
钯(0)
碱
X=Br, I, OTf
(e) 氧化偶联反应
+
钯(0)/铜(Ⅰ)，氧气
碱
+
三氯化铝或三氯化铁
三氯甲烷
(f) Buchwald-Hartwig偶联反应
X
+
H2N
钯(0)
碱
NH
X=Cl, Br, I, OTf
(g) 席夫碱缩合反应
NH2
+
O
H
N

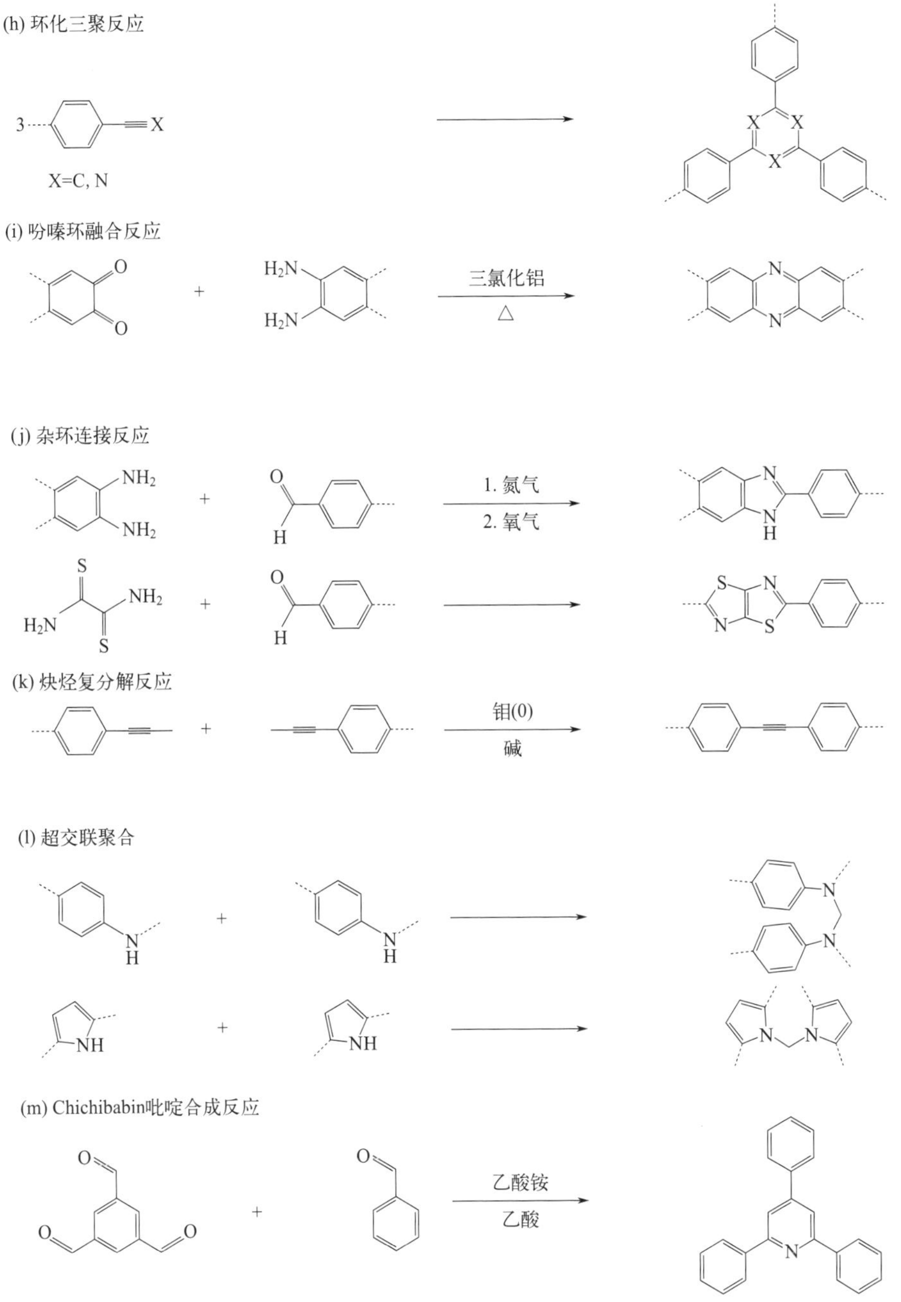
(h) 环化三聚反应
3
X
X=C, N
X
X
X
(i) 吩嗪环融合反应
O
O
H_2N
H_2N
+
三氯化铝
△
N
N
(j) 杂环连接反应
NH_2
NH_2
+
O
H
1. 氮气
2. 氧气
N
N
H
S
NH_2
H_2N
S
+
O
H
S
N
N
S
(k) 炔烃复分解反应
+
钼(0)
碱
(l) 超交联聚合
N
H
+
N
H
N
N
NH
+
NH
N
N
(m) Chichibabin吡啶合成反应
O
O
O
+
O
乙酸铵
乙酸
N

图 1-1　CMPs 的常用合成方法 [4]

1.1.1 Sonogashira-Hagihara 偶联反应

Sonogashira-Hagihara 偶联反应是卤代芳烃和端炔基在钯催化剂和铜（I）盐助催化剂作用下，发生的一种 C—C 交叉偶联反应，如图 1-1 中的（a）所示。其中助催化剂的作用主要是提高反应活性[5]。首次报道的 CMPs 采用了 Sonogashira-Hagihara 偶联反应[4]，并进行了炔基功能化处理，所得的 PAEs 聚合物比表面积高达 $834m^2 \cdot g^{-1}$。该反应采用了最佳的轻质连接体炔基作为构筑单元，有效地降低了多孔材料的密度。N,N- 二甲基甲酰胺（N,N-dimethylformamide，DMF）、二噁烷、四氢呋喃（tetrahydrofuran，THF）和甲苯是该反应常用的四种溶剂，其中在 DMF 中合成得到的 CMP 被发现具有最高的比表面积和微孔率[6]。

1.1.2 Suzuki-Miyaura 偶联反应

Suzuki-Miyaura 偶联反应使用零价钯催化剂［如四（三苯基膦）- 钯（0）］，将卤代芳烃与芳基硼酸在弱碱条件（如 K_2CO_3，DMF/ 水混合溶剂）下交叉偶联[7]［如图 1-1 中的（b）所示］。该反应于 1979 年，作为连接芳基的一种方法被发现[8]。该方法有诸多优点，包括硼酸的商业可用性、反应条件温和、区域和立体选择性高以及官能团环境容忍性好等，具有规模化生产的潜力。然而，因 Suzuki-Miyaura 偶联反应对氧气敏感，常常导致自偶联反应的发生，因此该反应需要在彻底脱气的条件下进行[9]。

1.1.3 Yamamoto 偶联反应

Yamamoto 偶联反应是卤代芳烃单体自身在镍催化剂的作用下进行偶联形成 C—C 键的反应[10]，如图 1-1 中的（c）所示。其中，卤代芳烃的反应位点（至少 3 个）与双（环辛二烯）镍（0）进行偶联。因只需单一的卤素功能化单体，该反应流程具有简单化的优点。此外，因卤代芳烃单体种类多样化，通过 Yamamoto 偶联反应可设计多种不同类型的多孔网络。然而因使用的催化剂易被氧化吸水而导致失活，Yama-moto 偶联反应必须在干燥和惰性的手套箱里进行，这也限制了其规模化应用。

1.1.4 Heck 偶联反应

Heck 偶联反应也称 Mizoroki-Heck 反应，是不饱和卤化物和伯烯烃在钯催化剂和碱存在下发生 C═C 偶联的反应［如图 1-1 中的（d）所示］。采用该反应合成 CMPs 的条件一般为无氧、$Pd(Ph_3)_4$ 催化剂、K_2CO_3（碱）和 DMF 溶剂[11]。Suzuki-Heck 联合一步法也常用来合成 CMPs：首先通过 Suzuki 反应将烯烃官能团取代部分卤代芳烃，随后与剩余的卤代芳烃单体进行 Heck 反应[12]。

1.1.5　氧化偶联反应

采用 Sonogashira-Hagihara 偶联反应的条件 [钯催化剂、铜（Ⅰ）盐助催化剂、三乙胺、溶剂]，末端炔烃可在氧气存在下发生氧化偶联反应[13]［ 如图 1-1 中的（e）所示]。此外，CMPs 也可通过富电子芳香化合物的 Scholl 氧化偶联反应制备而得。根据氧化形式氧化偶联反应可分为化学氧化和电化学聚合。化学氧化聚合通常使用 $FeCl_3$ 或 $AlCl_3$ 等 Lewis 酸催化剂，在氯仿溶液中，使构筑单元脱氢发生偶联反应形成 CMPs[14]。因催化剂廉价，该反应具有成本低廉、反应步骤简单的优点。电化学氧化聚合是指含有活泼氢原子的化合物在氧化电势（循环伏安，CV）的作用下，脱氢偶联形成 CMPs 的方法。

1.1.6　Buchwald–Hartwig 偶联反应

Buchwald-Hartwig 偶联反应采用卤代芳烃和芳香胺为单体，以少量钯为催化剂，是构筑以仲胺或叔胺作为连接基团的富氮 CMPs 的一种方法［ 如图 1-1 中的（f）所示]。2008 年，Fréchet 等[15] 首次采用该反应制备了聚苯胺网络结构。2014 年，Liao 等[16] 将 Buchwald-Hartwig 偶联反应拓展到电活性富氮 CMPs 的制备上。通过优化构筑单元的共轭长度和刚性、采用不同离子尺寸的无机盐来调控溶剂的 Hansen 溶度[16,17]，由 Buchwald-Hartwig 偶联反应形成的 CMPs 的比表面积可高达 $1152m^2 \cdot g^{-1}$。

1.1.7　席夫碱缩合反应

席夫碱缩合反应是制备富氮 CMPs 的一种常用手段，该反应将芳香醛和芳香胺 C—N 缩合形成亚胺或甲亚胺基团（—R—C=N—）[18]［ 如图 1-1 中的（g）所示]。因不使用金属催化剂，该反应具有绿色、价格低廉、无二次污染的特点。采用席夫碱方法合成的富氮 CMPs 具有优异的 CO_2 吸附选择性。例如，Liao 等[19] 采用工业副产品红碱和均苯三甲醛单体，通过调控单体浓度、反应温度、筛选溶剂类型，设计合成了富氮 CMPs 的纳米球凝胶，进一步地，通过简单高温热处理，制备得到 CO_2/N_2 选择性系数高达 47.8 的氮掺杂炭气凝胶。

1.1.8　环化三聚反应

环化三聚反应是三分子炔进行 2+2+2 环化形成芳烃的一种反应[20]。类似地，

3个氰基单体也可连接形成 C_3N_3 的均三嗪环网络，是制备含氮 CMPs 的一种常用方法 [21] [如图 1-1 中的（h）所示]。这类 CMPs 也称为共价三嗪框架（covalent triazine frameworks，CTFs），具体是采用低熔点的 $ZnCl_2$ 在熔融状态下催化芳香腈类构筑单元（400℃）制备而得的。因其苛刻的反应条件，反应单体需具有高稳定性，否则会伴随一定程度的炭化。相比之下，Brønsted 酸催化的环化三聚反应可以在室温下进行或者采用微波加热到合适的温度 [22]。该反应使用三氟甲磺酸和氯仿作为溶剂，也可不加溶剂直接使用微波合成。当微波输出功率为 120 ～ 460W 时，环化三聚反应时间可短至数十分钟。近期的研究表明 CTFs 也可在低温下合成。多种具有不同官能团的氰基单体已成功用于 CTFs 的合成 [23]。而酰胺基团也被证明可以进行环化三聚反应，其反应条件为 P_2O_5 催化剂，温度在 350 ～ 550℃ [24]。

1.1.9 吩嗪环融合反应

自 1966 年以来，吩嗪环融合反应被广泛用来制备梯形聚合物 [25]。该反应将芳基二胺和芳基二酮在 250℃的高沸点溶剂（ N,N- 二甲基乙酰胺六甲基磷酰胺和 116% 多聚磷酸）下进行连接 [如图 1-1 中的（i）所示]。近来，吩嗪环融合反应被用来制备含氮 CMPs [26]。例如，在真空安瓿中，300 ～ 350℃的高温、$AlCl_3$ 的催化下，采用 C_2+C_6 单体可合成 3D 梯形的 CMPs 网络结构；采用温和的溶剂热法，通过二噁烷和乙酸（1 ：4）的回流，可制备含氮 CMPs [27]。

1.1.10 杂环连接反应

杂化连接反应使用的单体为邻二胺，与席夫碱缩合反应类似。在醛的存在下，邻二胺单体形成苯并咪唑连接的 CMPs [28] [如图 1-1 中的（j）所示]。Rabbani 等在惰性氛围下、DMF 溶剂中开展该反应，随后用空气冲洗体系，并进一步反应制备得多孔聚合物。当采用二硫代草酰胺和醛单体时，通过 DMF 或硝基苯的常规回流（150℃）[29] 或 DMF 溶剂热反应（160℃）[30] 可制备得噻唑并噻唑连接的 CMPs。

1.1.11 炔烃复分解反应

1968 年，Bailey 等 [31] 首次报道了基于氧化钨催化剂的炔烃复分解反应（350℃）。该反应是指在金属催化下，碳碳三键发生断裂重组形成新炔烃的反应 [如图 1-1 中的（k）所示]。该反应可用来制备 CMPs，反应条件为

Mo（Ⅵ）基催化剂、氯仿溶剂和温和的温度。尽管反应可逆，但制备所得的 CMPs 具有半结晶性。

1.1.12　超交联聚合

线型聚合物的超交联也可用于制备 CMPs［如图 1-1（1）所示］。反应型线型聚合物聚苯胺[32] 和聚吡咯 [33] 与交联剂反应后比表面积可分别高达 $632m^2 \cdot g^{-1}$ 和 $732m^2 \cdot g^{-1}$。反应方法、溶剂及交联剂的选择会显著影响该类材料的孔隙率。

1.1.13　Chichibabin 吡啶合成反应

Chichibabin 吡啶合成反应是一种绿色制备吡啶基 CMPs 的合成方法，它是利用氨和醛发生缩合，生成 2,3,5- 取代吡啶的反应［如图 1-1（m）所示］。2020 年，Liao 课题组 [34] 首次选用了均苯三甲醛和对苯二甲醛分别与三乙酰基苯和苯乙酮在乙酸铵 / 乙酸的混合溶剂中回流 1h（120℃），基于 Chichibabin 反应，制备得吡啶基富氮 CMPs。该反应不使用金属催化剂，反应流程简单、易操作、反应条件温和且反应时间短，所得吡啶基 CMPs 特有的电子结构在光的催化下具有产氢行为，是一种新型绿色聚合物基催化剂。

现有合成方法大多数使用金属催化剂，具有二次污染及价格昂贵等缺点。因此，开发新型绿色、无金属催化剂参与、低成本的合成方法是推进共轭微孔聚合物的规模化应用的重要方向之一。

1.2

宏观尺寸共轭微孔聚合物的制备

因 CMPs 高度交联的网络结构，上述反应产物大部分为不溶、不熔性粉末。因此，CMPs 材料的难加工性是该领域目前存在的主要挑战，很大程度上限制了此类材料的实际应用。开发新的制备方法，构筑薄膜、气凝胶、海绵、纤维等宏观尺寸的 CMPs（> 1mm），可较大限度地拓展 CMPs 的应用。例如，对于过滤和分离应用，由于其全刚性共轭体系，CMPs 膜对有机溶剂 / 蒸汽具有高耐受性 [35]；对于吸附应用，因共轭结构对芳香族化合物存在 π-π 相互作用 [36]，对阳离子存在阳离子 -π 相互作用 [37]，CMPs 气凝胶 / 海绵表现出较高选择吸附性的同时，具有易回收和简易操作的特性。这些实例表明，宏观尺寸的 CMPs 对于科学研究和工业生产具有重要意义。不同于粉体 CMPs 材料的常规合成路线，宏观尺寸 CMPs 的制备需要采用硬模板或软模板法、基板 / 界面组装法、合成后修饰法、机械化学或微波辅助等方法。

1.2.1 共轭微孔聚合物薄膜

传统的聚合物薄膜主要由线型聚合物制备而得，广泛应用于分离、纯化、纳米器件或生物医学应用等众多领域。因 CMPs 膜既具有传统聚合物膜的柔韧性好、质量轻、便携性、传质效率高等优点，又具有 CMPs 的固有介 / 微孔结构、刚性结构、半导体性质等特性，是一种理想的高性能膜材料。2012 年，Cooper 等报道了首个 CMPs 薄膜材料 [38]，该材料由可溶性 CMPs 通过简单的滴铸加工而成。随后，其他功能性 CMPs 薄膜被陆续报道。CMPs 薄膜制备的常用方法有电聚合法、模板法、界面聚合法和层层自组装法。

1.2.1.1 电聚合法

电聚合法是一种通过电化学氧化聚合的方式在电极表面制备（交联）聚合物薄膜的方法 [39,40]。该方法需使用特定的构筑单元 [41,42]，如噻吩、吡咯或功能化咔唑基团等，可在不同导电基材上形成具有明确结构、可控厚度和表面取向的 CMPs 膜。Ma 等 [43-46] 和 Jiang 等 [47,48] 报道了一系列利用电聚合法制备 CMPs 薄膜的开创性工作 [图 1-2 （a），（b）]。Ma 等 [44] 首先制备了基于四 [4-（9H- 咔唑 -9- 基）苯基] 甲烷（TPTCz）单体的 CMPs 薄膜，该薄膜的微孔直径小于 1nm [图 1-2 （c）]。当采用 1,2- 双 {4-[9′H-(3,6- 四咔唑基)-9′- 基] 苯基 } 二氮烯（DTCzAzo）为单体时，电聚合法制备所得的 CMPs 膜的微孔直径和比表面积有所增大 [如图 1-2 （a）和（d）所示][45,46]。Jiang 等 [47] 也基于咔唑基团成功地电聚合了一种可聚集诱导发光的 CMPs 薄膜 {1,1,2,2- 四 [4″-(9H- 咔唑 -9- 基)-[1,1″- 联苯]-4- 基] 乙烯，TPECz-CMPs}。该薄膜在高分辨率透射电子显微镜观察下同样显示出了高度微孔性 [如图 1-2 （e）所示]。此外，因其具有较高的光致电子转移速率，该薄膜能够选择性地、灵敏地检测出爆炸物（低至百万分之几的浓度）。

因电聚合法是一种简单且普遍适用的技术，在随后的几年中被频繁地用来构筑 CMPs 薄膜材料。例如，Tang 和 Li 等 [49,50] 电聚合了一种含有 1,3,5- 三 (2- 噻吩基) 苯（TTB）的 CMPs 膜，该 CMPs 膜具有超快的有机溶剂渗透率（$32L \cdot m^{-2} \cdot h^{-1} \cdot bar^{-1}$，$1bar=10^5Pa$）。将该 CMPs 膜的噻吩部分氧化后可将孔径微调至 1nm 以内，其甲醇渗透率仍高达 $21L \cdot m^{-2} \cdot h^{-1} \cdot bar^{-1}$，并且截留分子量从 $800g \cdot mol^{-1}$（改性前）大幅降低到 $500g \cdot mol^{-1}$。Thomas 等 [51] 通过氧化聚合和电化学沉积法，在 ITO 电极上合成了基于二噻吩（dithienothiophene，DTT）

的 CMPs 薄膜。通过光谱电化学测量监测发现该薄膜在氧化还原过程中可发生完全可逆的颜色变化：从橙红色（0V）到浅绿色（1.2V）再到最后的浅蓝色（1.4V）。该可逆电致变色效应使得 DTT 基 CMPs 薄膜可应用于氨基爆炸物的检测和化学传感等领域。

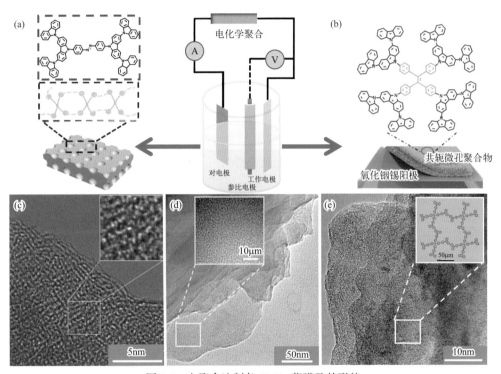

图 1-2　电聚合法制备 CMPs 薄膜及其形貌

（a）电聚合法制备基于 DTCzAzo 单体的 CMPs 薄膜[46]；（b）TPETCz 的化学结构和电聚合法制备 CMPs 薄膜[45]；

（c）基于 TPTCz 单体制备的 CMPs 薄膜[44]、（d）基于 DTCzAzo 单体制备的薄膜[46] 和

（e）TPECz-CMPs 薄膜的透射电镜（TEM）图像[47]

1.2.1.2　模板法

CMPs 薄膜的形貌结构可通过模板法进行修饰。例如，Son 等[52] 采用平均直径为 400nm 的二氧化硅纳米球作为模板，基于四甲基乙基苯基乙烯与四甲基溴苯基乙烯的 Sonogashira 偶联反应在二氧化硅表面原位合成 CMPs，进一步去除硅球后可在玻璃板上获得具有中空结构的 CMPs 薄膜［如图 1-3（a）、（b）和（c）所示］。该 CMPs 薄膜具有有序的反蛋白石结构。随后，Liu 和 Yin 等[53] 在 rGO/SiO$_2$/Si 基板上、在大气氛围下，使用光模具辅助的固态光聚合方法，基于 4,4'-二（9*H*-咔唑 -9- 基）-1,10- 联苯单体制备了二维 CMPs 薄膜。通过采用不同的光模具和聚合时间，对膜的几何形状进行了有效的调控，包括圆形、圆盘形、方形、

椭圆形和不规则形状等。制备所得的图案化二维（2 dimensional，2D）CMPs/rGO 异质结构可被应用于有机垂直场效应晶体管，表现出典型的 p 型行为，开 / 关比高达 2.0×10⁴。随后，Ryu 等[54] 使用四（4- 乙炔基苯基）乙烯和 1,4- 二碘苯作为构筑单元，通过 Sonogashira 偶联在阳极氧化铝板的圆柱形孔中原位聚合制备 CMPs 薄膜。该 CMPs 薄膜可通过聚集诱导发光现象，对硝基苯实现传感。此外，在一些 2D CMPs 薄膜的制备中，需要对基底模板进行活性基团（如—OH、—NH₂、—SH、溴苯等）的预功能化。例如，Thomas 等[55] 通过冲洗和干燥过程，用 4- 溴苯硫酚对金基材进行预功能化，随后基于 Yamamoto 偶联反应，合成了微孔聚合物网络薄膜。Tang 等[35] 通过对 Si/SiO₂ 基底溴苯功能化，基于 Sonogashira-Hagihara 偶联反应的表面引发聚合，制备出以聚丙烯腈为支撑基底的 CMP 膜，其膜厚约为 42nm［图 1-3（d）］。该多孔膜的刚性骨架结构赋予了其永久性的贯通孔结构，使其同时具有高溶剂通量及选择性。

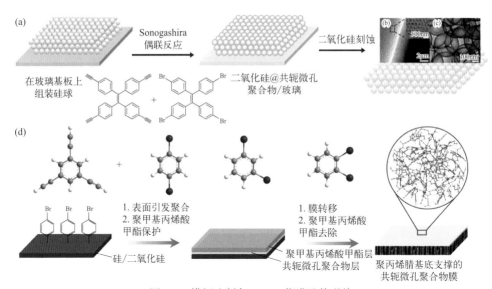

图 1-3　模板法制备 CMPs 薄膜及其形貌

（a）中空结构 CMPs 薄膜的制备；（b）扫描电镜（SEM）图像；（c）TEM 图像[52]；

（d）溴苯功能化 Si/SiO₂ 基底表面引发聚合制备得到 CMPs 膜[35]

1.2.1.3　界面聚合法

界面聚合法是一种常用的膜制备策略[56]。该策略是将两种活性单体分别溶解在不相溶的溶剂（例如水和非极性有机溶剂）中，在溶剂界面引发聚合进而形成致密膜。其中，单体的本质会直接影响到反应速率和界面聚合膜的性质，而单体在界面处通过成型膜的扩散速率是影响其厚度的关键因素。例如 Sakamoto 等[57]

在水 / 二氯甲烷界面引发了炔烃基单体和叠氮化物基单体的环加成反应，制备了具有一定高宽比和良好热 /pH 稳定性的 1,2,3- 三唑连接 CMPs 薄膜。所得的荧光性 CMPs 薄膜可以转移到不同基底，并且具有良好的机械性质。

由于界面聚合的 CMPs 膜通常是柔软的，刚性强度不够，因此常需要在其制备过程中添加基材作为支撑材料，以获得高性能过滤膜。例如，Huang 和 Tang 等 [58] 通过溴化乙锭（ethidium bromide，EtBr）与苯甲酰氯（benzoyl chloride，TMC）的界面聚合，制备了厚度小于 10nm 的超薄 CMPs 膜。将该超薄膜转移到 ITO 基板上，可大范围内保持其完整性。同样，Wu 等 [59] 通过 Sonogashira-Hagihara 偶联反应和席夫碱缩合反应在水 / 有机溶剂界面成功制备了 CMPs 纳米膜，通过改变单体浓度，可实现对膜厚度的有效调节（30 ～ 200nm）。这些工作揭示了界面聚合法制备功能性二维多孔聚合物纳米膜具有简便可控性。

1.2.1.4　层层自组装法

层层自组装（layer-by-layer，LBL）[60] 是利用构筑单元之间的互补作用力，通过交替吸附过程沉积在基底上制备薄膜的一种方法，是一种制备纳米尺度厚度薄膜的强有力技术。LBL 膜大多数具有紧致结构，适用于分子分离与阻隔等应用。例如，Tsotsalas 等 [61] 采用四（4- 氨苯基）甲烷和四（4- 乙炔苯基）甲烷单体，采用 LBL 方法制备得到一种气体选择和二茂铁截留试验用无缺陷 CMPs 膜。

1.2.2　共轭微孔聚合物气凝胶

CMPs 气凝胶是一种具有三维网络结构的分级多孔材料 [62]，具有丰富的孔隙率、超低密度、轻质、高比表面积和低热导率等特点。近年来，CMPs 气凝胶被广泛地应用于多个领域，包括能量存储与转换、异相催化、气体捕获及海水淡化等。气凝胶通常采用溶胶 - 凝胶法及后续的超临界干燥或冷冻干燥两步过程制备而得。溶胶 - 凝胶法通常应用于无机薄膜、颗粒、干凝胶或气凝胶（如二氧化硅、碳和过渡金属氧化物）的制备。然而，当在第一步观察到低聚物或颗粒的均匀分散体，且随后生长为凝胶网络时，该方法也可以应用于 CMPs 凝胶的制备。若随后 CMPs 凝胶可通过简易的方式进行干燥，则可获得 CMPs 气凝胶。

CMPs 气凝胶是否可以成功制备，取决于以下几个关键因素：①反应单体的溶解度：出色的溶解度可以促进反应单体和催化剂的均匀溶液的形成 [63]；②反应单体的活性和摩尔比：可以加速溶液到凝胶的相变过程 [64]；③ CMPs 的微观形态：纳米管状或纳米纤维状结构可使 CMPs 自身相互缠绕形成 3D 宏观结构 [65]。例如，Zhu 等 [63] 通过溶胶 - 凝胶法，采用 2- 氨基 -3,5- 二溴吡啶和 1,3,5- 三乙炔基苯，通过调节单体的摩尔比，成功地制备了纳米管互连的高机械强度、轻质的三维 CMPs 气凝胶［如图 1-4（a），（b）所示］。随后在其表面喷涂一层薄薄的聚吡咯，可制成双层太阳能蒸汽发生器。该太阳能蒸汽发生器在 $1kW \cdot m^{-2}$ 的功率密度下可实现 80% 的高能量转换效率。

研究表明，单体摩尔比、溶剂体积、溶胶 - 凝胶反应温度和反应时间等工艺条件以及干燥过程直接决定了气凝胶的微观结构形态和性能。例如，Liao 等[66] 通过 1,3,5- 三（4- 乙炔基苯基）- 苯和 1,4- 二溴苯之间的 Sonogashira-Hagihara 偶联反应，直接合成由空心缠绕的纳米管组装而成的 CMPs 气凝胶（CMPA）［如图 1-4（c）所示］。通过改变单体比例调控了其表面粗糙度和共轭程度，当功能

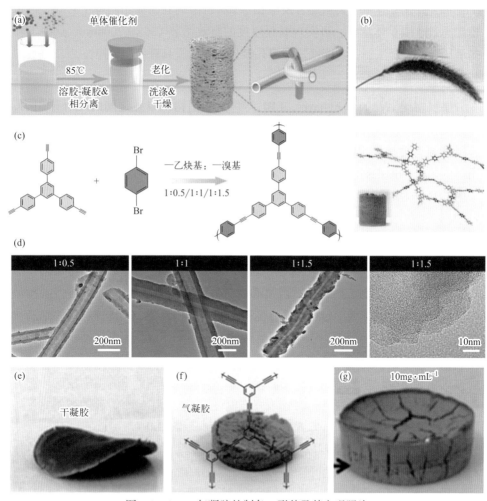

图 1-4　CMPs 气凝胶的制备、形貌及其宏观照片

（a），（b）CMPs 气凝胶的合成及其在狗尾草上的照片[63]；（c）CMPA 的合成；（d）不同单体比例下纳米管的
TEM 形貌[66]；（e），（f）采用冷冻干燥技术制备的干凝胶和气凝胶[67]；（g）用 $10mg \cdot mL^{-1}$ 含氟
表面活性剂冷冻干燥后获得的相应气凝胶[68]

炔基单体和溴单体的比例为 1 : 1.5 时，制得的 CMPA 具有更为粗糙的表面和更小的纳米管径（30nm）[如图 1-4（d）所示]。基于该 CMPA 的摩擦发电器件表现出最优越的电学输出性能，并能在 10000 次循环后稳定保持。Zhang 等[67]采用聚（1,3,5- 三乙炔基苯）（PTEB）为前驱体，采用一步真空冷冻干燥过程制备了比表面积为 1085$m^2 \cdot g^{-1}$/1701$m^2 \cdot g^{-1}$ 的 PTEB-CMPs 干凝胶 / 气凝胶[如图 1-4（e），（f）所示]。值得一提的是，该气凝胶的比表面积比其粉末状样品（842 ～ 955$m^2 \cdot g^{-1}$）提高了 178% ～ 200% 左右。随后，Zhang 等[68]进一步在含氟表面活性剂辅助下，利用 1,3,5- 三乙炔基苯的 Glaser 偶联反应和冷冻干燥工艺制备了一种均质、分级孔 CMPs 气凝胶[如图 1-4（g）所示]。该分级孔气凝胶对 CO_2 和 CH_4 的吸附能力分别为 0.41 ～ 3.47mmol $\cdot g^{-1}$ 和 0.12 ～ 0.95mmol $\cdot g^{-1}$，并且具有出色的油净化性能（增重 20 ～ 48 倍）。

1.2.3　共轭微孔聚合物海绵

海绵源自于一种无脊椎的多细胞生物。随着材料科学的发展，海绵一词逐渐拓展到多孔弹性材料。CMPs 海绵的制备通常采用自下而上的方法。与 CMPs 海绵相似，CMPs 块材是指一个整体的、连续的、相互连接的 3D 立体结构的微孔聚合物材料。与海绵和块材相比，CMPs 气凝胶具有独特的超低密度和轻质等特点。在实际过程中因海绵和块材较难区分，常常被统称为海绵材料。常见的 CMPs 海绵制备方法包括：①采用多功能构筑单元，一步"溶胶 - 凝胶"式自组装法；②基于已有的海绵骨架或表面，制备 CMPs 海绵复合物。例如，Li 等[69]将 1,3,5- 三乙炔基苯发生均聚反应制备所得的超疏水CMPs 负载于已合成的海绵骨架（负载量为 7.0mg $\cdot cm^{-3}$），成功地将海绵的浸润性质从亲水性改变成疏水性，其对硝基苯的吸附量高达 3300%（质量分数）。Chang 等[70]采用 1,4- 二溴 -2,5- 二氟苯和 1,3,5- 三乙炔基苯单体，基于 Sonogashira-Hagihara 偶联反应，一步溶胶 - 凝胶过程制备了具有纳米管状结构的单块 CMPs 海绵。

1.2.4　共轭微孔聚合物纤维

纤维状形貌因其可编织性，具有高度柔韧性、可穿戴性、良好的透气性等优点，是一种功能性宏观形态。然而，近年来关于纤维状 CMPs 的报道较少。Chen等[71]采用 CMPs/ 聚乳酸混合物，通过静电纺丝技术，制备了高柔韧性、孔隙率和高表面积体积比的 CMPs 基荧光纳米纤维网络膜。该 CMPs 纳米纤维薄膜可用于硝基芳香族和苯醌蒸气以及金属离子的传感。Liao 等[72]基于 Buchwald-Hartwig 偶联反应，在碳纳米管纤维上原位接枝了 CMPs，制备了系列 CMPs 基宏观尺度（米级别）的导电纤维，并进一步制备了可编织的高性能储能用 CMPs 基纤维状超级电容器。

与传统共轭微孔聚合物合成技术相比，宏观尺寸共轭微孔聚合物的构建需要采用特殊的方法如电聚合法、模板法、后合成修饰法、机械化学过程等。这些方法存在着单体种类受限、成本高或产量低等缺陷，仍然限制着共轭微孔聚合物的规模化应用。宏观尺寸 CMPs 的构建具有多学科交叉性，未来可从聚合物加工技术出发，如 3D 打印、微流体、干/湿法纺丝和材料复合等方法，开发低成本、高产量、高性能宏观尺寸共轭微孔聚合物的制备新路径，以进一步推进其规模化应用。

1.3
共轭微孔聚合物的应用

CMPs 是一种光电特性与多孔性质兼具的新兴有机多孔材料。其分子可设计性赋予了材料性能的可调性，如通过改变单体的刚性、共轭长度、形状、连接方式等调节其比表面积、孔隙、带隙、电化学氧化还原活性等性质，在气体吸附与分离、能源存储与转化、水体净化等领域有重要的应用前景。

1.3.1 气体吸附与分离

依据气体的性质不同，可将 CMPs 吸附与分离的对象分为 CO_2、H_2、CH_4 等能源相关气体、放射性碘蒸气和挥发性有机污染气体三大类。

1.3.1.1 CO_2、H_2、CH_4 等气体吸附与分离

化石燃料的燃烧释放了大量的 CO_2，造成了全球变暖及海洋酸化，严重影响了生态环境。开发高效 CO_2 捕获与存储技术是当下减少温室气体排放的重要策略。与此同时，开发使用 H_2、CH_4 等清洁燃料的需求也日益剧增。CMPs 因其本身独特的微孔孔道特性，为 CO_2、H_2、CH_4 等气体提供了丰富的吸附位点和空间，而其结构和组成的可控性则使高选择吸附成为可能，因此在气体吸附和储存方面具有巨大的应用前景。

将极性氮原子引入 CMPs 的共轭骨架可增加材料对 CO_2 的结合力，进而实现 CO_2 的高效选择性吸附。例如 Hedin 等[73]采用席夫碱缩合反应制备得一系列亚胺键连接的 CMPs，其中亚胺键的引入显著提高了材料对 CO_2 的选择吸附作用，选择系数高达 77（CO_2/N_2 体积比为 15/85），其原因主要为碱性亚胺键对酸性 CO_2 存在化学吸附作用。Liao 等[74]通过 Buchwald-Hartwig 偶联反应和传统氧化聚合

反应制备得系列富氮 CMPs（N-rich CMPs，NCMPs），在 273K、1bar❶时 NCMPs 对 CO_2 的吸附量为 6.1%～11.0%（质量分数）［如图 1-5（a），（b）所示］。其中，NCMP1 的 N 含量为 11.84%（质量分数），在 1bar 压力下选择系数高达 188（CO_2/N_2 体积比为 15/85）［如图 1-5（c）所示］，对 CO_2 的吸附熵为 33.6kJ·mol^{-1}。因化学吸附熵的产生需要大于 40kJ·mol^{-1} 的能量，故 NCMP1 对 CO_2 的吸附主要为功能微孔表面的物理吸附。

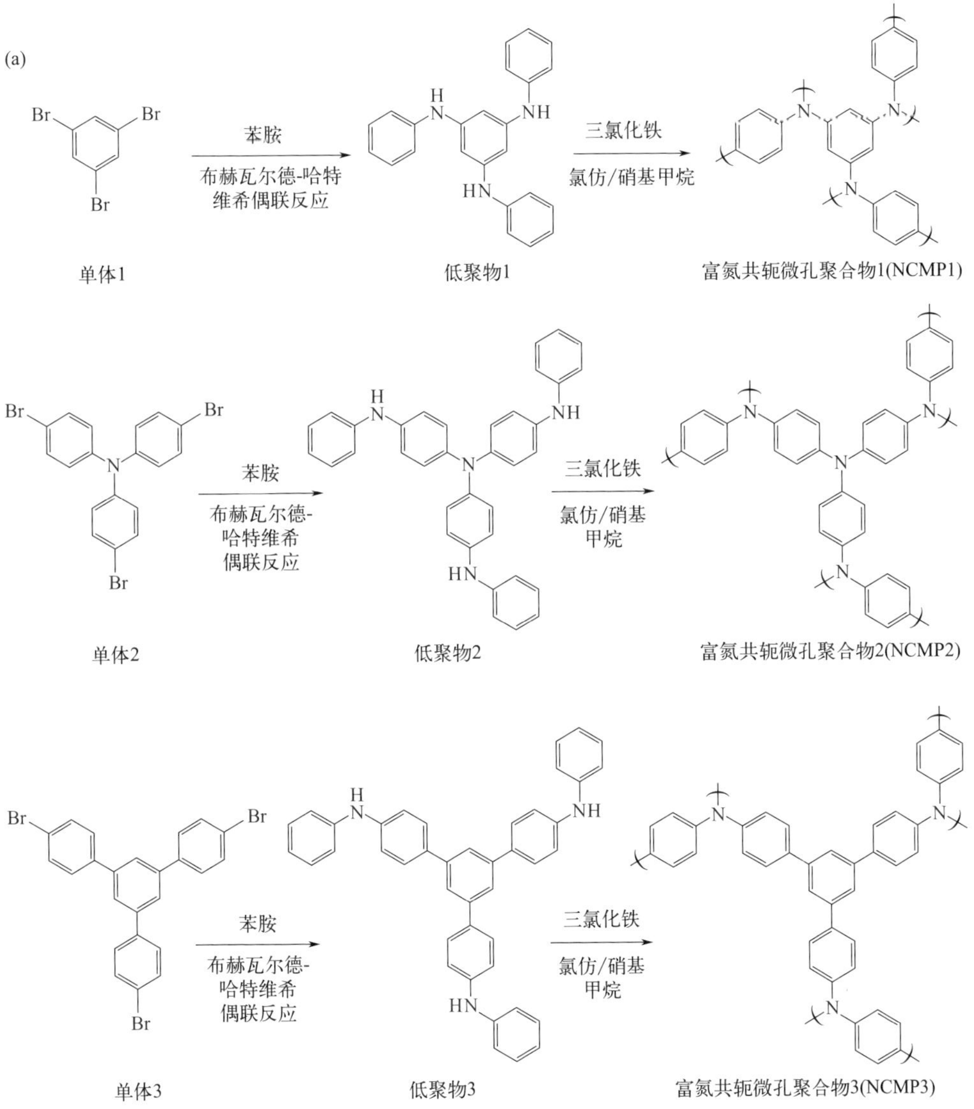

(a)

单体1　　　　　　　　　　低聚物1　　　　　　　　　富氮共轭微孔聚合物1(NCMP1)

单体2　　　　　　　　　　低聚物2　　　　　　　　　富氮共轭微孔聚合物2(NCMP2)

单体3　　　　　　　　　　低聚物3　　　　　　　　　富氮共轭微孔聚合物3(NCMP3)

图 1-5

❶ 1bar = 0.1MPa。

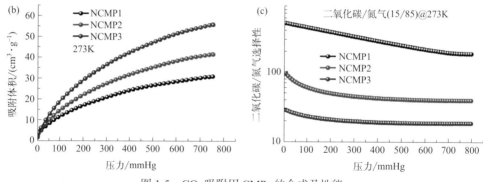

图 1-5　CO$_2$ 吸附用 CMPs 的合成及性能

（a）NCMPs 的设计合成路径；（b）NCMPs 对 CO$_2$ 的吸附性能；

（c）NCMPs 对 CO$_2$/N$_2$ 的选择吸附性能（1mmHg=133.322Pa）[74]

对 CMPs 进行后处理和功能化，可极大提高其对 H$_2$ 和 CH$_4$ 的吸附性能。例如 Cooper 等[75] 基于 Sonogashira-Hagihara 偶联反应制备了聚（业芳基乙炔基）CMPs，并通过超临界 CO$_2$ 将钯纳米颗粒成功地负载于 CMPs。因金属纳米颗粒对 H$_2$ 的吸附有"溢出效应"，经过钯负载功能化的 CMPs 对 H$_2$ 的吸附容量从 0.018%（质量分数）提高到 0.069%（质量分数）（293K，0.113MPa）。Cao 等选用了 1,3,5-三［（4-溴苯基）乙炔基］苯单体，基于 Yamamoto 反应制备了 COP-1（covalent-organic polymer-1）的多孔共价聚合物[76]，并对 COP-1 的炔基进行羧酸锂官能团的功能化处理。研究表明羧酸锂功能化的 COP-1 对 H$_2$、CH$_4$ 的吸附容量分别提高了 70.4% 和 34.5%，其主要原因是气体等量热在结合羧酸锂后得到了显著提升。

虽然 CMPs 具有较好的气体选择吸附性，但其粉末状形态不易规模化应用，需要将其制备成气凝胶等宏观形态。例如，Zhang 等[67] 选用 1,3,5-三乙炔基苯单体，基于 Glaser 偶联反应和冷冻干燥技术，制备了聚（1,3,5-三乙炔基苯）气凝胶，该气凝胶对 CO$_2$ 的吸附容量高达 3.47mmol·g^{-1}，优于传统 CMP 吸附剂（＜2.5mmol·g^{-1}）。此外，粉末之间存在的间隙孔洞极大限制了 CMPs 在气体分离方面的应用，需将其制备成无缺陷的膜材料。例如，Tsotsalas 等[77] 选用两种不同功能化单体（叠氮化和炔基化），基于层-层点击偶联反应制备得到自支撑 CMPs 薄膜。该薄膜对小尺寸气体如 He 和 H$_2$ 具有分子尺寸筛分效应，对 H$_2$/N$_2$ 的分离选择性高达 36（4bar 的气体通量），O$_2$/N$_2$ 的分离选择性为 6（0.7bar 的气体通量）。

1.3.1.2　放射性碘蒸气吸附

放射性碘同位素（如 ^{129}I 或 ^{131}I）是核燃料后处理中主要的挥发性裂变产物，具有生物相容性高、易挥发性和迁移率高等性质，易被人体吸入或经食物链摄入，严重影响人体代谢过程，需要定期从核电站废气中去除。CMPs 因其富电子

π-π 共轭体系及其引入的氮、硫、氟等富电子杂原子，可为缺电子碘提供大量有效的结合位点，进而对碘蒸气实现高效的吸附捕获。例如，Liao 等 [78] 采用 Yamamoto 交叉偶联反应，制备了比表面积高达 1304m² • g⁻¹ 的吡啶基 CMPs，其对碘蒸气的吸附容量高达 475%（质量分数）。为了实现碘蒸气的高容量吸附与快速检测，Hua 等以荧光共轭介孔聚合物为基体，并引入了具有高旋转自由度的 N,N- 二乙基胺丙基吸附位点 [79]。在 85℃时，碘分子以 I_5^- 形态通过电荷转移与材料中的苯环、三键骨架及二乙基胺丙基上的氮进行配位，吸附容量高达 5.03g • g⁻¹，并可在 125℃下两小时内实现 90% 的释放。因碘的强荧光猝灭效应和聚合物的全共轭结构，当微量的碘与聚合物作用时，会使猝灭信号被放大，进而可将荧光吸附剂负载于滤纸上制备成便于携带的荧光试纸条，实现碘的快速检测。

1.3.1.3　挥发性有机污染物

CMPs 的 C—C 共轭骨架使其对挥发性有机污染物（VOCs）也具有一定的吸附能力。常见的 VOCs 如甲苯、甲醇等，是室内空气中的主要污染物，对人的神经系统有严重影响，因此需要对其进行高效吸附。Faul 等 [80] 采用 Buchwald-Hartwig 偶联反应合成了亚胺基富氮 CMPs，并研究了其对甲苯和甲醇的吸附性能。研究表明，在饱和蒸气压下，此类 CMPs 对甲苯和甲醇的吸附容量分别为 124mg • g⁻¹ 和 259mg • g⁻¹，显著高于多孔炭和金属有机框架等吸附剂的吸附性能。

除了 VOCs 的吸附以外，CMPs 对空气中的大气颗粒物如 $PM_{2.5}$、PM_{10} 等也显示出了较高的吸附净化能力。Li 等 [81] 基于 Sonogashira-Hagihara 偶联反应，采用 1,3,5- 三乙基苯和 2- 氨基 -3,5- 二溴吡啶为单体制备了 CMPs 气凝胶，其对 $PM_{2.5}$、PM_{10} 显示出了高效率的净化性能，分别 ≥ 99.57% 和 99.98%。

1.3.2　能源存储与转化

合理的分子设计，可以使 CMPs 具备高比表面积和强氧化还原性，用于电化学储能。作为多孔材料，CMPs 可作为相变储热材料，避免储热材料在相变过程中的泄漏问题。CMPs 的半导体特性及其可调控的电子结构，为其在可见光下的光催化产氢赋予了可能。而基于 CMPs 的碳材料基底可用于制备非贵金属催化剂，为电催化制氢提供了另一个可行的策略。

1.3.2.1　电化学能源存储

超级电容器作为一种新型储能方式，具有环境友好、能量密度大、充放电速度快以及循环稳定性好等优点，备受人们关注。CMPs 具有丰富的微孔结构与扩展的 π 电子共轭体系，其高比表面积可为双电层电容储能提供大量活性位点，而通过分子设计所引入的额外电活性官能团，则可充分发挥赝电容储能机制，是一类具有高比电容和高循环稳定性的电极材料。其中，基于 Buchwald-Hartwig 偶联反应制备的富氮 CMPs 既保留了 CMPs 的微孔特性，又引入了亚胺基氧化还原活性官能团，具有优异的电化学储能性质。Liao 等[82] 通过精心选取四种相同取代基、相同原子组分、不同取代位置的二氨基吡啶为构筑单元，设计合成了一系列吡啶基共轭微孔聚三苯胺（PTPA）网络（如图 1-6 所示），系统研究了氮掺杂及其原子排列的方式对 CMPs 储电性能的影响。研究发现，通过调控吡啶氮原子在二氨基吡啶构筑单元中的排列和分布，优化 PTPA 的氧化还原活性和多孔性质，可以极大程度地提升所构建的超级电容器性能。基于 2,5- 取代位置的二氨基吡啶制备的 PTPA-25 表现出最优的电化学储能性质：在 $1.0mol \cdot L^{-1}$ H_2SO_4 中以 $0.5A \cdot g^{-1}$ 的电流密度显现了高达 $335F \cdot g^{-1}$ 的比电容，以及高倍率特性（在 $10A \cdot g^{-1}$ 的条件下仍保持了 $250F \cdot g^{-1}$ 的高比电容）。循环伏安测试表明，2,5-、2,3- 和 3,4- 取代的二氨基吡啶构筑单元的吡啶均发生四电子转移，而 2,6- 取代的二氨基吡啶构筑单元由于两个氨基的对称配位导致吡啶失活，无法参与电子转移。同时，由 2,5- 取代的二氨基吡啶构筑的高分子在发生电子转移时，易形成稳定的长程共轭结构，导致电导率大幅度提升。

通过引入其他官能团或采用与碳材料复合的策略，可进一步提高 CMPs 材料的电化学储能性能。例如 Liao 等[83] 将 2,6- 二氨基蒽醌（2,6-diaminoanthraquinone，DAQ）和不同芳基溴进行 Buchwald-Hartwig 偶联反应，制备得系列比表面积为 $331 \sim 600m^2 \cdot g^{-1}$ 的聚氨基蒽醌网络结构（PAQs）的 CMPs，并将其涂覆于碳纸集流体表面构筑得柔性电极。PAQs 显现出了优异的电化学储能性质，在 $1A \cdot g^{-1}$ 的电流密度下，比电容高达 $576F \cdot g^{-1}$。其非对称双电极电容器的比电容为 $168F \cdot g^{-1}$，能量密度高达 $60W \cdot h \cdot kg^{-1}$（功率密度为 $1300W \cdot kg^{-1}$）。针对 CMPs 低电导率的问题，该课题组进一步采用一步原位聚合法制备了高比电容（$594F \cdot g^{-1}$）的 CMPs/ 碳纳米管（CNT）复合物电极[84]。该复合电极所表现出的高性能主要归因于两者之间的 π 堆积作用、CMPs 的高电化学氧化还原活性、CNT 的高电导率以及复合材料的高比表面积。

纤维状储能器件因其独特的一维结构而表现出优异的柔软性、可编织性、变形适应性和透气导湿性等特点，是最具潜能的储能器件之一。采用原位接枝的手段将 CMPs 连接到碳纳米管纤维[72]，通过系统调控单体类型、组分设计以及热处理等工艺，可制备具有优良电化学性能、机械柔韧性能和循环稳定性的 CMPs 多孔纤维：当单体浓度处于最适浓度（$0.625mmol \cdot L^{-1}$）时，制备所得的多孔纤维具有良好的电化学性能和循环稳定性，三电极体系下的比电容为 $670mF \cdot cm^{-2}$（电流密度为 $1mA \cdot cm^{-2}$，$0.5mol \cdot L^{-1}$ H_2SO_4），循环 8000 次后仍可保持 70% 的起始电容；组装成对称纤维状柔性超级电容器的能量密度和功率密度分别为 $18.33\mu Wh \cdot cm^{-2}$ 和 $1.25mW \cdot cm^{-2}$，弯曲 10000 次后（$135°$）的电容保持率为 84.5%。

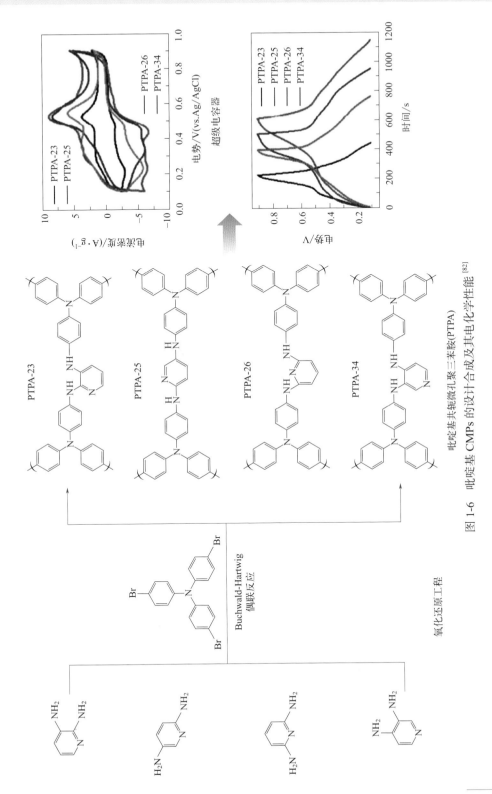

图 1-6　吡啶基 CMPs 的设计合成及其电化学性能 [82]

此外，采用 CMPs 自牺牲模板法，可构筑具有优良电化学性能、高倍率性能和循环稳定性的多孔炭电极材料。例如，以 PTPA-26 为自模板，一步炭化法可获得比表面积高达 1059m^2·g^{-1}、氮含量为 4.6%～11.5%（质量分数）的多孔炭材料[85]。基于该多孔炭材料的超级电容器在 0.5A·g^{-1} 下表现出 238F·g^{-1} 的比电容值，在循环 10000 次后其仍然能维持接近 100% 的起始容量，具有优异的循环稳定性。由其组装而成的对称型超级电容器的能量密度和功率密度也分别可达 27.7Wh·kg^{-1} 和 7000W·kg^{-1}。

与超级电容器相似，具有高比表面积、丰富孔道结构及强氧化还原性的 CMPs 同样适用于电池电极材料。略有不同的是，作为电极材料，CMPs 本身的氧化还原性就显得更为重要。2014 年，Jiang 等[86]首次报道了一种基于六氮杂萘基的 CMPs（HATN-CMP）用作锂电池储能。该材料的比表面积高达 616m^2·g^{-1}，其中微孔体积达到 433m^3·g^{-1}，占总孔体积 70%。六氮杂萘基单元是一种六电子氧化还原活性化合物，本身具有优异的氧化还原性。在 100mA·g^{-1} 的电流密度下，该聚合物作为电池阴极材料在 1.5V 至 4.0V 的电势范围内对 Li/Li$^+$ 表现出 147mAh·g^{-1} 的首次放电比容量，是理论容量值的 69%（214mAh·g^{-1}）。而 HATN 单体的放电比容量为 52mAh·g^{-1}，仅为理论容量值的 56%。羰基官能团是另一种常用的电化学氧化还原活性基团，将其引入 CMPs 的骨架中可明显提高电极材料的氧化还原动力学性能和电化学稳定性。例如，Marcilla 等[87]采用细乳液和溶剂热技术制备了具有超高比表面积的蒽醌基 CMPs。该 CMPs 较传统 Sonogashira 交叉偶联法制备所得的 CMPs 而言，具有更多的微孔及中孔结构，比表面积也高达 2200m^2·g^{-1}，为锂离子的传输和扩散提供了更短的路径，其作为锂离子电池正极时的比容量为 100mAh·g^{-1}。

1.3.2.2 相变材料潜热储能的封装

对热能实现高效存储与利用，可以满足人们对热能在时间和空间上的双重要求，从而被广泛应用于工业余热回收、太阳能系统、电子器件及航天系统中。其中潜热储能是利用相变材料（phase change materials，PCMs）在达到相变温度发生形态转变的过程中吸收或者释放的热能进行储能，它具有较高的储能密度、成本低、使用方便及恒温控温等优点。PCMs 是潜热储能技术发展和应用的关键因素，然而存在着易发生泄漏及导热性差的问题。CMPs 所具有的微孔结构可用于 PCMs 的封装，进而提高其热稳定性。

卟啉基 CMPs 能吸收红外光并可将其转变为热能，可显著提升封装 PCMs 的储热稳定性。例如，Liao 等[28]采用 Diels-Alder 反应，以 Lewis 酸为催化剂制备了卟啉-二茂铁基 CMPs，其封装正十八醇（1-Octadecanol，ODA）所得的复合材料展现出了 153.8J·g^{-1} 的高熔融潜热，储热稳定时间长达 425s。将 CMPs 进行炭化并对 PCMs 进行封装可进一步提高其热传导效应。例如，以螺旋芴和对苯二胺连接的 CMPs 为前驱体经炭化所得的多孔空心炭球对 ODA 进行封装后，复合物的熔融潜热可高达 180～190J·g^{-1}，加热速率与纯 ODA 相当，且形状稳定性和热循环稳定性保持良好，有望在太阳能光热转化工程中应用[88]。

1.3.2.3　光催化产氢

氢气因具有高能量密度和环境友好等优点，已经成为最具潜力的绿色能源。三种主要含氢物质，如化石燃料、生物质和水都是氢气制备的潜在来源。从化石燃料和生物质中获取氢能源时，不可避免地产生 CO$_2$ 等温室气体。而利用太阳光分解水转化为氢气和氧气，是开发氢能最具前途的路径之一。与无机半导体光催化剂相比，合成 CMPs 基有机光催化剂材料的构筑单元多种多样，单体间可以发生的化学反应也十分丰富，从而大大增加了聚合物光催化剂在电子结构以及光物理性质上的可调控性，因此在光催化领域具有广阔的应用前景。Thomas 等[89] 以对苯二甲腈为原料，在 Brønsted 和 Lewis 酸性环境中合成了一系列含三嗪结构单元的 CTFs，并系统研究了反应时间对 CTFs 光催化产氢性能的影响。研究发现，经过 10min 的反应时间制备的 CTFs 具有最好的光催化性能。在可见光照射下，其产氢速率高达 1072μmol·h^{-1}·g^{-1}。

构筑特殊形貌的 CMPs 催化剂如二维薄片，其高比表面积和较高的电荷载流子迁移率可大幅度降低光生电子 - 空穴复合概率，从而使电子和空穴快速到达高分子表面以驱动氧化还原反应，在不加任何牺牲剂和助催化剂时，实现可见光照射下的光催化分解水。例如，Xu 等[90] 将末端带有炔烃的单体 1,3,5- 三（4- 乙炔基苯基）- 苯（TEPB）和三乙炔基苯（TEB）分别进行氧化偶联反应，制备得到含有 1,3- 二炔结构的 CMPs 薄片，显示了较高的光催化产氢活性：平均产氢速率可达 218μmol·h^{-1}·g^{-1}，经过 48h 后光催化活性未发生显著降低，在波长为 420nm 处测得的表观量子效率高达 10%。

光催化产氢用 CMPs 催化剂一般采用金属催化偶联反应或高温缩聚反应，具有制备成本高、能耗大且对环境不友好等问题，因此开发无金属参与的绿色 CMPs 基催化剂具有重要的研究意义。Liao 等[34] 基于 Chichibabin 反应，采用铵催化芳基醛和酮吡啶环化，一步法合成吡啶基共轭微孔聚合物（PCMPs）。该方法全程无金属参与，反应迅速（≤5min），具有低成本、绿色的优点。反应制备的 PCMPs 具有较高的可见光驱动分解水产氢和产氧能力。在可见光（λ > 420nm）照射下，PCMP-1 的产氢和产氧速率分别约为 100μmol·g^{-1}·h^{-1} 和

45μmol·g^{-1}·h^{-1}，表观量子效率分别为 2.3% 和 0.48%。进一步地，通过低温（150℃）气相沉积策略[91]，可在 PCMPs 载体上锚定过渡金属如镍（Ni）、钴（Co）等，制备新型单原子催化剂（如图 1-7 所示）。过渡金属以单原子形式与 PCMPs 中的吡啶氮结合，可对 PCMPs 的能带结构进行有效调节；同时，金属单原子使聚合物电荷密度形成离域效应，促进质子吸附。在可见光照射下，PCMPs 锚定过渡金属单原子后显示优异的光催化产氢性能。特别是以 Co 锚定的 PCMPs 光催化剂，在可见光照射下，其产氢性能相较于纯 PCMPs 提升了 2 倍多，并且具有良好的产氢循环稳定性。

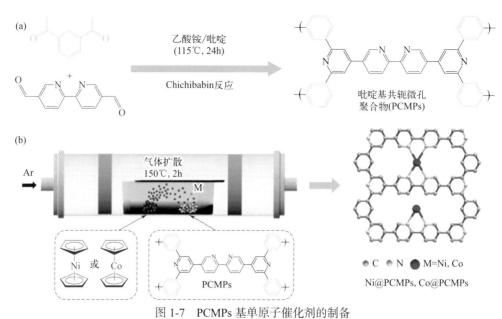

图 1-7　PCMPs 基单原子催化剂的制备

（a）PCMPs 的合成；（b）PCMPs 的过渡金属单原子光催化剂的制备[91]

1.3.2.4　电催化制氢

电解水析氢反应（$2H^+ + 2e^- \rightleftharpoons H_2$ 或者 $2H_2O + 2e^- \rightleftharpoons H_2 + 2OH^-$）是另一种便捷的制氢（HER）方法。理论计算表明，过渡金属（Fe、Co、Ni）或非金属（N、P、B、O）等杂原子掺杂纳孔炭具有优异的 HER 活性。一般认为[92]，sp^2 杂化的吡啶氮存在孤对电子，更容易与反应物接触；由于氮的电负性大于碳，与吡啶氮相连的碳可作为活性位点；包裹金属单质或形成氮原子掺杂，可提升电导率进而加速析氢反应的电子转移。合理设计杂原子、过渡金属掺杂方式，可制备高活性 CMPs 基 HER 催化剂。例如，Liao 等[93] 以亚胺基 CMPs 为前驱体负责 Co 炭化，所制备的 N、O 双掺杂炭包埋 Co 纳米晶表现出较高的电催化活性：

低 Tafel 斜率（46mV·dec^{-1}），高交换电流（1.1 × 10^{-4}A·cm^{-2}）以及高产氢速率（2.93L·g^{-1}·min^{-1}）。

1.3.3　水体净化

CMPs 的高比表面积和功能化特性使其在水体污染物的吸附与降解、油 / 水分离以及海水淡化等水资源的再生和处理领域具有潜在的应用前景。

1.3.3.1　水体污染物的吸附与降解

重金属离子、有机染料、药物、个人护理产品等是常见水体污染物，对人体健康和生态环境存在重大威胁。因此，深度处理含这些污染物的废水对环境修复及饮用水安全具有重要的研究意义。CMPs 因其高比表面积、高孔隙率、疏水共轭骨架以及可通过分子设计引入特定吸附位点等优点，近年来被广泛应用在水体污染物吸附方向。通过引入氮杂原子，可有效提高 CMPs 对重金属离子的选择性吸附。例如 Chen 等[94]基于 Sonogashira-Hagihara 反应，制备了系列含卟啉官能团的 CMPs。其中，基于 1,4- 二乙炔基苯连接单元的卟啉基 CMPs 对 Zn^{2+} 具有独特的吸附选择性（吸附容量为 640mg·g^{-1}，吸附效率为 80%），而其对 Cu^{2+} 和 Pb^{2+} 的吸附效率仅为 42%。该吸附选择性可归因于卟啉环原子的电子与金属离子之间的螯合作用。

对中性 CMPs 进行离子化改性可进一步提高其吸附性能。例如 Song 等[95]对嘧啶基 CMPs 进行后合成修饰制备得阳离子框架网络。修饰后的阳离子 CMPs 对阴离子刚果红染料的吸附容量从 344.8mg·g^{-1} 提高至 400mg·g^{-1}，并且在阴离子和中性染料混合溶液中可快速将阴离子染料分离出来。设计多重功能特性的 CMPs 可实现对吸附污染物的协同降解。例如，Chen 等[96]采用 Suzuki 偶联反应制备得一系列 9,9′- 二芴亚基 CMPs（9,9′-bifluorenylidene-based CMPs，BF-CMPs）［如图 1-8（a）所示］。通过选择合适的单体，可对 BF-CMPs 的孔隙和电性质进行调节。其中，芘基（pyrene，py）BF-CMPs 对罗丹明 B 的吸附容量可高达 1905mg·g^{-1}，并且在可见光（λ > 450nm）下可产生超氧自由基对吸附的罗丹明 B 进行降解（降解率> 81%）［如图 1-8（b）所示］。

1.3.3.2　油 / 水分离

CMPs 因为具有稳定的化学结构，疏水的刚性链以及易于构造纳米级的微观形貌，所以通常表现出疏水 - 亲油的性质。此外，因其本身高比表面积和丰富的孔道结构，在有机溶剂吸附分离上表现出较大的吸附量。为了便于规模化应用，CMPs 多孔纤维膜常常被制备出来。例如 Li 等[97]以 1,3,5- 三乙烯基苯和 1,4- 二溴苯为单体，基于 Sonogashira–Hagihara 反应，以阳极氧化铝（AAO）作为模板原位聚合制备了 CMPs/AAO 复合膜。得益于 CMPs 的疏水刚性结构，该复合膜具有亲油性和疏水性的浸润特性，可分离水中的悬浮油和乳液油，分离效率高达 99.4%。

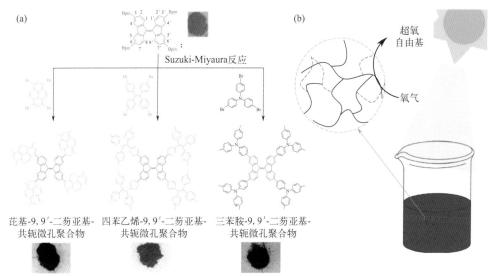

图 1-8　CMPs 光催化剂的合成及其对污染物的降解

（a）9,9′-二芴亚基 CMPs（BF-CMPs）的合成及其粉末样品照片；

（b）光催化产生超氧自由基对罗丹明 B 的降解 [96]

1.3.3.3　海水淡化

利用光热转换机制实现海水淡化是解决全球淡水资源短缺问题最具潜力的途径之一。具有 π 共轭结构的材料由于其电子激发能降低，吸收波长红移，因此具有独特的光热、光电转换功能。CMPs 具有独特的 π 共轭结构、高比表面积和低热导率，以及灵活的分子设计性，是一种极具潜力的光热转换材料，在海水淡化方面具有良好的发展前景和应用价值。例如，Liao 等 [98] 通过 Buchwald-Hartwig 交叉偶联反应合成了具有强光热转换性能的卟啉/苯胺基 CMPs（porphyrin/aniline-based CMPs，PACMPs）[如图 1-9（a）所示]。接着，使用葡糖酸-壳聚糖绿色交联剂，通过浸涂法将 PACMPs 嵌入聚氨酯（Polyurethane，PU）海绵骨架制备得蓄热、传质双功能 PACMPs/PU 复合海绵太阳能蒸发器[如图 1-9（b）所示]。该蒸发器具有高光吸收率（84.7%）和低热导率（0.06W·m^{-1}·K^{-1}），有利于充分利用太阳光并防止热量损失。在标准太阳光（1kW·m^{-2}）照射下，其最高海水蒸发速率达到 1.31kg·m^{-2}·h^{-1}，光热转换效率高达 86.3%。

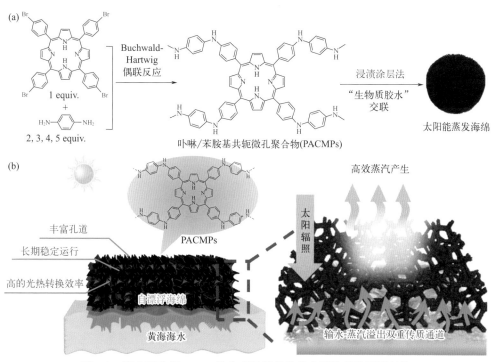

图 1-9　海水淡化用 CMPs 的合成及其组装的太阳能蒸发器的结构

（a）卟啉 / 苯胺基 CMPs（PACMPs）的合成路径、PACMPs/PU 复合海绵制备路径及其照片；（b）PACMPs/PU

太阳能蒸发器的结构设计[98]

1.3.4　其他应用

因 CMPs 在分子层次上的可设计性和其独特的微孔孔隙结构，该类材料在异相催化和光门控离子通道智能分离膜等领域也具有一定的应用前景。

1.3.4.1　异相催化

CMPs 在作为异相催化剂方面也具有其独特的优势：第一，其物理化学稳定性使其能够适应各种催化条件，不易发生溶解或分解反应；第二，多样化的构筑单元可赋予骨架中多种催化位点；第三，其开放的网络框架构成了纳米反应器，有利于反应物与催化剂的充分接触。例如，Deng 等[99] 将 Co 和 Al 引入 CMPs 中得到高催化活性的过渡金属掺杂 CMPs，在常压和室温下成功实现了环氧丙烷转化为碳酸亚丙酯，产率高达 98%。Liu 等[100] 将含有配位活性的 N- 杂环卡宾引入到 CMPs 骨架中，随后将金属 Pd 与 N- 杂环卡宾配位制备得一种负载 Pd 的非均相催化剂。因 Pd 活性中心较大的空间位阻，其在 CMPs 网络结构中可保持较高的分散度，在 Suzuki-Miyaura 偶联反应中表现出优异的催化活性和高稳定性。

1.3.4.2 光门控离子通道智能分离膜

在一些生物细胞膜中，光门离子通道可以利用光来调节离子的跨膜运输，进而控制电兴奋性、钙流入和其他关键的细胞过程。Lai 等[101] 以偶氮苯为光异构基础，以柔性碳链将光异构单元和咔唑活性单元连接，基于电聚合制备了厚度精度在 1.2nm 的光门控离子通道智能分离膜。具体体现如下：在波长为 365nm 的紫外光照射下，分离膜中的偶氮苯由 trans 状态变为 cis 状态，分离膜孔径变小，孔径分布变窄，1nm 以上的微孔被成功关闭，仅允许一价钾离子跨膜；而在波长为 400nm 的可见光照射下，分离膜发生 cis-trans 光异构，相对较大的微孔被重新打开（三价铝离子和一价钾离子均可进入），进而实现了分离膜孔径分布的调控。

共轭微孔聚合物是一种光电特性与多孔性质兼具的新兴有机多孔材料。其分子可设计性赋予了材料性能的可调性，如通过改变单体的刚性、共轭长度、形状、连接方式等调节其比表面积、孔隙、带隙、电化学氧化还原活性等性能，在吸附分离、异相催化、能源存储及转化等领域有重要的应用前景。然而，现有合成方法大多数使用金属催化剂，具有二次污染及价格昂贵等缺点。因此，开发新型绿色、无金属催化剂参与、低成本的合成方法是推进共轭微孔聚合物的规模化应用的重要方向之一。

宏观尺寸共轭微孔聚合物则结合了聚合物的 π 共轭骨架、固有介孔 / 微孔特性与宏观结构的柔韧性和可加工性，可进一步拓展其应用领域如有机光伏、纳滤、太阳能蒸发器等。与传统共轭微孔聚合物合成技术相比，宏观尺寸共轭微孔聚合物的构建需要采用特殊的方法如电聚合、模板合成法、后合成修饰法、机械化学过程等。这些方法存在着单体种类受限、成本高或产量低等缺陷，仍然限制着共轭微孔聚合物的规模化应用。宏观尺寸 CMPs 的构建具有多学科交叉性，未来可从聚合物加工技术出发，如 3D 打印、微流体、干 / 湿法纺丝和材料复合等方法，开发低成本、高产量、高性能宏观尺寸共轭微孔聚合物的制备新路径，以进一步推进其规模化应用。

参考文献

第 2 章
共价有机框架材料

　　共价有机框架（covalent organic frameworks，COFs）是一类由有机构筑基元通过共价键连接而成的结晶性多孔聚合物[1]。与多孔芳香骨架（PAFs）[2]、共轭微孔聚合物（CMPs）[3,4]、自具微孔聚合物（PIMs）[5,6]、超交联聚合物（HCPs）[7] 等无定形多孔聚合物相比，COFs 最吸引人的特点之一是它们具有可预测的结构，其中有机构筑基元位于特定的空间方向上，并通过共价键在三维空间中进行延伸[8]。此外，与沸石、六方氮化硼、钙钛矿、金属有机框架（MOFs）等其他结晶性材料相比，COFs 具有可调节孔径/形状、高比表面积和低密度等优点[9]。稳定的共价键还赋予 COFs 独特的优势，例如高热稳定性和良好的化学稳定性。这些优点意味着 COFs 是一类极具应用前景的新兴材料。自 1916 年 Gilbert N. Lewis 提出共价键理论以来，这种概念性方法解决了许多基本问题，例如原子是如何连接成分子的，以及如何描述分子内原子的键合及其对反应性和分子性质的影响[10]。化学家们已经开始利用这些概念来掌握合成具有不同结构的复杂性分子的方法，从而创造了具有科学性和艺术性的全合成学科，如图 2-1 所示。但是这些方法在调控分子如何通过共价键，连接形成二维（2D）或三维（3D）空间中无限延展的结构等方面却束手无策，因为这种筑网过程必须在合成条件下保持分子的完整性，同时需要考虑微观可逆性，从而得到高度有序的结晶性结构。2005 年，Yaghi 等利用可逆共价键将分子构筑模块连接成无限延伸的网状结构，从而发展出一类全新的晶态多孔材料[1]。在 Lewis 的原创性工作中，他认为原子通过共价键形成分子，而 Yaghi 的设计理念认为分子通过可逆共价键形成框架结构，这让共价键在形成分子之后得到了真正意义上的延伸。COFs 的形成主要是基于"动态共价化学"的原理[11,12]，通过形成与断裂化学键这一可逆过程，有效地修复结构中产生的缺陷，最终形成长程有序的结晶性材料。除 COFs 材料外，其他几种有机多孔材料如 PAFs、CMPs、PIMs 等，主要是通过动力学控制的不可逆

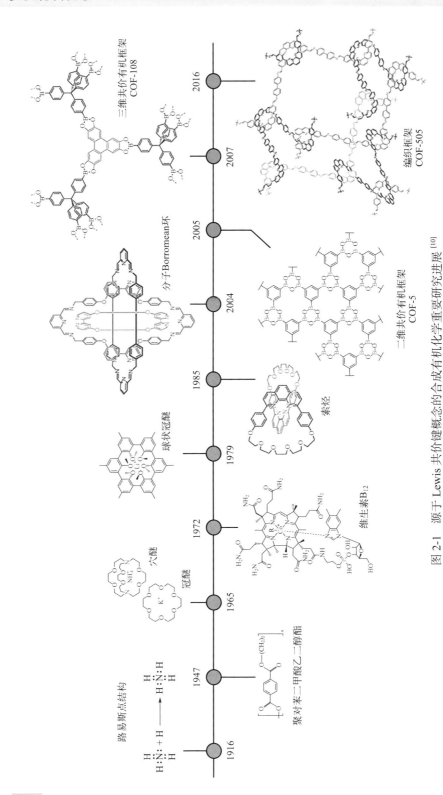

图 2-1 源于 Lewis 共价键概念的合成有机化学重要研究进展[10]

反应合成，由于这些材料的形成速度过快，缺少动态可逆的修复过程，会使得材料产生的缺陷沿着错误的方向继续反应下去而无法修复。因此通常只能得到无定形材料，很难表征出其空间上的具体结构[13]。

COFs 材料主要包括以下特点：①主要由 C、H、N、B、O 等轻原子构成，因此具有较低的密度；②利用热力学控制的可逆反应形成共价键连接的框架结构，在材料的形成过程中会经过"错误校验（error correction）"或"自修复（self-repairing）"过程，因此具有较大的比表面积、较好的热稳定性和化学稳定性；③构筑基元为有机分子，其种类繁多且来源广泛，因此可以通过构筑基元之间的组合实现对框架结构原子级别的精确调控；④通过功能性模块组合形成较大的共轭结构，因此具有较好的光电性质；⑤构筑基元结构多样且易于修饰，因此可利用"从头合成（de novo）"和"后合成修饰（post-synthesis）"等策略得到具有特定性质和功能的材料。目前 COFs 材料在气体存储与分离[14,15]、电化学与能量存储[16,17]、药物输送[18]、光电器件[19,20]、催化[21,22]、质子传导[23]、环境治理[24]等领域已经表现出巨大的应用潜能。自 2005 年 Yaghi 课题组首次报道 COFs 材料以来，该类材料就引起了研究人员的广泛关注。目前 COFs 的研究主要集中在设计新的构筑单元、发展新的可逆反应和合成方法以及开发具有不同结构和功能的 COFs 材料等研究领域。接下来将从形成 COFs 的拓扑学设计、合成方法、键合类型及其在储能和环保领域中的应用等方面介绍 COFs 材料的研究进展。

2.1

COFs 的拓扑学设计

COFs 材料的典型结构特征是构筑基元之间具有明确的连接方式，所以能够根据单体的几何特征来预测最终生成的 COFs 晶体结构。COFs 的拓扑结构与构筑基元的几何形状和长度、连接键类型以及单体间的组合方式等因素有关。所使用的构筑基元既有直线型、三角形、正方形、六边形，也有四面体、八面体、三棱柱和其他更复杂的结构。当只考虑 COFs 结构的连接状态，而不考虑它们的构筑基元和连接键的化学特征时，可以利用拓扑学来描述 COFs 材料的结构。对于二维 COFs 材料，目前已经被报道的拓扑结构有 hcb[1]、sql[1]、kgm[25]、hxl[26]、fxt[27]、kgd[28]、cpi[29]、tth[30]、bex[31]、htb[32]、mtf[33]、cem[34]、tju[35] 等类型；对于三维 COFs 材料，主要有 dia[36]、ctn[37]、bor[37]、pts[38]、lon[39]、srs[40]、rra[41]、ljh[42]、nbo[43]、stp[44]、acs[45]、ceq[46]、hea[47]、pcu[48]、soc[49]、pcb[50]、ffc[51]、scu[52]、she[53] 等类型，如图 2-2 所示。与 MOFs 材料相比，所报道的 COFs 材料拓扑结构类型显得相对有限，这主要是因为其发展受限于有限的结构单元种类。

MOFs 材料中存在两类次级结构单元，即金属簇和有机配体。一方面，金属离子配位方式及配位数的多样性决定了金属簇的多样性；另一方面，有机化学的发展为合成新型有机配体提供了强大的驱动力。而 COFs 材料完全由有机单体通过共价键连接而成，所以其拓扑结构类型远不如 MOFs 材料。

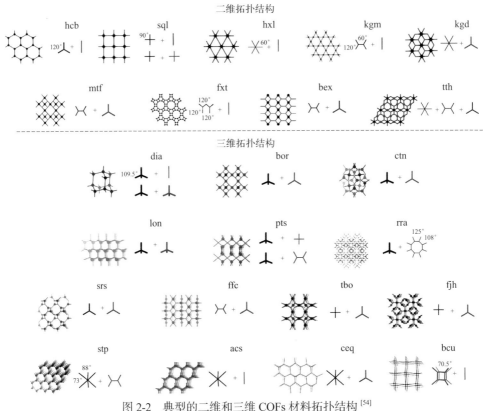

图 2-2　典型的二维和三维 COFs 材料拓扑结构 [54]

　　不同于 MOFs 结构中有机配体与金属团簇之间可能存在多种配位方式，COFs 材料的构筑基元之间的连接方式明确，因此对于二维 COFs 材料，很容易根据其结构单元的几何结构来预测最终形成的晶体结构。一般而言，具有相同几何构型的有机单体，可以在单层内形成具有相同拓扑的网状结构，但是相邻层间的堆积方式可能会有所不同。例如，Yaghi 课题组报道了 COF-1 和 COF-5，它们的构筑基元都具有 C_3 对称性，虽然在单层内所形成的网络结构都具有 hcb 拓扑结构，但是相邻层之间的堆积方式却完全不同 [1]。这说明在二维 COFs 中，拓扑设计原则只适用于单层内通过强化学键连接的网络结构，而对于通过非共价相互作用所形成的层间堆积方式则较难进行预测。目前所报道的二维 COFs 中层间堆积方式主要包括完全重叠（eclipsed）[1]、完全交叉（staggered）[55]、滑移堆积

（slipped）[56]、反平行堆积（antiparallel）[57] 等类型。与二维 COFs 材料不同，三维 COFs 中通常存在"嵌套"现象，这导致多数三维 COFs 都是微孔材料，并且它们的孔隙率通常比预期要低得多[58]。嵌套是指材料独立的一层网络与另外一层网络或多层网络之间形成互相不能解开的一种缠绕、穿插的状态，网络之间不存在直接的化学键连接。由于控制三维 COFs 材料嵌套层数的化学参数仍然不明确，所以通常很难根据拓扑学来预测三维 COFs 中的贯穿程度。值得注意的是，伴随着具有更加复杂结构的 COFs 不断出现，仅依靠拓扑学设计和结构模拟的手段将难以满足解析 COFs 真实结构的需求，因此发展更多制备单晶 COFs 材料的方法将是该领域未来发展的方向[39]。

2.2
COFs 的合成方法

目前，用于合成 COFs 材料的方法主要包括溶剂热法、微波法、离子热法、机械化学法、界面合成法等[59]，其中应用最广泛的是溶剂热法。该方法是指在封闭体系内以有机物或非水溶液作为溶剂，在一定的温度和压力下进行反应的一种方法。通常在 Pyrex 管中加入单体、溶剂和催化剂，利用液氮将体系冷冻，接着抽真空，再解冻，循环操作三次以除去体系中的氧气。之后用火焰喷枪将 Pyrex 管熔封后置于恒温烘箱中。反应进行一段时间后，Pyrex 管底部会生成大量不溶物，最后经过一系列纯化即可得到 COFs 材料[24]。在溶剂热反应过程中，反应温度、反应时间、溶剂的种类以及催化剂的选择对最终得到的 COFs 材料的性质会有较大的影响。如果反应速率过快，晶体缺陷较多；若反应速率过慢，则产率较低。热力学控制生成的 COFs 材料可以进行错误校验和自修复过程，所以适当地延长反应时间有利于形成更加规整有序的结构，孔径分布更集中。考虑到溶剂热法需要较长的反应时间，人们发展了微波法用于快速制备 COFs 材料。迄今为止，人们采用微波法已经成功合成了硼酸酯连接的 COF-5、COF-102，β-酮烯胺连接的 TpPa-COF 以及三嗪基 COFs 材料。该方法的一般操作过程如下：将合适的溶剂和单体加入至氮气保护或真空密封的微波管中，并在指定温度下继续反应一段时间。离子热法是利用熔融盐或离子液体作为反应介质的一种合成方法。2008年，Thomas 等将 1,4- 二氰基苯与熔融的 $ZnCl_2$ 在 400℃下反应得到一种结晶性 CTF-1 材料[60]。研究表明 $ZnCl_2$ 既充当反应溶剂又作为反应催化剂。与溶剂热法相比，离子热法合成 COFs 所需条件较为苛刻，反应难以控制，而且由于该反应的可逆性较差，难以获得高结晶度的材料。另外，所需单体主要受限于一些含氰基的构筑模块，反应在高温下进行，对单体的热稳定性要求很高，因此利用这种方法制备结晶性COFs的例子比较少。2018年，Fang等发展了一种简单、温和、绿色的合成方法，其独特之处在于利用离子液体作为反应溶剂和催化剂，可以在室温条件下快速实现亚胺基COFs材料的合成，反应时间短至3分钟[61]。相比于传统溶剂热法，机械化学法合成COFs材料具有操作简单、快速、环境友好以及可大量生产等特点，可以克服溶剂热法的局限性。2013年，Banerjee等首次报道在室温无溶剂条件下采用机械研磨方法快速合成出三种具有高稳定性的COFs材料[62]。他们发现TpPa-1（机械化学合成法，MC）、TpPa-2（MC）和TpBD（MC）的比表面积分别是$61m^2 \cdot g^{-1}$、$56m^2 \cdot g^{-1}$和$35m^2 \cdot g^{-1}$，而利用传统的溶剂热法合成的TpPa-1、TpPa-2和TpBD的比表面积分别是$535m^2 \cdot g^{-1}$、$339m^2 \cdot g^{-1}$和$537m^2 \cdot g^{-1}$。但是由于结晶性和比表面积等性能一般，所以目前为止使用这种方法合成COFs材料的例子较少。与上述主要产生不溶性和不可加工粉末的合成方法相比，界面合成法是一种新颖且有效的方法，可以用来合成可控厚度的COFs薄膜，从而将其应用在电极材料或者电子器件上。根据界面类型的不同，该方法可以细分为气固界面法、固液界面法和气液界面法等方法。基于以上讨论，总结了五种合成方法的特性，如表2-1所示。

表2-1 用于合成COFs材料的不同方法比较

合成方法	优点	缺点	适用范围
溶剂热法	结晶性高	反应周期长	适用范围广
微波法	合成速率快	装置要求高	适用范围较广
离子热法	稳定性好	装置要求高	三嗪和亚胺
机械化学法	反应速率快	反应可逆性差	材料结晶性较差
界面合成法	稳定性好	实验过程复杂	适用于薄膜制备
助熔合成法	无须有机溶剂	单体种类受限	酰亚胺

除了上述方法，人们随后还发展了连续流动法[63]、光化学法[64]、电化学法[65]、声化学法[66]、水热法[67]、辐照法[68]、室温法[69]等方法合成COFs材料。这些方法在相关的文献中已有详细的介绍[70,71]，在此不再赘述。值得注意的是，由这些方法得到的COFs材料总是以小晶畴尺寸的多晶聚合物粉末或者薄膜的形式存在，这就严重制约了其在光电磁领域的实际应用，并排除了单晶X射线衍射（SXRD）等表征手段。单晶COFs材料非常具有吸引力，原因在于它们明确的结构能够让人们获得其详细的结构信息并研究其独特的物理化学性质。但是，由

于共价键的形成和断裂比配位键和氢键更不可逆，因此制备单晶 COFs 材料比其他多孔晶体（如金属有机框架和氢键有机框架）更具挑战性。到目前为止，关于单晶 COFs 的制备方法报道很少，文献中仅有少量实例。例如，2018 年，Wang 及其同事提出了一种亚胺交换策略，在 COFs 的合成过程中，加入苯胺作为抑制剂，控制其成核速率，得到了系列微米尺寸的三维亚胺键连接的 COFs 单晶 [39]。Dichtel 等以二维硼酸酯连接的 COFs 材料作为研究对象，采用成核和生长的两步程序获得了尺寸大小约为 1 微米的 COFs 单晶 [72]。2021 年，Wei 等发展了一种超临界溶剂热聚合策略，可以在 2 ～ 5 分钟内得到晶体尺寸达 0.2 毫米的 COFs 单晶。通过这种简便的合成方法，他们成功地制备了亚胺和硼酸酯连接的 COFs 单晶，一定程度上证明了其具有较好的普适性 [73]。尽管取得了这些进展，但是人们仍然需要探索更加简便通用的方法来合成含有其他连接方式的 COFs 单晶材料。

2.3
COFs 的键合类型

共价有机框架是由有机单体通过共价键连接而成的结晶性多孔材料，其结构可以分为两个组成部分：连接体（构筑基元）和连接键（网状结构中构筑基元之间形成的化学键）[74]。在分子有机化学中，大多数反应都受动力学控制，因此需要通过后处理分离纯化，以除去那些沿着"错误的方向"继续反应所生成的产物。然而在网格化学中不需要经过这种冗长的程序，因为反应产物通过热力学控制的可逆反应形成，产物中的缺陷可以通过"错误校验"过程得到有效的修复，材料生长到一定尺寸后便可以直接从反应体系中结晶析出。通过动态共价键将有机芳香小分子单体连接成网状结构从而形成 COFs 需要克服的挑战之一是通过可逆反应形成高度结晶的产物。探索有机分子在何种条件下会形成长程有序的网状结构，被称为"结晶问题"。利用化学键的方向性和可逆性来构建有序结构一直是动态共价化学的特点，一般而言，连接于构筑基元间的化学键可逆程度越高，最终所形成的长程有序结构就越规整。例如，首例 COFs 材料就是通过硼酸酐（硼氧六环）和硼酸酯键连接而形成的，因为具有足够的动态可逆性，单体分子可以在适当的溶剂热条件下形成高度有序的网格结构。但是正是由于这种可逆性的存在，大部分硼酸类 COFs 的化学稳定性较差，通常在潮湿空气或者水中容易发生结构坍塌，这种性质严重限制了它们的实际应用范畴。因此，人们迫切需要开发可逆性好、稳定性高的新型化学键来制备 COFs 材料。随着研究的深入，研究人员已经发展了多种类型的化学反应制备具有不同化学键连接的 COFs

材料。最终所形成的化学键类型，可以分类为：B—O、C=N、C=N$_{Ar}$、C—N、C=C、C—O 和其他键型等，如图 2-3 所示。

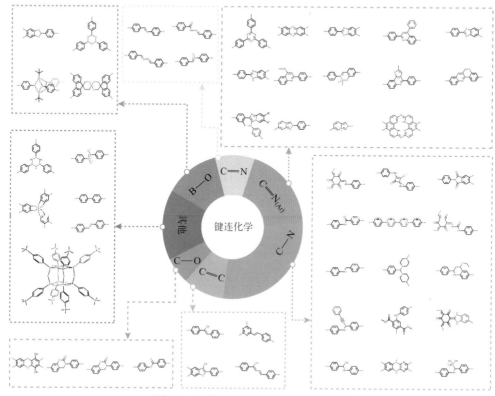

图 2-3　组成 COFs 材料的化学键类型

2.3.1　B—O 键

2005 年，Yaghi 课题组利用对苯二硼酸脱水自缩合形成硼氧六环的方法得到了 COF-1，同时利用对苯二硼酸和 2,3,6,7,10,11- 六羟基三苯脱水形成硼酸酯的方法制备了 COF-5[1]。研究表明 COF-1 和 COF-5 都具有永久的多孔性，比表面积分别是 711m^2 • g^{-1} 和 1590m^2 • g^{-1}。虽然 COF-1 和 COF-5 都是利用溶剂热法和在密闭体系中得到的，但是通过对比实验测得的粉末 X 射线衍射结果和理论模拟结果，他们发现 COF-1 和 COF-5 分别是 AB 和 AA 堆积模式的层状二维结构。该项工作开启了 COFs 发展的先河，基于以上工作，2007 年他们以四面体和三角形的构筑基元合成了具有 ctn 和 bor 两种拓扑结构的三维 COFs[75]。因为这些材料完全由强共价键（C—C、C—O、C—B 和 B—O）构成，所以均具有较高的热稳定性（分解温度为 400～500℃）。COF-102 和 COF-103 的比表面积分别是 3472m² • g⁻¹ 和 4210m² • g⁻¹。硼酸不仅可以自聚形成硼氧六环，也可以与邻苯二酚类化合物反应形成硼酸酯，还可以与硅醇反应形成硼硅酸酯（Borosilicate）。2008 年，Yaghi 小组报道了四（4- 二羟基硼基 - 苯基）甲烷与叔丁基硅烷三醇通过脱水缩合反应合成 COFs 的新方法，成功地制备了三维笼状 COF-202[76]。由于该材料是通过硼硅酸酯连接而成的框架材料，所以具有较高的热稳定性，比表面积高达 2690m² • g⁻¹。2015 年，Zhang 等利用 B(OMe)₃ 和多元醇进行酯交换反应成功构筑了两种离子型螺环硼酸盐（spiroborate）连接的 COFs 材料，它们都含有 sp³ 杂化的硼阴离子中心和可调的抗衡离子[77]。ICOF-1 和 ICOF-2 的比表面积分别为 1022m² • g⁻¹ 和 1259m² • g⁻¹，对氢气和甲烷的吸附量分别可达 3.11%（质量分数）（77K，1bar）和 4.62%（质量分数）（77K，1bar）。而且在室温下，ICOF-2 对锂离子的电导率达到 $3.05×10^{-5}$S • cm⁻¹。研究表明这些材料都具有良好的热稳定性和优异的化学稳定性，其结构浸入水或碱性溶液中两天仍保持完整。

2.3.2　C＝N 键

2009 年，Yaghi 团队利用席夫碱反应合成了首例亚胺键（imine）连接的三维 COF-300 材料，其具有五重贯穿的金刚石骨架结构[36]。受到该工作的启发，研究人员掀起了研究亚胺键连接的 COFs 的热潮，目前文献中报道的大部分都是亚胺键连接的 COFs 材料[78]。2011 年，Yaghi 课题组首次报道了酰腙（hydrazone）键连接的 COFs 材料[79]。他们利用 2,5- 二乙氧基对苯二甲酰肼与 1,3,5- 三甲酰基苯或 1,3,5- 三（4- 甲酰基苯基）苯缩合合成了两种新型 COFs 材料，即 COF-42 和 COF-43，其中有机构筑基元通过酰腙键连接形成拓展的二维多孔骨架，这两种材料都具有高度多孔性和结晶性，显示出优良的化学和热稳定性。2020 年，Loh 课题组报道了一种可扩展的简便方法，可以在开放和搅拌条件下合成六种高结晶性酰腙键连接的 COFs 材料[57]。他们的策略包括选择具有键偶极矩的分子构筑模块，其空间取向不仅有利于反平行堆积，而且还可以通过层内和层间氢键限制分子内旋转。该方法可广泛应用于含有各种侧链官能团的酰肼单体，他们利用该策略在 30 分钟内一锅法合成了两种高结晶性的 COFs（产量可达 1.4g）。2013 年，Jiang 课题组采用水合肼和 1,3,6,8- 四（4- 甲酰基苯基）芘在溶剂热条件下合成了吖嗪（azine）连接的 COFs 材料[80]。研究表明 py-azine COFs 具有高度的结晶性、永久的多孔性以及良好的化学稳定性。吖嗪连接的芘基 COFs 在化学传感领域具有极好的灵敏性和选择性，可以被用来检测三硝基苯酚类炸药，这也是 COFs 材料首次在化学传感方面的应用。2019 年，Zhao 及其同事使用亚胺键连接的 COFs

作为化学传感器来检测氯化氢气体[81]。该项研究是人们首次利用亚胺键的碱性来形成亚胺盐，这拓宽了亚胺键共价改性的使用范围。同年，Auras 等合成了基于芘的亚胺键连接的 COFs 材料并将其应用于酸蒸气传感领域[82]。

2.3.3　C＝N$_{Ar}$ 键

2008 年，Thomas 等选用 1,4- 二氰基苯作为单体在熔融的氯化锌中发生三聚反应，成功制备了首例三嗪（triazine）基 COF-1 材料，其比表面积为 $791m^2 \cdot g^{-1}$，孔径为 1.2nm[60]。由于反应温度较高，所以适合这类反应的单体并不多。2013 年，Jiang 课题组采用具有 C_3 对称性的三亚甲基六胺和 C_2 对称性的叔丁基芘四酮进行缩合反应得到了酚嗪键连接的 CS-COF 材料，其对酸、碱和沸水都表现出较好的稳定性。2016 年，McGrier 等报道了使用氰化钠催化的串联反应制备了苯并噁唑（oxazole）连接的 COFs 材料[83]。氨基苯酚和醛基单体首先经历可逆的席夫碱反应形成结晶性的烯醇 - 亚胺中间体，随后进行氧化脱氢和环化反应形成苯并噁唑环。2018 年，Yaghi 及其同事发展了一种连续后合成修饰的策略来制备噻唑（thiazole）连接的二维 COF，该策略结合了连接体取代和氧化环化反应[84]。与母体亚胺基 COF 相比，生成的噻唑连接的 COF 对强碱性和强酸性溶液表现出更高的化学稳定性。2019 年，Wang 等利用多组分反应制备了系列咪唑（imidazole）连接的 COFs 材料[85]。与之前使用混合连接体或正交反应构建多组分 COFs 不同，该方法通过可逆 / 不可逆的共价组装实现了一锅法构建咪唑环结构。2020 年，该团队利用基于异腈化的 Groebke-Blackburn-Bienaymé 反应，通过异腈、氨基吡啶和醛基单体进行一锅法反应构筑了嘧啶唑（pyrimidazole）连接的 COFs。这些材料不仅因骨架中普遍存在的咪唑环而具有对苛刻条件的超高稳定性，而且因易获得且多样化的 2- 氨基吡啶单体的参与而具有可调的功能性[86]。同年，Zhang 等通过使用 BF$_3 \cdot$OEt$_2$ 直接配位亚胺键来制备水杨醛亚胺氟硼配合物（boranil）连接的 COF 材料[87]。2018 年，Liu 等报道了一种后合成修饰的策略合成了喹啉键（quinoline）连接的 COFs 材料，该方法主要利用 Povarov 反应将 COFs 材料中的亚胺键转化为喹啉键[88]。得益于骨架中含有大量喹啉环，这些 COFs 材料对强酸和强碱表现出极好的化学稳定性。2021 年，Baek 及其同事报道了一种无需催化剂或溶剂的新策略，可以合成氮杂桥联双（菲咯啉）大环连接的 COFs 材料[89]。Chen 等设计合成了两种芳香胺（arylamine）连接的新型 COFs 并在储能应用中表现出比亚胺键连接的 COFs 更优越的性能[90]。2022 年，Wang 等开发了一种后合成修饰策略，通过分子内 Povarov 反应将亚胺键连接的 COFs 转化为色烯喹啉（chromenoquinoline）连接的 COFs。其关键设计是使用刚性骨架 2,5- 双（炔丙基氧基）- 对苯二甲醛连接炔烃部分[91]。有趣的是，Cai 等发现利用一锅法和后合成修饰法都可以通过 Doebner 反应获得 4- 羧基 - 喹啉（4-carboxyl quinoline）连接的 COFs[92]。Dai 等开发了一种后合成修饰的策略，通过不对称氢膦酰化反应将亚胺键连接的 COFs 转化为 α- 氨基膦酸酯（α-aminophosphonate）连接的 COFs[93]。Loh 等利用后合成修饰的策略将亚胺键连接的 COFs 转化为咪唑并吡啶（imidazopyridinium）连接的 COFs。值得注意的是，与一锅法合成的亚胺基 COFs 相比，他们通过两步法制备的 COFs 具有更好的结晶度[94]。Liu 及其同事利用 Cadogan 反应构筑了吲唑（indazole）和苯并咪唑亚基（benzimidazolylidene）连接的 COFs。其中，BIY-COFs 展现出优异的本征质子电导率而无需通过外部质子转移试剂浸渍[95]。

2.3.4　C—N 键

2012 年，Banerjee 小组首次合成了两种具有结晶性的 β- 酮烯胺（β-ketoenamine）连接的 COFs 材料[96]。他们以 1,3,5- 三甲酰间苯三酚（Tp）分别与对苯二胺（Pa-1）和 2,5- 二甲基对苯二胺（Pa-2）反应得到了 TpPa-1 和 TpPa-2。该反应的过程可以看成两步，首先是单体之间进行可逆的席夫碱反应生成结晶性烯醇 - 亚胺中间体，随后进行不可逆的烯醇 - 酮异构化生成 β- 酮烯胺连接的 COFs。值得注意的是，这种异构化不影响 COFs 材料的结晶性，但增强了框架的化学稳定性。研究表明 β- 酮烯胺连接的 TpPa-1 和 TpPa-2 对 9mol·L⁻¹ HCl 和沸水均具有较强的耐受性。2017 年，Perepichka 课题组报道了由一种新型聚合方法制备的具有四种结构的 β- 酮烯胺连接的 COFs，该方法主要利用 β- 酮烯醇和芳香胺发生迈克尔加成 - 消除反应[97]。研究表明 β- 酮烯胺连接的 3BD 和 3'PD 的荧光能够有效地被硝基芳香化合物（苦味酸）和过氧化物猝灭。Fang 等发展了一种简便的方法，可以在室温条件下水相合成 β- 酮烯胺连接的 COFs 材料[98]。2018 年，Yaghi 课题组利用 1,3,5- 三甲酰基间苯三酚分别与 1,4- 苯二脲和 1,1'-[3,3'- 二甲基 -(1,1'- 联苯)-4,4'- 二基] 二脲反应得到脲（urea）连接的 COF-117 和 COF-118 材料[99]。2013 年，Jiang 等利用方酸与四（4- 氨基苯基）卟啉铜合成了方酸（squaraine）连接的 CuP-SQ COF，结果表明其骨架单元具有 Z 字形构象，所形成的位阻效应能够阻止层与层之间发生滑动[100]。与其他的 COFs 材料相比，该类材料具有更小的带隙和更强的光捕获能力，因此在光催化方面具有潜在的应用。2014 年，Yan 课题组采用直线型单体均苯四甲酸二酐分别与大小不同的三角形单体三（4- 氨基苯基）胺（0.7nm）、1,3,5- 三（4- 氨基苯基）苯（0.9nm）和 1,3,5- 三 [4- 氨基（1,1- 联苯 -4- 基）] 苯（1.3nm）反应，合成了三种具有六边形孔道的酰亚胺（imide）连接的 PI-COF-1、PI-COF-2、PI-COF-3 材料，其比表面积分别为 $1027m^2 \cdot g^{-1}$、$1297m^2 \cdot g^{-1}$ 和 $2346m^2 \cdot g^{-1}$，孔道大小分别为 3.3nm、3.7nm 和 5.3nm。该类 COFs 具有很好的结晶性、多孔性以及热稳定性[101]。2016 年，Yaghi 等发展了一种新的策略，通过使用温和的 Pinnick 氧化反应直接氧化亚胺键来制备酰胺键（amide）连接的 COFs 材料[102]。研究结果表明，与它们的亚胺前体相比，酰胺键连接的 COFs 材料在酸性（$12mol \cdot L^{-1}$ HCl）和碱性（$1mol \cdot L^{-1}$ NaOH）水溶液中浸渍 24h 依然具有较好的化学稳定性。Cui 及其同事最近应用这种策略提高了三维 COFs 的化学稳定性，其可以用作色谱对映体分离的手性固定相[103]。Yan 课题组报道了利用"构筑基元交换"的策略直接从亚胺键连接的 COFs 制备相应的酰胺键连接的 COFs 材料[104]。2022 年，Zhao 课题组发展了一种"后合成氧化"的策略，可以快速地将亚胺基 COFs 转化为相应的酰胺基 COFs。他们通过 7 例不同结构亚胺基 COFs 的转化，以及克级酰胺基 COFs 的合成，证明了该方法的普适性和可放大性[105]。2017 年，Trabolsi 课题组采用 1,3,5- 三（4- 氨基苯基）苯和 1,1′- 双（2,4- 二硝基苯基）-（4,4′- 联吡啶）-1,1′- 二氯化二铵作为构筑基元，在微波照射下利用乙醇 / 水作为溶剂发生 Zincke 反应得到了一种结晶性共价有机凝胶框架（COGF）材料[106]。2019 年，Zhao 等采用仲胺和芳香醛进行溶剂热反应合成了两种缩醛胺（aminal）连接的 COFs 材料（aminal-COF-1 和 aminal-COF-2），它们具有 cpi 拓扑结构。得益于缩醛胺具有的四面体几何结构和非共轭特性，有利于保留单体的光物理性质[29]。研究表明这些缩醛胺基 COFs 在中性和碱性条件下具有较高的化学稳定性。2021 年，Chen 等采用 2,5- 二甲氧酰基 -1,4- 环己二酮分别与 1,3,5- 三（4- 氨基苯基）苯和 1,3,6,8- 四（4′- 氨基苯）芘反应制备得到了首例芳香胺（arylamine）连接的 AAm-TPB-COF 和 AAm-Py-COF 材料[90]。

值得注意的是，利用高度可逆的缩合反应并串联进行氧化、还原、加成等反应，可以在不牺牲 COFs 材料结晶度的情况下，提高其化学稳定性。例如，2018 年，Deng 等采用 NaBH$_4$ 作为还原剂将亚胺键还原为仲胺键[107]。2020 年，Yang 等采用 Sc(OTf)$_3$ / Yb(OTf)$_3$ 作为路易斯酸催化剂，通过亚胺键连接的 COFs 与乙基乙烯基醚发生环加成反应得到了四氢喹啉（tetrahydroquinoline）连接的 COFs 材料[108]。Dong 等通过一锅法 Strecker 反应制备了 α- 氨基腈（α-aminonitrile）连接的 COFs 材料[109]。同年，他们通过一锅多组分反应制备溴化季铵修饰的炔丙基胺（propargylamine）连接的手性 COFs。所得的（R）-DTP-COF-QA 可用于光催化硫化物发生不对称氧化[110]。Zhao 及其同事利用 Pictet-Spengler 反应合成噻吩并 [3,2-c] 吡啶（thieno[3,2-c]pyridine）连接的 B-COF-2 和 T-COF-2 材料[111]。2021 年，Hoberg 等使用芳香亲核取代反应设计并合成了喹喔啉（quinoxaline）连接的 COFs 结构[112]。总而言之,相比于亚胺键连接的母体 COFs,这些通过后合成修饰方法得到的 COFs 材料的化学稳定性都得到进一步提高。

2.3.5　C=C 键

石墨烯作为一种明星材料,近年来在世界范围内受到了来自多个领域学者的持续高度关注,但理论上石墨烯是一种零带隙类非金属材料,难以在半导体领域发挥作用。COFs 材料是由有机芳香小分子单体通过可逆动态共价键连接而成,具有长程有序结构的晶态有机多孔材料,也被认为是一种多孔的石墨烯类似物。2016 年,Zhang 等利用 1,3,5- 三(4- 甲酰基苯基)苯和 1,4- 苯二乙腈之间发生的 Knoevenagel 缩合反应构筑了氰基乙烯(cyanovinylene)连接的二维共轭 COFs,该工作开启了研究烯烃连接的 COFs 材料的先河[113]。例如,2017 年,Jiang 课题组也报道了一种 2D sp^2-C 共轭的 COFs。他们通过 TFPPy 和 PDAN 中 C=C 的缩合反应,构建 π 共轭的 2D sp^2-C 共轭的 COF 晶体。该 sp^2-C-COF 具有本征的半导体特性,能隙为 1.9 eV,可以通过化学氧化进一步提高其导电性。同时芘节点产生的自由基,可使材料形成具有高自旋密度的顺磁碳结构[114]。2019 年,Yaghi 团队通过 2,4,6- 三甲基 -1,3,5- 三嗪和 4.4′- 联苯二甲醛发生羟醛缩合反应,制备了首例未取代的烯烃(olefin)连接的 COF-701。研究表明 COF-701 在强酸性和强碱性条件下能保持较好的化学稳定性[115]。Gu 等报道了利用不可逆的多步串联反应连接构筑基元的策略,合成了两种新型的苯并呋喃连接的 COFs 材料(GS-COF-1 和 GS-COF-2)。该反应连续经过一步可逆的 Knoevenagel 缩合和三步不可逆的氰基重排、关环和氧化反应,最终生成化学稳定的氰基取代的苯并呋喃(benzofuran)连接的 COFs。随后,他们对 GS-COF-1 和 GS-COF-2 进行后合成修饰,分别得到具有多羧酸基团的 GS-COF-1-COOH 和 GS-COF-2-COOH。研究表明 GS-COF-1-COOH 和 GS-COF-2-COOH 具有良好的质子传导的能力,并可以通过负载磷酸进一步提高,有望作为一种较好的质子传导材料[116]。2022 年,Gu 等报道了一种多组分合成策略,通过将乙腈与芳香醛和乙醛模块连接,构筑了氰基取代的 1,3- 丁二烯(buta-1,3-diene)连接的 COFs 材料[117]。

2.3.6　C—O 键

2018 年,Yaghi 团队报道了二噁英连接的聚芳醚基 COFs(COF-316 和 COF-318)。这种连接键是通过碱催化下邻二酚与邻二氟苯之间发生芳香亲核取代反应而得到的。由于骨架中没有明显弱键的存在,聚芳醚基 COFs 具有超高的化学稳定性，尤其是对高浓度酸碱、强还原剂以及强氧化剂等剧烈条件都有一定耐受性。2019 年，该团队开发了一种涉及多步后合成修饰的策略，在不改变拓扑结构的前提下，可以将亚胺键连接的 COFs 转化为氨基甲酸酯和硫代氨基甲酸酯连接的 COFs 材料。首先，亚胺键连接的 COF-170 发生去甲基化反应进行结构重排，形成由层内氢键稳定的有利取向，然后被还原为仲胺，最后与 1,1'- 硫代羰基二咪唑或 1,1'- 羰基二咪唑反应，生成环状硫代氨基甲酸酯或氨基甲酸酯连接的 COFs 材料 [118]。酯键是另一类常见的聚合物连接键，但是过去获得的酯键连接的材料通常为无定形结构。2020 年，Yaghi 等通过酚类单体和酯类单体之间进行酯交换反应制备了一类新型酯（ester）连接的 COFs 材料 [119]。2022 年，Zhang 等利用动态芳香亲核取代反应构建了氰酸酯（cyanurate）连接的共价有机框架（CN-COFs）[120]。由于层间氢键的存在，CN-COFs 展现了较为罕见的 AA' 堆积，具有较高的稳定性和优异的 CO_2/N_2 吸附选择性。

2.3.7　其他键型

2012 年，El-Kaderi 等通过 1,3,5- 三（对氨基苯基）苯硼烷热解得到了环硼氮烷连接的 BLP-2（H）材料 [121]。该材料比表面积为 $1178m^2 \cdot g^{-1}$，在 77K 和 15bar 的条件下，储氢量达到 2.4%（质量分数）。2013 年，Wuest 课题组利用亚硝基二聚反应第一次得到了偶氮二氧基连接的单晶 COFs，通过单晶 X 射线衍射，解析和确定了材料的空间立体结构 [122]。2017 年，Thomas 等采用硅酯缩合反应制备了六齿配位的含硅 COFs 材料，所得聚合物含八面体硅基阴离子骨架，COFs 体系中碱金属离子（Li^+、Na^+、K^+）平衡其阴离子电荷 [123]。2019 年，Li 等人使用 Suzuki 反应在液 - 液界面处合成了 C—C 键连接的二维共轭 COFs，该方法反应条件温和，得到的两种 COFs 薄膜都具有较大的横向尺寸，可以通过高分辨 TEM 直接观察到其晶畴 [124]。2020 年，Yaghi 等利用磷酸单体和硼酸单体间进行脱水缩合反应构筑了 $[B_4P_4O_{12}]$ 的立方笼作为 COFs 材料的连接键。这是一种罕见的八配位的连接键，为构筑新型拓扑结构提供了新的思路 [125]。2022 年，Zhao 等使用基元交换的策略直接从亚胺连接的 COFs 合成了偶氮（azo）连接的 COFs [126]。

2.4
COFs 在电化学储能与环保领域中的应用

在过去的几十年中，电极材料和电化学储能器件广泛地存在于人们的日常生活中，研究人员在这方面取得了一些重要的进展。在各种不同类型的电化学储能器件中，人们初步探究了 COFs 材料在超级电容器、锂离子电池、锂硫电池等方面的应用潜能。COFs 材料可以被设计成具有氧化还原活性骨架、离散的孔道和特殊的孔壁的结构，这些结构特征对于涉及能量存储的电化学过程很重要，因为氧化还原活性骨架有利于能量储存，孔道可以为离子存储和传输提供空间。因此，如何促进氧化还原反应、离子扩散和电子传导是探索 COFs 材料用于能量储存时需要考虑的事项。

2.4.1　在电化学储能领域中的应用

由于化石能源储量有限、短期内不可再生以及使用过程中可能引发环境问题，因而研究者们致力于寻找可替代化石能源的新型绿色能源，如风能和太阳能等。而新能源的发展需要储能体系来保障其高效利用。为了开发更高能量密度、更大功率密度以及更长循环寿命的电化学储能器件，各类新型材料被用于电化学储能领域中。其中，共价有机框架材料因其丰富可定制的孔道结构、可调节的比表面积等结构特点受到研究人员的广泛关注。

2.4.1.1　超级电容器

设计和选择具有电化学活性的构筑模块可以得到电化学能量存储应用的 2D COFs。2013 年，Dichtel 团队利用 TFP 和 DAAQ 发生溶剂热反应制备了 β-酮烯胺连接的 DAAQ-TFP COF，如图 2-4 所示。该 COF 中含有具有氧化还原活性的蒽醌模块，在强酸性电解质中表现出优异的化学稳定性，并且保留了蒽醌模块可逆的氧化还原性质[127]。与具有非氧化还原活性的 COFs 修饰的电极相比，利用该材料修饰的电极具有更高的电化学活性，在进行至少 5000 次充放电循环后仍然具有较强的电化学能量存储能力。

目前仅有少量构筑模块能够用于构筑具有电化学储能性质的 COFs 材料，而且得到具有氧化还原活性的 COFs 结构十分困难，这就大大限制了其作为储能材料方面的应用。2015 年，Jiang 课题组利用后合成修饰的策略制备了具有高性能电容储能的自由基 COFs[128]。他们首先利用 NiP 和不同当量的 BPTA 以及 DMTA 在溶剂热条件下反应，制备了孔壁修饰的由不同数量炔基的亚胺键连接的 2D COFs，然后利用炔基与叠氮基之间发生点击化学反应，在孔道中引入具有氧化还原活性的 TEMPO 自由基，如图 2-5 所示。研究表明，$[TEMPO]_{100\%}$-NiP-COF 在 100mA $\cdot$ g^{-1} 的电流密度下的比电容可达到 167F $\cdot$ g^{-1}，在电流密度为 2000mA $\cdot$ g^{-1} 时比电容也能够保持在 113F $\cdot$ g^{-1}。该工作表明 COFs 作为能量存储的电极材料具有巨大的发展潜力。

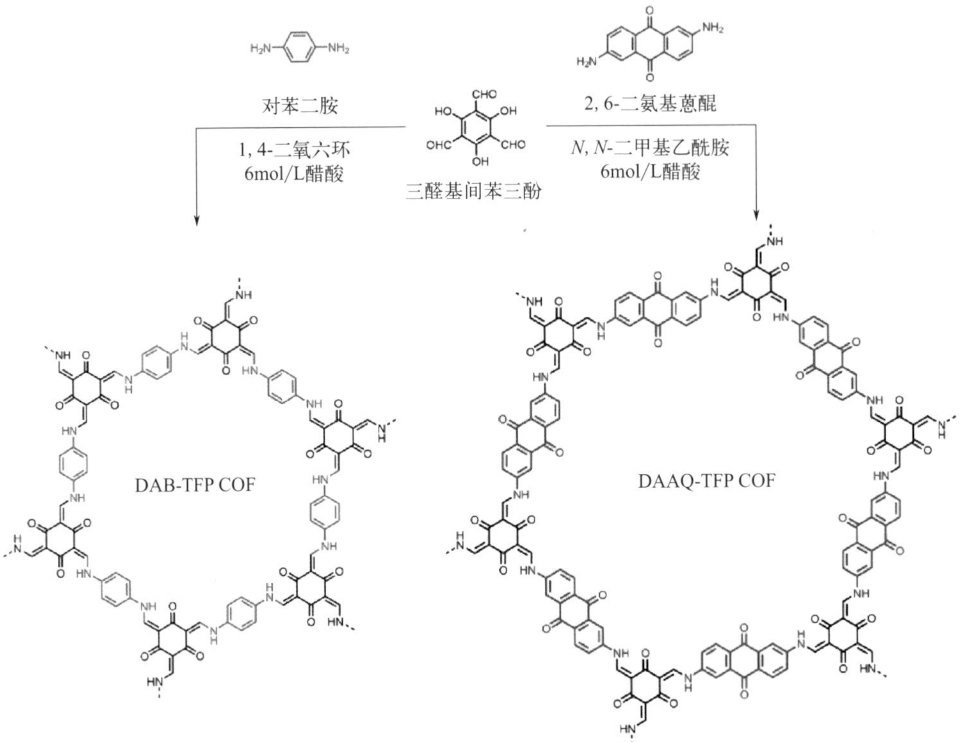

图 2-4　DAB-TFP COF 和 DAAQ-TFP COF 的化学结构 [127]

2.4.1.2　锂离子电池

锂离子电池的有机电极通常具有较差的倍率性能和循环稳定性，这是需要克服的主要障碍。一种具有丰富羰基的小型铑酸二锂化合物可以提供 580mAh·g⁻¹的比容量，但由于在电解液中铑酸二锂溶解而失去活性，因此在循环时容量会急剧下降 [129]。通过共价键在 COFs 骨架上锚定氧化还原活性单元，可以避免在锂化和脱锂过程中活性材料的泄漏，有望提高材料的循环性能。此外，开放的孔道结构可以提供高性能电池所需的离子传输。然而，COFs 的有限电导率是在锂离子电池中实现快速电化学过程之前需要解决的问题。将具有氧化还原活性的COFs 与 CNT 或导电聚合物进行杂化为提高锂离子电池的电导率和实现高性能开辟了一条途径。

作为概念性验证，Jiang 等将已通过原位生长含有氧化还原活性的萘二亚胺（NDI）单元在 CNTs 上制备了 DTP-ANDI-COF@CNTs，如图 2-6 所示。NDI 单元在锂化和脱锂过程中经历可逆的双电子氧化还原反应 [130]。含有 DTP-ANDI-COF@CNTs 正极的锂离子电池的放电 - 充电曲线呈现对称分布，表明氧化和还原过程的可逆性。经历 100 次循环后，库仑效率保持 100%。在 2.4C 的电流密

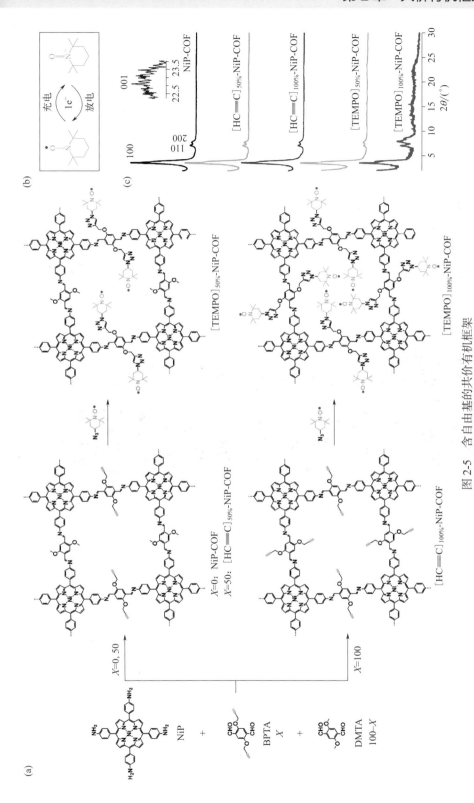

图 2-5　含自由基的共价有机框架

(a) 通过 [HC≡C]₁₀₀% -NiP-COF 和 [HC≡C]₅₀% -NiP-COF 的孔道功能化合成含有 TEMPO 自由基的 COFs（[TEMPO]₁₀₀% -NiP-COF 和 [TEMPO]₅₀% -NiP-COF）；(b) 基于单电子氧化还原反应的 TEMPO 充放电过程；(c) COFs 的 XRD 谱图 [128]

度下，DTP-ANDI-COF@CNTs 的比容量高达 67mAh·g^{-1}，对应于氧化还原活性位点的利用率为 82%。在电流密度为 2.4C 的长期稳定性测试中，DTP-ANDI-COF@CNTs 在 700 次循环后将比容量稳定在 74mAh·g^{-1}，并实现了 90% 的氧化还原活性位点利用率。DTP-ANDI-COF 和 DTP-ANDI-COF@CNTs 的电荷转移电阻从 129Ω 降低到 8.3Ω，这是出色性能的内在原因。

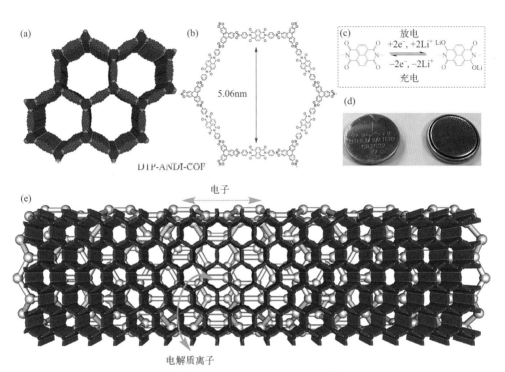

图 2-6　硼酸酯连接的共价有机框架

（a）DTP-ANDI-COF 的 AA 堆叠；（b）DTP-ANDI-COF 中一个孔道的化学结构；（c）萘二亚胺单元电化学氧化还原反应；（d）硬币型电池的照片；（e）DTP-ANDI-COF@CNTs 中电子传导和离子传输[130]

通常，苯基中的 C=C 和亚胺键很难用作能量存储的氧化还原活性单元。最近，Wang 等对 COF-LZU1 的研究打破了这一限制。他们通过在 CNT 上生长几层 COF-LZU1，得到的 COF@CNT 复合材料可以在 100mA·g^{-1} 的电流密度下逐步激活时提供高达 1536mAh·g^{-1} 的可逆比容量，并且储锂机理涉及一个 14 电子的氧化还原过程，其中每个 C=N 基团有一个锂离子，每个苯环有六个锂离子[131]。COFs 材料中的共轭骨架有利于锂离子的存储。具有扩展 π 共轭体系的 COFs 骨架对于克服 COFs 低的本征电导率很重要。Bu 等合成了具有共轭 NDI 单元的 Tp-DANT-COF 和 Tb-DANT-COF 作为锂离子电池的阴极材料[132]。Tp-DANT-COF 在电流密度为 1.5C 时的初始充放电比容量分别为 78.9mAh·g^{-1} 和 93.4mAh·g^{-1}，略低于对照的单体分子（DANTB），其初始比容量为 125mAh·g^{-1}。值得注意的是，Tp-DANT COF 和 Tb-DANT COF 都比对照组具有更好的循环性能[133]。例如，在 7.5C 的高电流密度下，Tp-DANT COF 正极可在 600 次循环后提供 72.8mAh·g^{-1} 和 71.7mAh·g^{-1} 的可逆充放电比容量。Tb-DANT COF 在 3.4C 下循环 300 次后可保持 80.1mAh·g^{-1} 的可逆比容量。Tp-DANT COF 和 Tb-DANT COF 的循环稳定性表明 DANT 单元在块材中的集成阻止了氧化还原活性单元的降解。相比之下，无定形共轭微孔聚合物 HATN-CMP 在 100mA·g^{-1} 的电流密度下实现了 147mAh·g^{-1} 的高初始比容量，但在 500mA·g^{-1} 的高电流密度下比容量下降至 65mAh·g^{-1}。与初始的 COFs 相比，具有较短 Li$^+$ 扩散途径的剥离 CONs 表现出更高的氧化还原活性位点利用率和更快的锂储存动力学。初始 COFs 基阴极中离子扩散控制的电化学过程将在 CONs 中转变为电荷转移主导的过程。具体来说，DAAQ-ECOF（剥离的 DAAQ-TFP-COF）显示出极佳的可充电性，在 20mA·g^{-1} 的电流密度下循环 1800 次后容量保持率为 98%，并且具有快速充放电能力，在 500mA·g^{-1} 的电流密度下容量保留 74%，它们都远高于块状 DABQ-TFP-COF[134]。Vaidhyanathan 等通过将三唑与三醛缩合制备自剥离 IISERP-CON1 阳极。在 100mA·g^{-1} 的电流密度下，该 CON 表现出 720mAh·g^{-1} 的比容量，代替了大量的有机官能团，如羟基和氮原子，使 Li$^+$ 能够可逆结合[135]。

2.4.1.3 锂硫电池

硫元素因其高容量和低成本而具有吸引力，但是由于其绝缘特性并不能直接用作电极材料。此外，中间体多硫化锂的穿梭损失最终导致循环性能下降。利用氧化铝或二氧化硅修饰的聚合物膜等特定隔膜能够保持循环性能，然而，这些隔膜的设计和制备复杂且成本高昂。为了解决这些问题，将硫捕获到多孔材料中是一条有前景的途径，而孔径和体积是需要考虑的关键因素。

通过在 155℃ 下加热 CTF-1 和单质硫（3：2，质量比）的混合物 15 小时，Wang 团队将单质硫浸渍在 CTF-1 材料中，热重分析结果表明 CTF-1 中的硫含量可达到 34%（质量分数）[136]。根据电流密度为 0.1C 的恒电流放电曲线，CTF-1/S@155℃ 的比容量在 50 次充放电循环后从 1197mAh·g^{-1} 下降到 762mAh·g^{-1}，可以保持 64% 的比容量和 97% 库仑效率。相比之下，CTF-1 和单质硫组成的物理混合物（CTF-1/S@RT）正极仅在 20 次循环后就表现出更快的容量衰减，从 1015mAh·g^{-1} 到 480mAh·g^{-1}。CTF-1/S@155℃ 和 CTF-1/S@RT 的特征表明，将硫负载到 CTF-1 的孔道中可以大大提高循环性能。相反，通过将单质硫和 1,4-二氰基苯加热到 400℃ 可以将 62%（质量分数）的硫元素共价锚定到 CTF-1 上[137]。该过程结合了硫聚合的引发、氰基的三聚以及硫与 CTF-1 之间的 C—H 插入反应。

所得的 S-CTF-1 在充放电循环测试中表现出良好的稳定性。在电流密度为 1C 和 2C 时，即使经过 300 次循环，S-CTF-1 也依然保留了 85.8% 和 81.0% 的初始比容量（482.2mAh·g⁻¹ 和 406.3mAh·g⁻¹）和 100% 的库仑效率。这种接枝策略使得 CTF-1 超过了羟基化石墨烯纳米片的性能，后者仅能与硫发生物理吸附相互作用，并且仅在 100 次循环后容量降低至 85%[138]。经历 100 次循环后，XPS 结果表明共价 C—S 键在循环过程中保持稳定。类似地，人们已经将硫负载的微孔卟啉基（por）COF[139]、介孔 azo-COF[140] 和 COF-V[141]、py-COF[142]、亚胺键连接的 TAPB-PDA-COF[143] 和硼酸酯连接的 COF-1[144] 应用于 Li-S 电池。2017 年，Xu 等将多硫化物负载于氟化 CTF 中制备了 FCTF-S，其在 Li-S 电池中实现了良好的性能[145]。与非氟化 CTF 相比，极性 C—F 键与硫物种的相互作用更强，从而提供了一种更有效的方法来减轻多硫化物中间体的溶解。例如，FCTF-S 在 0.1C 的电流密度下表现出 1296mAh·g⁻¹ 的初始比容量，这与 CTF-S（1243mAh·g⁻¹）的比容量相当。然而，循坏实验表明，与 CTF-S 相比，FCTF-S 可以更有效地保留容量。2018 年，Zhang 团队已经将氟化 COF-F 制备成锂硫电池[146]。该 COF 经历了硫共价结合的 S_NAr 取代反应，这使得材料中的硫负载量为 61%（质量分数），在 0.1C 的电流密度下表现出 1120mAh·g⁻¹ 的初始放电比容量。在 100 次循环中观察到容量衰减缓慢，每次循环下降 0.04%，表明硫与 COF-F 的共价键可防止多硫化物的溶解。它与还原氧化石墨烯 /MoS₂ 涂层隔膜兼容，后者在 1C 下循环 500 次后，容量衰减率为 0.116%[147]。2019 年，Jiang 等发现将多硫化物链固定到亚胺连接的 TFPPy-ETTA-COF 中可以防止多硫化物穿梭[148]。在 300℃下加热 TFPPy-ETTA-COF 和单质硫，COF 材料中的 C=N 单元引发硫聚合形成多硫链并通过 C-S 键将它们锚定在孔壁上，如图 2-7 所示。这种共价锚定法可以将氧化还原惰性的 TFPPy-ETTA-COF 转化为 64%（质量分数）多硫化物负载的氧化还原活性多硫化物 @TFPPy-ETTA-COF。这种多硫化物 @TFPPy-ETTA-COF 在 60 次循环后表现出稳定的容量，并在经历 130 次循环后保持高达 54% 的初始比容量（1069mAh·g⁻¹）。容量的缓慢衰减表明共价键合的多硫化物对于提高锂硫电池的性能至关重要。

氧化还原过程中产生的电子惰性 Li_2S_2/Li_2S 中间体的积累对 Li-S 电池的长期充放电稳定性影响很大。为了解决这个问题，2016 年，Lee 等通过在 CNT 片层上原位生长 COF-1 构建了 iCOF-CNT 混合电极，并用作硫阴极和隔膜之间的中间层。结果表明在 2C 的电流密度下循环 300 次后，电池保持了 84% 的原始容量[149]。中间层可以通过 COF-1 的微孔捕获 Li_2S，Li_2S 和 COF-1 之间的 S—B 键减轻了 Li_2S 和 S_6^{2-} 之间的静电排斥。这些效应促进了从不溶性 Li_2S 到可溶性 Li_2S_x 的转变，从而防止了绝缘的 Li_2S 在 CNT 上聚集并提高了循环稳定性。

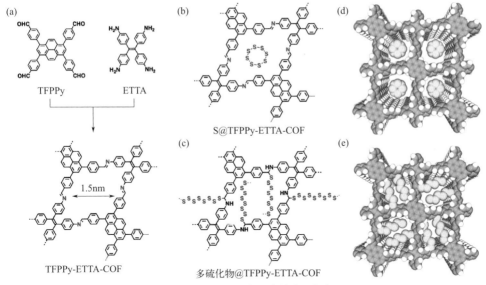

图 2-7　亚胺键连接的共价有机框架

（a）TFPPy-ETTA-COF 的合成；（b）COF 中硫单质（S_8）的物理隔离；（c）孔壁上多硫化物链的共价工程；

（d）在 S@TFPPy-ETTA-COF 中负载的 S_8（黄色）；（e）锁定在多硫化物

@TFPPy-ETTA-COF 中的多硫化物链[148]

2.4.1.4　钠/钾离子电池

由于锂金属的高成本和短缺，钠离子和钾离子电池已被开发为下一代电池。钠离子和钾离子电池的一个缺点是由于 Na^+ 和 K^+ 质量高，电极中的动力学迟缓，与锂离子电池相比容量较低。设计允许高离子扩散速率的阳极是一个亟需解决的科学问题。COFs 材料有望实现高可逆容量，因为它们的高孔隙率能够实现快速离子扩散，并且其共价骨架可以防止氧化还原活性单元的溶解。2017年，Wang 等将具有氧化还原活性单元的二维 COFs 用作钠离子和钾离子电池中的可充电阳极材料[134]。首先将 DAAQ-TFP COF 球磨三十分钟，进一步利用甲磺酸处理，然后用甲醇再沉淀，得到厚度为 4 ～ 12nm 的 CONs 材料。由此产生的 CONs 表现出优异的性能，在电流密度分别为 50mA·g^{-1} 和 75mA·g^{-1} 时比容量高达 500mAh·g^{-1} 和 450mAh·g^{-1}。值得注意的是，该材料在经历 10000 次循环后容量保持率可达 99%，表明具有良好的循环稳定性。2019 年，Wang 小组将 COF-10 生长在 CNT 上，厚度为 6nm，所得的 COF-10@CNT 杂化材料可用作钾离子电池的阳极。它的初始充电比容量为 348mAh·g^{-1}，远远优于 COF-10（130mAh·g^{-1}）[150]。在 0.1A·g^{-1} 的电流密度下，COF-10@CNT 在进行 500 次循环后，其可逆比容量达到 288mAh·g^{-1}。在重复充放电循环后，由于 K^+ 在 COF-

10 材料的层间插入，COF-10 的层间距从 0.35nm 增加到 0.41nm。因此，K^+ 存储通过 K^+ 与 COF-10 芳香族骨架的 π 电子云之间的 π- 阳离子相互作用驱动。这一结果令人鼓舞，因为 COFs 材料中的 π 体系普遍存在，可以进一步探究 π 骨架用于插入离子以开发储能系统。

2.4.2　在环保领域的应用

共价有机框架材料因其密度低、稳定性好、孔道规整、比表面积高和易于功能化等特点受到了人们的广泛关注，其在环境保护领域也具有广阔的应用前景。在大气治理方面，COFs 材料主要用于吸附氨气、二氧化硫、二氧化碳和碘蒸气等气体。在水处理方面，COFs 材料主要用于去除重金属离子和有机染料等有毒物质。

2.4.2.1　大气治理

共价有机框架材料可通过以下几种方法进行大气治理。

（1）吸附氨气

由于硼原子空的 P_z 轨道和氨气中氮原子的孤对电子之间的强路易斯酸碱相互作用，硼酸酯连接的 COFs 对氨的储存具有高度活性[151]。例如，硼酸酯连接的 COF-10 在 298K 和 1bar 下具有 15mol·kg^{-1} 的最高氨捕获能力[152]。值得注意的是，被吸附的氨气可以通过抽气和加热的方式得以释放，COF-10 可以可逆地重复使用三次，其性能没有明显降低。每次循环后，COF-10 的结构完整性得以保持。这些结果表明，将特定相互作用位点整合到 COFs 的孔壁上对吸附氨气很重要。此外，结合活性基团，例如 N—H、C═O 和羧基，以及金属位点（例如 Sr^{2+}），[MOOC]$_{17}$-COF 在 298K 和 283K 时对氨气的吸附量分别为 14.3mmol·g^{-1} 和 19.8mmol·g^{-1}，吸附热（Q_{st}）为 91.2kJ·mol^{-1}[153]。吸附性能高于许多其他吸附材料，如 13X 沸石（9.0mmol·g^{-1}）[154]，但仍低于 Cu_2Cl_2BBTA（最高吸附量为 19.79mmol·g^{-1}）[155]。

（2）吸附二氧化碳

二氧化碳（CO_2）是温室效应的主要气体，其在大气中的含量不断增加，目前已达到 415mL·m^{-3}。如何减少碳排放和减轻温室效应是人们关注的环境问题。与其他气体不同，CO_2 没有偶极矩，但表现出很高的四极矩。利用这一基本特征来设计 COFs 材料的结构，特别是对表面积、孔径和孔体积的总体控制，对于提高材料对 CO_2 的吸附性能和选择性至关重要。将与 CO_2 相互作用增强的官能团整合到 COFs 的孔道上是促进 CO_2 捕获的有效方法。COFs 材料在 CO_2 捕获方面优于大多数多孔聚合物（> 60mg·g^{-1}），并与性能最佳的 MOFs 相当[155]，例如

Mg-MOF-74 的吸附量在 298K 和 1bar 下为 360mg·g^{-1}。

为了说明骨架如何影响 CO_2 的捕获，Jiang 等设计了一系列具有不同骨架但孔径和孔体积相似的 COFs 材料。为此，他们采用与 CO_2 具有不同相互作用强度的三苯胺、三苯基苯和三苯基三嗪单元为构筑基元，成功地合成了六边形微孔 COFs，如图 2-8 所示。结果显示这些材料对 CO_2 的吸附性能随着 COFs 中三芳胺含量的增加而升高。与主链中没有任何三芳胺单元的 TFPB-TAPB-COF 相比，TFPA-TAPA-COF 在 298K 和 273K 下对 CO_2 的吸附量分别是 52mg·g^{-1} 和 105mg·g^{-1}，分别是 TFPB-TAPB-COF 的 4 倍和 5 倍以上[156]。尽管单个三苯胺单元与 CO_2 的相互作用有限，但将其整合至 COFs 骨架中，效果被放大到意想不到的水平，从而大大揭高了吸附性能。这些结果也表明了选择合适的构筑基元来设计 COFs 用于储存 CO_2 的重要性。

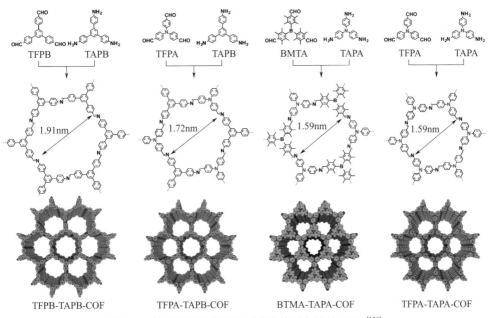

图 2-8　具有不同但离散的三芳胺单元含量的 COFs[156]

除了单体之外，连接方式的设计也是 CO_2 吸附的关键。Liu 等设计并合成了吩嗪连接的六边形微孔 ACOF-1、COF-JLU2、COF-JLU3 和 COF-JLU4 用于选择性捕获 CO_2[157,158]。ACOF-1 和 COF-JLU2 的比表面积分别为 1176m^2·g^{-1} 和 415m^2·g^{-1}。ACOF-1 和 COF-JLU2 在 273K 和 1bar 下的 CO_2 吸附量分别为 177mg·g^{-1} 和 217mg·g^{-1}。ACOF-1 和 COF-JLU2 的 CO_2/N_2 选择性分别高达 40 和 77。有趣的是，通过使用三角形 COF 可以进一步增强其对 CO_2 的捕获能

力。由于吖嗪键连接的 COF 具有微小孔径和亲 CO_2 氮原子，具有三角形孔道的 HEX-COF1 的比表面积为 $1200m^2 \cdot g^{-1}$，在 273K 和 1bar 下表现出 $200mg \cdot g^{-1}$ 的 CO_2 吸附性能。Yaghi 团队报道的 COF-102 和 COF-103 对 CO_2 的吸附量分别可达到 $27.3mmol \cdot g^{-1}$ 和 $27.0mmol \cdot g^{-1}$。在低压条件下，COF-102 和 COF-103 对 CO_2 的吸附量远高于 COF-105 和 COF-108，但在高压条件下，COF-105 和 COF-108 对 CO_2 的吸附量分别高达 $82mmol \cdot g^{-1}$ 和 $96mmol \cdot g^{-1}$，这与高压条件下材料的孔体积增大有关[159]。在材料改性方面，相比于掺杂其他金属原子，向 COFs 材料中掺杂金属锂（Li）更能显著增大 COFs 对 CO_2 的吸附量。例如，向 COF-102 和 COF-105 材料中掺杂 Li，各自 CO_2 吸附量分别为 $409mmol \cdot g^{-1}$ 和 $344mmol \cdot g^{-1}$，吸附性能均提高了数倍。

（3）吸附二氧化硫

2017 年，Park 等合成了一系列酰亚胺键连接的 COFs 材料（PI-COFs），并将不同含量的 4-二甲基氨基甲基苯胺作为调节剂加入 PI-COFs 材料中合成功能化 PI-COF-mX（X=10、20、40、60）材料[160]。研究表明 PI-COF-m 和 PI-COF-m10 对 SO_2 表现出优异的吸附量，分别为 $6.50mmol \cdot g^{-1}$ 和 $6.30mmol \cdot g^{-1}$。PI-COF-mX 材料中的氨基与 SO_2 相互作用会构建一种电荷转移配合物，形成相对不稳定的离子结构，这会减少 SO_2 解吸所需的能量。他们发现功能化 COFs 材料的孔道会对 SO_2 进行物理吸附，其表面官能团进行化学吸附，含 10% 调节剂的 PI-COF-m10 兼具物理吸附与化学吸附的最佳配比，具有对 SO_2 良好的吸附效果和再生性。

（4）吸附碘蒸气

除了用于吸附 CO_2 和 SO_2 气体，COFs 材料还可以被用来吸附碘蒸气。碘是长寿命的放射性裂变元素之一。核燃料循环中铀-235 裂变产物中碘同位素约占 0.69%，是核燃料中产生的主要放射性废物之一。后处理过程中，乏燃料溶解在浓硝酸中会导致大量放射性碘从后处理设施中释放出来。此过程中产生的溶解废气流中的主要化学物质是高挥发性的碘单质（I_2）和少量的有机碘（如甲基碘和乙基碘）。碘的主要同位素 ^{129}I 具有极长的半衰期（1.6×10^7 年），另外一种同位素 ^{131}I 因其比活性高，而具有更短的半衰期（8.02 天）。气态的放射性碘会在大气中积累并会被人体吸入沉积在甲状腺内，具有极强的生物毒性和放射毒性。因此，在核燃料后处理和核事故发生过程中，从尾气中捕获高挥发性的放射性碘，对核安全、环境保护、公众健康，进而实现核能的可持续发展至关重要。通过开发新型的吸附剂以实现高效的碘捕获是处理相关环境问题的潜在解决方案，引起了人们广泛的研究兴趣。

2017 年，Zhao 等设计并合成了一种结构新颖的六醛单体，利用它和对苯二胺进行席夫碱反应制备了亚胺键连接的 SIOC-COF-7，该材料呈现独特的空心球形貌，球壁由高度有序的孔道组成，碘蒸气可经由这些孔道扩散进入并被包结在微米球内腔以及球壁的孔道中，其最大碘吸附量可以高达 481%（质量分数）[28]。该工作首次将 COFs 材料应用于碘的捕获和储存，表明 COFs 材料在挥发性物质的捕获和储存等方面具有很大的应用潜力。2018 年，Jiang 等合成了三维 COF-DL229 材料[161]。它的比表面积为 $1762m^2 \cdot g^{-1}$，在 $75℃$ 静态吸附条件下，COF-DL229 的 I_2 吸附量为 $4.7g \cdot g^{-1}$。2021 年，Han 等采用“多元”合成策略制备了一系列离子型 COF（iCOF）并测试了这些材料在不同条件下的碘吸附性能[162]。该合成策略可以向 COFs 中引入含量可调的离子官能团，同时很大程度上保持母体 COFs 的高结晶度和孔隙率，从而平衡多个影响因素以实现最佳的 I_2 吸附性能，如图 2-9 所示。在所制备的这一系列 iCOF 材料中，最优的材料 iCOF-AB-50

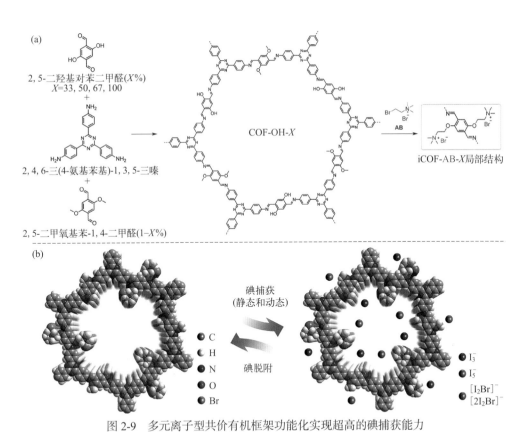

图 2-9　多元离子型共价有机框架功能化实现超高的碘捕获能力

（a）多组分 COF-OH-X（X=0、33、50、67 和 100）和 iCOF-AB-X（X=33、50、67 和 100）材料的
合成步骤；（b）用于捕获 I_2 的 iCOF-AB-X[162]

集大表面积、高孔容和丰富的吸附位点于一体，具有超高的 I_2 吸附量、快速的吸附动力学、良好的防潮性和可重复使用性能。在 75℃ 静态吸附条件下，iCOF-AB-50 的 I_2 吸附量为 10.21g·g^{-1}，是目前报道的最高吸附量之一。在低浓度（约 400mg·kg^{-1} I_2）动态吸附实验中，iCOF-AB-50 在 25℃ 下的 I_2 吸附量为 2.79g·g^{-1}，远超文献中报道的各类吸附剂在类似条件下的 I_2 吸附性能。这种出色的低浓度 I_2 吸附能力使 iCOF-AB-50 有望成为实际应用中选择性捕获 I_2 的候选材料。

2022 年，Wang 等合成了一种功能化富氮结构的二维共价有机框架材料（SCU-COF-2），并通过静态实验与模拟真实环境的动态穿透实验证明了其用于后处理过程中放射性碘去除的应用优势[163]。研究发现，该材料可以同时捕获两种主要的碘（碘蒸气和碘甲烷）。在目前已报道的吸附剂材料中，SCU-COF-2 具有在静态条件下对 CH_3I 最高的吸附量（1.45g·g^{-1}）和室温动态穿透条件下对 I_2 最高的吸附量（0.98g·g^{-1}）。更重要的是，SCU-COF-2 对碘的吸附几乎不受环境中水汽增加带来的影响，上述结果表明该类 COFs 材料在处理核事故或乏燃料后处理中放射性碘或有机碘的紧急泄漏方面具有较高的实用价值。

2.4.2.2　水处理

重金属污染由于其高毒性和不可降解性，已对人类健康和生态环境造成严重危害。作为一种自然界广泛存在的重金属，汞在常温下为液体，具有较高的毒性，可挥发至大气中并进行长距离传输，造成全球范围的污染和健康风险。在水相中，二价汞离子（Hg^{2+}）是最常见的汞形态。长期暴露于低浓度的 Hg^{2+} 中会导致肾脏和肝脏器官损伤，一旦其经微生物或某些环境条件转化为有机物形式，如甲基汞（MeHg），会产生更高的生物累积性和毒性，造成更严重的健康危害。为控制含汞污水排放，确保地表水质量及安全，目前发展了多种用于去除水中 Hg^{2+} 的技术，如离子交换、吸附法、膜分离、电化学处理和生物修复等。其中，吸附法成本较低，无需外加能量且操作简易，具有相当大的发展空间，是有望走向大规模实际应用的水体汞去除技术。目前，一系列新型 COFs 材料已被设计合成并用于水环境中汞的污染控制。由于含硫基团与 Hg^{2+} 之间的亲和力较强，精心设计和合成含硫基团的 COFs 可以去除 Hg^{2+}。2017 年，Ma 团队制备了含有巯基的 COFs 材料并应用于选择性移除重金属汞，如图 2-10（a）所示。他们利用硫醇 - 烯烃之间的点击化学将巯基锚定到 COFs 材料中[164]。得到的 COFs 材料依然保持了结晶性和多孔性，能够高效地去除溶液中的 Hg^{2+}（1350mg·g^{-1}）和气相中的 Hg^0（863mg·g^{-1}）。即使存在高浓度的竞争离子（Ca^{2+}、Zn^{2+}、Mg^{2+}、Na^+），也可以迅速地将 Hg^{2+} 浓度降低至 0.1μg·kg^{-1} 水平。由于柔性的螯合位点均匀分布在该 COFs 孔道中，所以该材料对汞表现出极好的吸附效果。同年，Jiang 等通过含硫单体的共缩合反应制备了 TAPB-BMTTPA-COF，如图 2-10（b）所示。他们的设计亮点在于利用甲硫基的共轭效应削弱亚胺键极化诱导的层与层之间的排斥力，从而增强 COFs 的稳定性。TAPB-BMTTPA-COF 具有高度稳定性且孔道中存在密集的硫醚官能团，这些结构特征协同作用能够有效地去除水中的 Hg^{2+}，在五分钟内去除 99% 以上的 Hg^{2+}，最大吸附量达 734mg·g^{-1}。如图 2-10（c）和（d）所示，TAPB-BMTTPA-COF 经过六次循环实验后可以去除 92% 的 Hg^{2+}，这大大优于其他多孔材料，如 Cr-MIL-101s、介孔二氧化硅和多孔炭[165]。此外，Ge 等利用磁性纳米粒子修饰的 COFs（Fe_3O_4/M-COFs）用于吸附 Hg^{2+}。它们不仅具

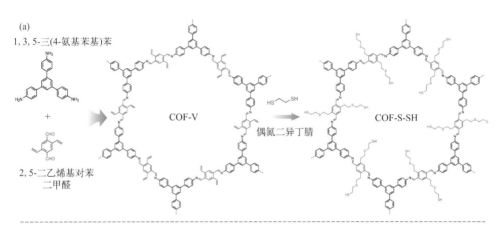

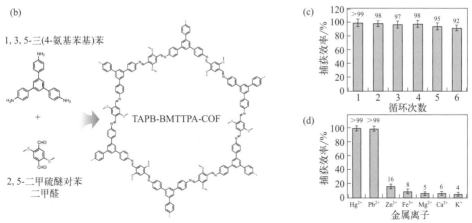

图 2-10 亚胺键连接的共价有机框架吸附去除水中二价汞

（a）COF-V 通过硫醇 - 烯烃点击反应得到 COF-S-SH[164]；（b）通过 TAPB 和 BMTTPA 进行缩合反应制备
TAPB-BMTTPA-COF；（c），（d）TAPB-BMTTPA-COFs 在水溶液中去除 Hg（Ⅱ）的循环性能和
去除金属离子的捕获效率[165]

有高达 97.65mg·g^{-1} 的吸附能力，而且不受溶液中其他阳离子（如 Na^+、Zn^{2+}、Mg^{2+}、Ni^{2+}、Pb^{2+}、Cd^{2+} 或 Cr^{3+}）的干扰[166]。由于氨基与 Hg^{2+} 之间的配位相互作用，这导致了其对 Hg^{2+} 的高选择性。经过五次循环后，Fe_3O_4/M-COFs 对 Hg^{2+} 的去除率保持在 76.82%。

2018 年，Fang 等通过后修饰方法制备了含有羧基的 COFs 材料并将其应用于选择性移除镧系金属离子[167]。研究发现，3D-COOH-COF 对 Nd^{3+} 的吸附选择性远高于 Sr^{2+} 和 Fe^{3+}，当溶液中 Nd^{3+} 的含量为 5%，Sr^{2+} 或 Fe^{3+} 含量为 95% 时，对 Nd^{3+} 的选择性吸附分别是 Sr^{2+} 和 Fe^{3+} 的 27 倍和 18 倍。这充分说明该材料在选择性吸附方面具有优异的性能。这项研究不仅为制备多样功能化的 3D COFs 材料提供了策略，而且为 COFs 材料在环境相关的应用上开辟了一条道路。

三嗪基 COFs 材料也展现出高效去除有机染料的巨大潜力。2017 年，Dai 等合成了三嗪功能化的聚酰亚胺基 COF，可以有效地捕获三种有机染料，例如刚果红、亚甲蓝（MB）和罗丹明。TS-COF-1 对 MB 的出色吸附能力（1691mg·g^{-1}）归因于吸附剂的孔径和被吸附物的大小相互匹配[168]。2018 年，Feng 等证明了 β-环糊精（β-CD）的三维 COFs 可以吸附和去除极性微污染物。COFs 材料也可以用于吸附药物分子[169]。2020 年，Ahn 等报道了三嗪基 COFs 可以从水中去除磺胺甲噁唑抗生素，其吸附量为 483mg·g^{-1}。研究表明吸附的主要机制来源于 π-π 相互作用和疏水相互作用[170]。Wang 团队合成了两种不同结构的 COFs（COF-NO_2 和 COF-NH_2），分别含有 —NO_2 和 —NH_2，可以选择性吸附非甾体抗炎药酮洛芬、布洛芬和萘普生，研究结果表明 COF-NH_2 比 COF-NO_2 更有效地选择性吸附这些药物[171]。

COFs 是一类新兴的多孔有机聚合物，其独特的性质引起了人们广泛的关注。结构设计的灵活性和组分的多样性以及各种合成方法为 COFs 材料的发展提供了强大的驱动力。在本章中，我们总结了 COFs 材料的拓扑学设计、合成方法和键合类型，重点介绍了其在储能和环保领域中应用的最新进展，包括锂离子电池、锂硫电池、钠/钾离子电池、大气治理和水处理。与其他多孔材料和配位化学相比，它们的发展显得相对缓慢（尤其是在首次报道后的十年内），因此在储能和环境领域中的应用仍处于起步阶段。目前大多数 COFs 的合成都是基于反复试验的方法，尚未建立通用的制备方法。即使是官能团或单体几何形状的微小变化也可能会完全改变所需的合成条件，从而导致人们浪费大量时间和精力。因此，收集更多关于 COFs 形成的知识至关重要。由于合成条件苛刻，COFs 材料的合成目前仅限于实验室，这使得大规模制备非常困难。因此，为了大规模获得高结晶 COFs 材料，需要更多的时间和精力来探索最佳的动力学和热力学参数。此外，为了提高 COFs 在酸性/碱性环境中的结构稳定性并增加其比表面积，有必要开发新的化学反应来构建具有高稳定性、高结晶性的 COFs 材料。基于对性能 – 结构相互关系的认识，应该对 COFs 材料的组装及其能源环境相关应用的开发进行更多的研究。最后，COFs 膜在工业制造中的实际应用仍然是一个挑战，主要原因之一是关于 COFs 膜在现实分离条件下的长期稳定性的研究仍然非常有限。目前该领域的研究主要集中在气体分离和液体分离，包括水处理和有机溶剂纳滤。人们需要探索 COFs 膜在酸性 / 碱性环境或复杂有机溶剂体系中的长期稳定性。总之，COFs 材料是极具应用前景的分子平台，通过化学、物理、材料科学与工程等领域的科学家们的紧密合作，最终可以为能源、资源和环境问题提供宝贵的解决方案。

参考文献

第3章
离子型多孔聚合物材料

　　离子型聚合物材料（ionic polymer materials）是结构中包含一定浓度的离子型重复单元的聚合物材料。与一般的中性聚合物材料相比，离子型聚合物材料因其独一无二的性能（比如高的热稳定性和化学稳定性、优异的离子导电性和可调的溶解性）而得到越来越广泛的关注。其中，离子型多孔有机聚合物（ionic porous organic polymers，iPOPs）是一种新型的多孔聚合物，它允许用离子键和化学键连接构建块。因此，离子部分不仅附着在孔壁上，而且还嵌在孔壁中。同时，它们的物理化学性质、官能团和活性位点可以很容易地通过反离子交换来调节。由于高电荷密度、高比表面积、明确的孔隙率，以及合成的多样性，iPOPs成为材料科学领域的一颗新星。且由于其独特的优势，如多孔的结构、高表面积和大的孔隙体积，在气体储存和分离、催化、水净化、能量转换和存储、传感等各种应用中变得越来越重要。这些iPOPs包括离子型共价有机框架（ionic covalent organic frameworks，iCOFs）[1,2]、离子型共轭微孔聚合物（ionic conjugated microporous polymers，iCMPs）[3,4]、离子型超交联聚合物（ionic hyper-crosslinked polymers，iHCPs）[5,6]、离子型固有微孔聚合物（ionic polymer of intrinsic microporosities，iPIMs）[7,8]、离子型共价三嗪框架（ionic covalent triazine frameworks，iCTFs）[9,10]、离子型多孔芳香框架（ionic porous aromatic frameworks，iPAFs）[11,12]等。合理设计具有不同结构和功能的多孔聚合物，使其适合于特定的应用（如气体储存和分离、离子传导、作为非均匀催化剂，以及光伏和发光领域），具有重要意义。在此，我们将重点讨论iPOPs的分子设计合成以及在催化、气体储存和分离、离子传导、传感及生物医学等领域的潜在应用进展。

3.1

离子型聚合物材料的分类

离子型聚合物材料分类依据比较多样，本章节主要从带电情况和物理凝聚态对其进行分类。

按照带电的位置可分为主链带电型和侧链带电型，按结构单元主体带电的性质可分为阳离子型聚合物材料、阴离子型聚合物材料和两性离子型聚合物材料。具体分类情况如图 3-1 所示。

阳离子型聚合物　　　　　　　阴离子型聚合物　　　　　　　两性离子型聚合物

图 3-1　离子型聚合物的三种带电情况 [13]

聚合物的物理凝聚态是聚合物分子链相互堆砌得到的一种形态，根据是否结晶可以分为：

① 晶态离子型多孔聚合物材料：iCOFs，iCTFs。

② 非晶态离子型多孔聚合物材料：iCMPs，iHCPs，iPIMs，iPAFs。

3.2

离子型多孔聚合物材料的设计与合成

本章节将重点介绍离子型多孔聚合物的设计合成。开发简便、高效合成功能性多孔聚合物的新方法对多孔聚合物的设计具有重要意义。多孔聚合物中官能团或活性位点的加入是多孔聚合物广泛应用的重要前提。通过筛选功能单体、反离子和优化制备条件，可以简单地制备具有特定功能的 iPOPs。

为了得到高比表面积的离子骨架，有必要考虑构建单元的几何形状和性质 [14]、抗衡离子的性质 [15] 以及反应机制 [16]。离子型多孔聚合物材料的合成方法多样，从化学反应有：Friedel-Crafts 反应 [17-19]、席夫碱反应 [20,21]、Suzuki-Miyaura 偶联反应 [22]、Sonogashira-Hagihara 交叉偶联反应 [23-25]、自由基共聚反应 [26] 以及其他有机合成反应。合成 iPOPs 的策略主要包括四种：离子单体的直接聚合 [27]、离子单体与中性单体的共聚 [28]、中性单体的电离聚合 [29] 和聚合后修饰策略 [30]。这些策略通过改变单体的结构、聚合方法等丰富了离子型多孔聚合物的类型，优化了其孔隙率和性能。下面通过不同的合成策略来介绍近几年离子型多孔聚合物的设计与合成。

3.2.1 离子单体的直接聚合

为了构建离子型多孔聚合物，通过单体的直接聚合是制备永久性微孔结构离子骨架的直接方法。

Meng 等[31] 通过简单的自由基溶剂热方法将季鏻盐离子单体直接聚合得到了三种不同的 iPOPs，它们具有纳米孔结构、高比表面积、对二氧化碳的强亲和力以及高密度的催化活性位点，使它们在 CO_2 的环加成反应中表现出杰出的催化性能。设计合成 iPOPs 的具体路线如图 3-2 所示。

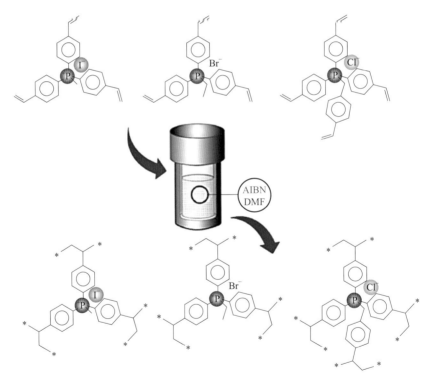

图 3-2　三种不同的 iPOPs 的合成

Zhang 等[32] 通过 Friedel-Crafts 烷基化反应（也称傅 - 克烷基化反应）设计合成了一种无金属的 iHCPs［P⁺Br⁻(Me)OH-HCP］催化剂，此聚合物也是由季鏻盐直接聚合而制备的，具体的制备示意图如图 3-3 所示。

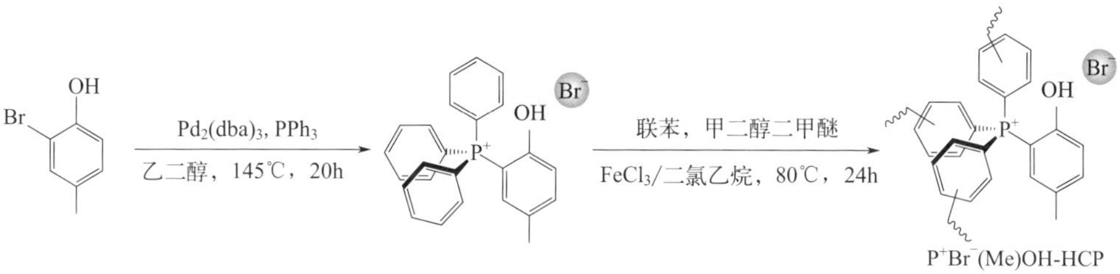

图 3-3　P⁺Br⁻（Me）OH-HCP 无金属催化剂的制备[32]

Wang 等[33] 通过电化学聚合原位制备了一种 iHCPs（IPP-V）薄膜，将薄膜夹在氧化铟锡（ITO）和 Au 之间得到的器件具有一种特殊的记忆效应，IPP-V 薄膜在 500℃下热解后，所产生的薄膜（IPP-V-500）作为超级电容器的活性材料显示出高达 4.44 F·cm⁻³ 的高体积比电容。这项工作不仅提供了一种新且简单的策略来制备用于忆阻器的 iPOPs 薄膜，而且也提供了一种新型的多孔聚合物衍生碳膜的储能材料。其合成策略如图 3-4 所示。

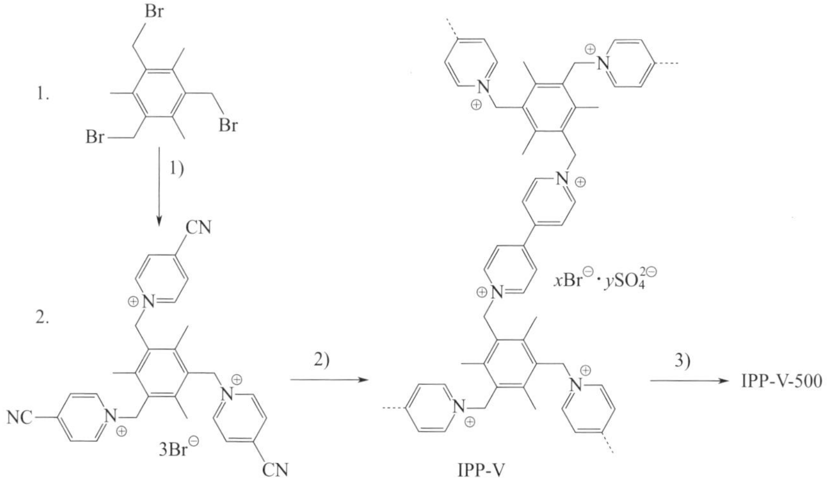

图 3-4　IPP-V 和 IPP-V-500 的合成[33]

3.2.2　离子单体与中性单体的共聚

通过离子单体与中性单体共聚的方法制备 iPOPs 也是合成此类离子型多孔聚合物的常用方法，进一步丰富了 iPOPs 的多样性，拓宽了 iPOPs 的应用。

Suo 等[34] 通过傅-克烷基化反应将苯并咪唑离子液体与中性交联剂 1,4-二（溴甲基）苯共聚，成功制备了阴离子功能化的 iHCPs，其对具有较高结构相似性的生物活性化合物表现出高吸附性和高选择性，优于商业吸附剂、无离子液体的 HCPs 以及有普通离子液体的 iHCPs。其合成路线如图 3-5 所示。

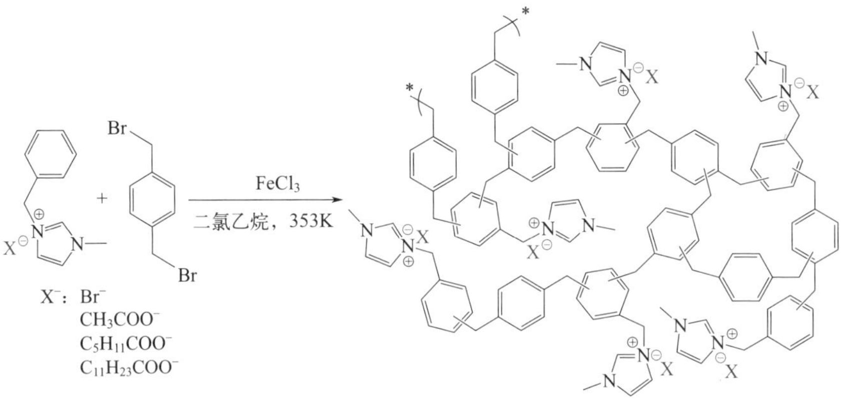

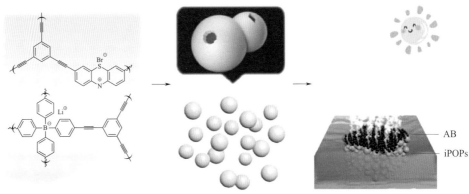

图 3-5　傅 - 克烷基化反应合成 HCPs 的途径[34]

2020 年 Li 等[35] 以炔基苯为中性单体和硼阴离子单体通过 Sonogashira-Hagihara 交叉偶联反应合成了具有低导热系数（0.1W·m⁻¹·K⁻¹）和超亲水性（浸润时间在 40ms 内）的 iPOPs。经乙炔黑（acetylene black，AB）修饰后，所制备产物（iPOPs-AB）具有良好的光吸收率，达到 90%。其化学结构如图 3-6 所示。

图 3-6　Sonogashira-Hagihara 交叉偶联反应合成 iPOPs-AB 的途径[35]

2021 年，Jiang 等[36] 通过 Friedel-Crafts 烷基化反应利用四苯基硼酸钾构建了一种新型的阴离子多孔有机聚合物（anionic porous organic polymers，APOPs），APOPs 具有良好的稳定性和较高的比表面积，在相同条件下，APOPs 对乙炔的吸附能力高于乙烯，故其可以从乙烯中选择性吸附乙炔，达到乙烯纯化的目的。在当时，此 APOPs 材料是第一种能够选择性地在乙烯中吸附乙炔的阴离子多孔有机聚合物材料。APOPs 的制备示意图如图 3-7 所示。

2022 年，Zhang 等[37] 成功合成了一种高稳定性、易于构建的阳离子 iPOPs

（V-PPOP-Br），通过将卟啉与联吡啶鎓盐连接，V-PPOP-Br 具备分层多孔结构、高离子密度骨架和富氮含量的特征，使其对 Au（Ⅲ）具有超高的吸附能力（Q_{max}=792.22mg·g^{-1}）和快的吸附速率。V-PPOP-Br 具有良好的循环稳定性，经过连续 8 次吸附 - 解吸实验，可保持 81% 的超高吸附效率。V-PPOP-Br 具体的合成路线如图 3-8 所示。

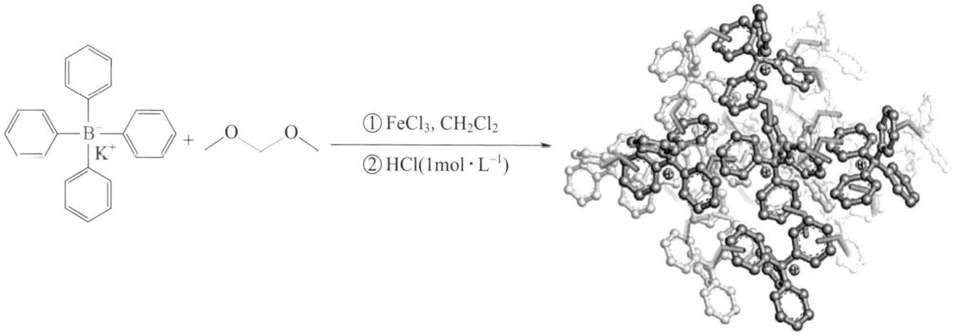

图 3-7　APOPs 的制备 [36]

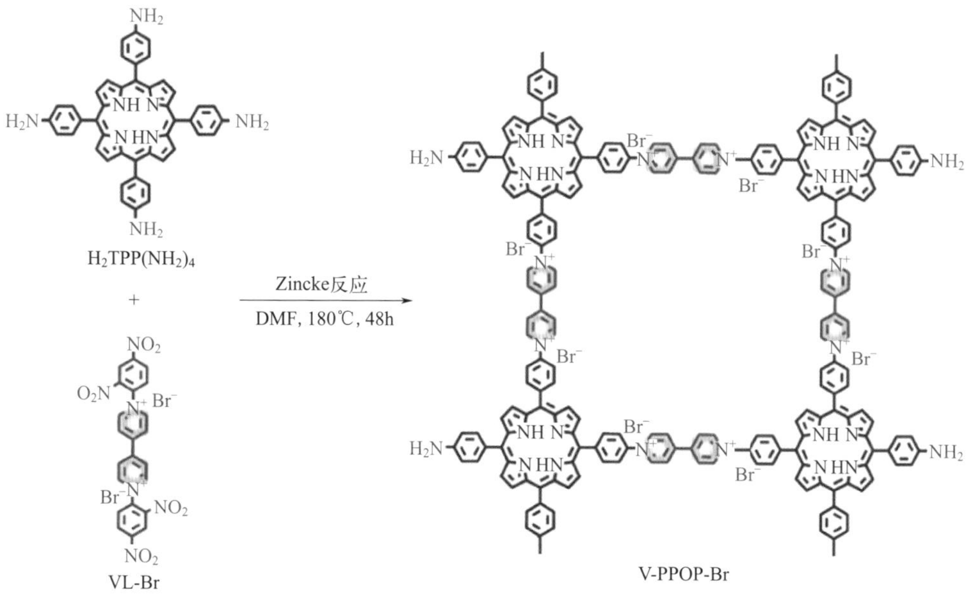

图 3-8　Zincke 反应合成 V-PPOP-Br[37]

3.2.3　中性单体的电离聚合

用离子单体合成离子型多孔聚合物已经不能满足对其种类多样化的需求，为了增加合成 iPOPs 的种类和路线，可以将具有特定功能基团的单体进行电离聚合，使 iPOPs 的前驱体不再局限于离子型单体。

Dai 等[38] 以 4,4′- 联吡啶作为聚合的中性单体，1,3,5- 三（溴甲基）苯作为交联剂，通过季铵化反应制备了 iPOPs，合成 iPOPs 的 S_{BET} 为 $107 \sim 132m^2 \cdot g^{-1}$。基于同一合成原理，Xing 等[39] 构建了一种新的超微孔 iPOPs，该聚合物具有一个大而灵活的三苯基甲烷骨架，且具有分布窄的超微孔孔隙率和高密度的无机阴离子，对各种溶剂和 pH 环境具有良好的耐受性及优异的两亲性。该体系具有优良的 C_2H_2/C_2H_4 选择性和良好的 C_2H_2 容积。高效、可回收的动态分离性能使 iPOPs 在高效分离领域具有广阔的应用前景。这项工作将为 iPOPs 的发展提供重要的指导，并有助于设计的吸附剂材料用于烃类的高效分离。其结构如图 3-9 所示。

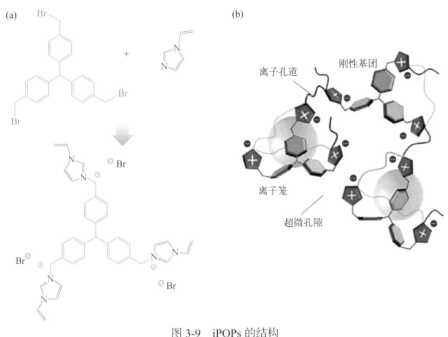

图 3-9　iPOPs 的结构

（a）iPOPs 的离子单体结构；（b）iPOPs 的结构[39]

2018 年，Wang 等[40] 提出了一种基于阳离子型主链咪唑基离子型聚合物（ImIP）的静电吸引策略首次将 ImIP 引入阴极材料，用来高效捕获聚硫化物（polysulfide，PS），以抑制 PS 在锂 - 硫（Li-S）电池中的穿梭效应。ImIP 是通过 1,3,5- 三（1- 咪唑基）苯单体和 1,3,5- 三（溴甲基）-2,4,6- 三甲基苯单体一步

聚合得到的。通过季铵化反应，可以轻松制备出由 ImIP 包覆的碳纳米管（CNT/
IP），然后将 CNT/IP 与 N、S 共掺杂的还原氧化石墨烯（rGO）复合得到电极材
料 rGO/S+CNT/IP。与没有 ImIP 的电极相比，合成的电极在循环过程中表现出
更高的可逆容量、循环稳定性、倍率性能和结构完整性。ImIP、rGO/S 和 rGO/
S+CNT/IP 的合成示意图如图 3-10 所示。

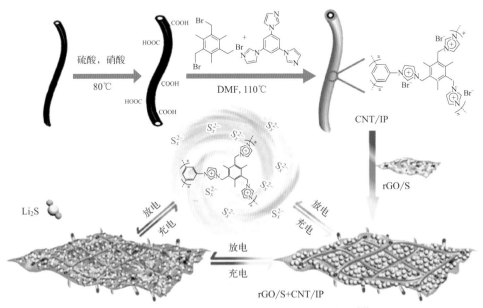

图 3-10　ImIP、rGO/S 和 rGO/S+CNT/IP 的合成 [40]

　　2021 年，Ma 等 [41] 报道了一种新型的离子型多孔聚合物，此聚合物
（QUST-iPOP-1）首先通过三（4- 咪唑基苯基）胺和三聚氰氯的季铵化反应制备
得到前驱体，然后加入苄基溴进一步反应得到最终产物。因其具备高孔隙率以及
特殊的离子交换功能，此材料能够快速有效地去除水中的阴离子污染物（$Cr_2O_7^{2-}$、
MnO_4^- 和 ReO_4^-）和不同尺寸的阴离子有机染料（甲基蓝、刚果红和甲基橙）。具
体的设计合成路线如图 3-11 所示。

　　2021 年 Zhou 等 [42] 在氯磺酸的催化下将 2,3- 吡啶二羧酸酐（2,3-pyridinedi-
carboxylic anhydride，PDA）与联苯（diphenyl，DP）共聚直接得到了一种离子
型超交联多孔聚合物，在离子组分含量适中的情况下，其作为 Pd（0）纳米颗粒
（nanoparticles，NPs）的载体而得到的 Pd NPs 异相催化剂在二苯醚与二苯并呋喃
的偶联反应中具有较高的活性，催化效率是均相醋酸钯的 18 倍。详细的合成示
意图如图 3-12 所示。

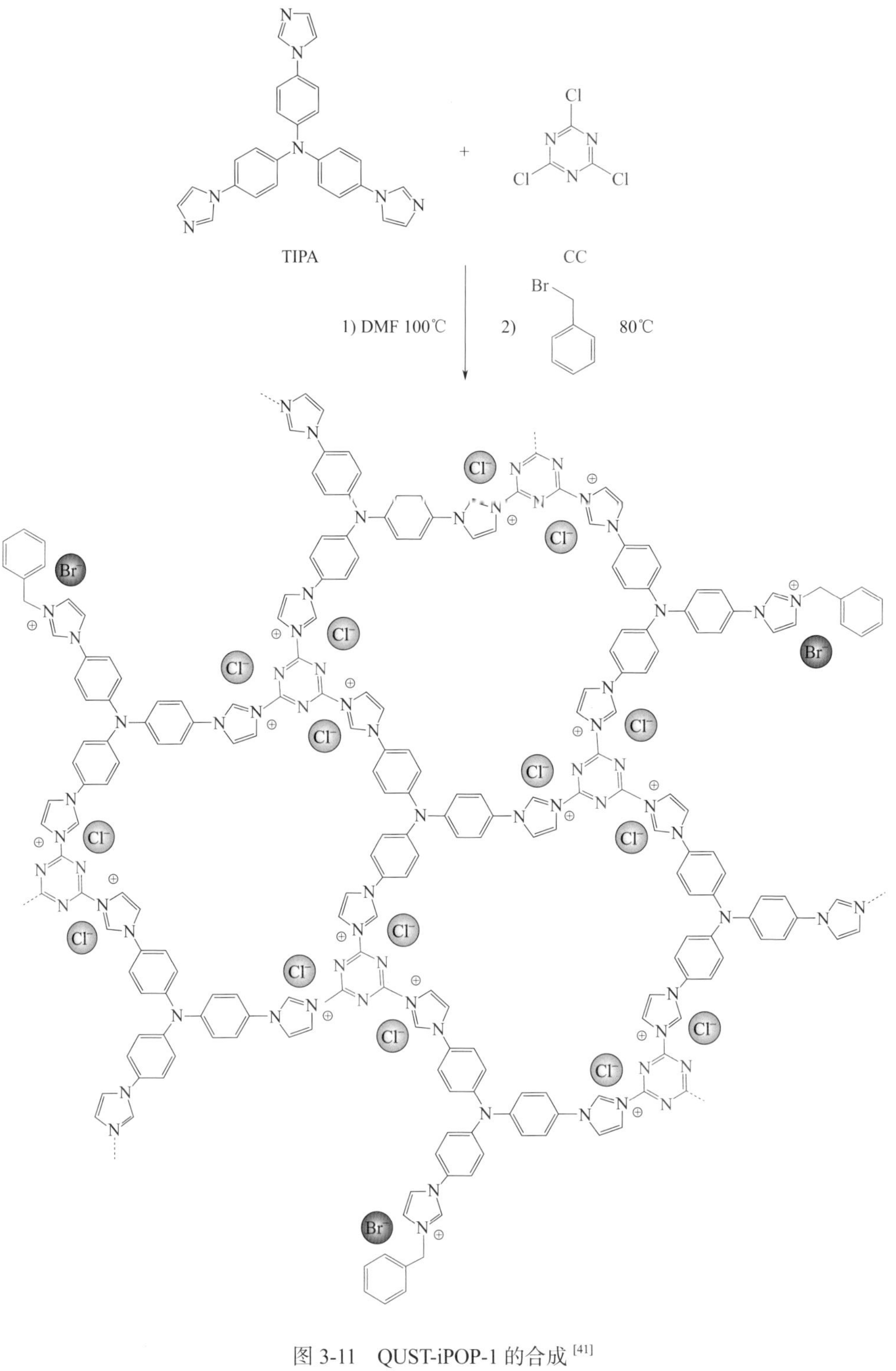

图 3-11　QUST-iPOP-1 的合成 [41]

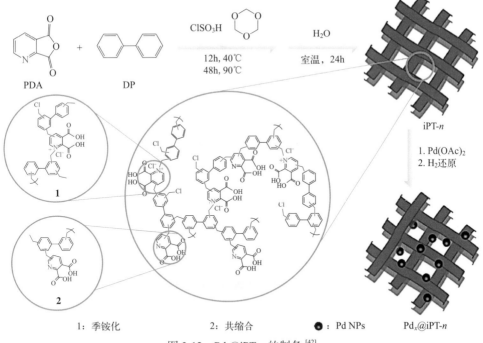

图 3-12　Pd$_x$@iPT-n 的制备[42]

　　2021 年，Wen 等[43] 通过 Debus-Radziszewski 反应合成了一系列咪唑偶联多孔三嗪聚合物（imidazolium-linked porous triazine polymers，iPTPs）。将这些具有高比表面积的 iPTPs 作为载体，通过离子交换策略制备了超细 Pd NPs，最终得到一系列负载型 Pd 催化剂（Pd/iPTPs）。其中，优化后的 Pd/iPTPs-2 催化剂在不添加任何添加剂的温和条件下，对醇类选择性氧化成相应的醛类具有较高的活性和选择性。综合表征结果表明，iPTPs 介孔框架中丰富的咪唑阳离子和三嗪单元通过锚定和限制效应促进了 Pd NPs 的稳定性，此外，iPTPs 中的三嗪单元作为双功能位点，也可作为加速苯甲醇脱氢的基本位点，这有助于提高催化反应活性。Debus-Radziszewski 反应如图 3-13 所示，iPTPs 和 Pd/iPTPs 的制备示意图如图 3-14 所示。

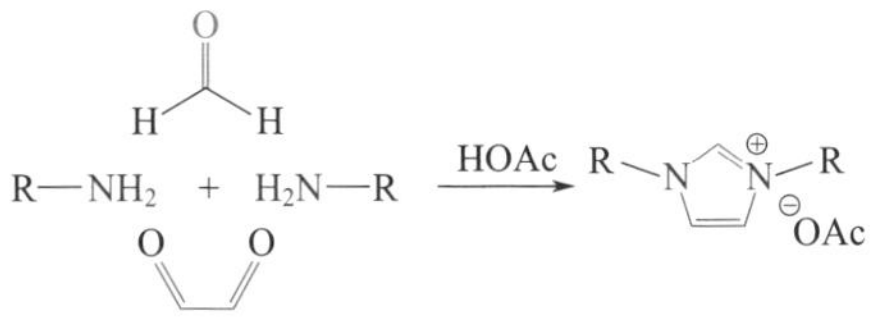

图 3-13　Debus-Radziszewski 反应[43]

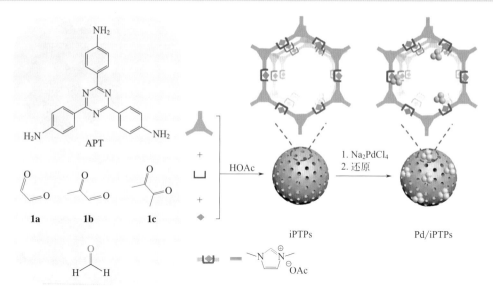

图 3-14　iPTPs 和 Pd/iPTPs 的制备 [43]

3.2.4　聚合后修饰

聚合后修饰是一种操作最为简单的调控多孔有机聚合物化学结构的方法 [44,45]，也是将离子单元引入到聚合物网络的一种途径。整体思路就是先合成中性多孔聚合物前驱体然后进一步离子化得到离子型多孔聚合物。

Ghosh 等 [46] 通过 Friedel-Crafts 反应一锅法将苄基氯和甲缩醛共聚得到前驱体聚合物（120-Cl），之后进一步调整结构得到离子型多孔聚合物（120-TMA），是一种可容纳磁性 Fe_3O_4 纳米颗粒的阳离子网络，最后通过化学修饰制备了 120-TMA@Fe，它对各种微污染物均具有杰出的吸附能力。其结构示意图如图 3-15 所示。

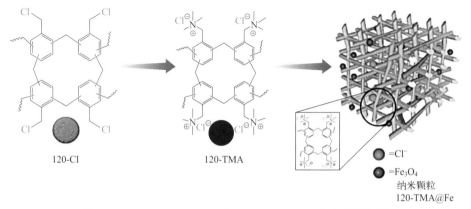

图 3-15　120-Cl、120-TMA 和 120-TMA@Fe 的合成及结构 [46]

Ji 等[47] 通过 Debus-Radziszewski 反应设计合成了一系列金属卟啉基离子型多孔聚合物，得益于增强的刚性和框架的扭曲，这些带电聚合物呈现出更高的比表面积，原位聚合方法使它们具有极高的双活性位点密度、阴离子可调性和良好的 CO_2/N_2 吸附选择性。因此，它们在环氧化物和二氧化碳合成环状碳酸酯中表现出良好的催化性能和优异的可回收性。其具体的合成策略为，Co^{III}-TAPP 中性单体与乙二醛反应得到金属卟啉基多孔聚合物 imine-CoTPP-POPs，然后与甲醛反应最终制备得到 iPOPs：CoTPP-iPOPs，如图 3-16 所示。

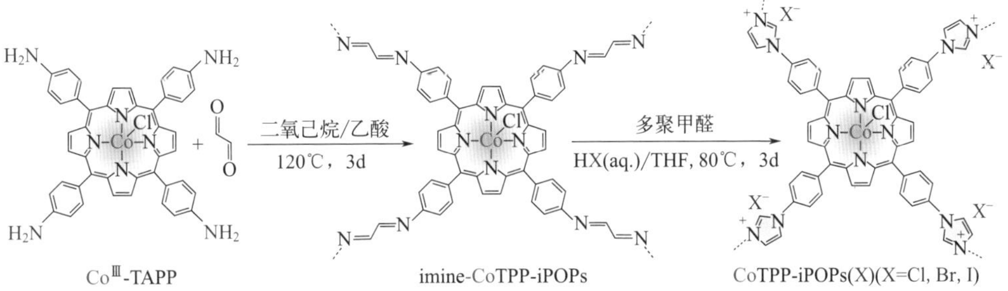

图 3-16　功能导向催化剂 CoTPP-iPOPs（X）（X = Cl，Br，I）的合成工艺[47]

Han 等[48] 提出了一种后修饰策略，将离子单元修饰在 COFs 的结构缺陷上。将单醛基的 2,5- 二羟基苯甲醛（2,5-dihydroxybenzaldehyde，DHA）作为末端封端单元与 1,3,5- 三（4- 氨基苯基）苯［1,3,5-tris（4-aminophenyl）benzene，TAPB］和 2,5- 二羟基 -1,4- 苯二醛（2,5-dihydroxyterephthalaldehyde，DHTA）缩合，得到 COF-NH$_2$，其中未反应氨基作为离子单元的修饰位点。Ren 等人[49] 亦通过聚合后修饰策略，将溴化铵季铵盐修饰到富含羟基的超交联聚合物（HCP-OH）上，最终得到的 iHCPs（iHCP@QA）具有分层多孔结构、良好的二氧化碳选择吸附性和较高的离子密度。其合成路径如图 3-17 所示。

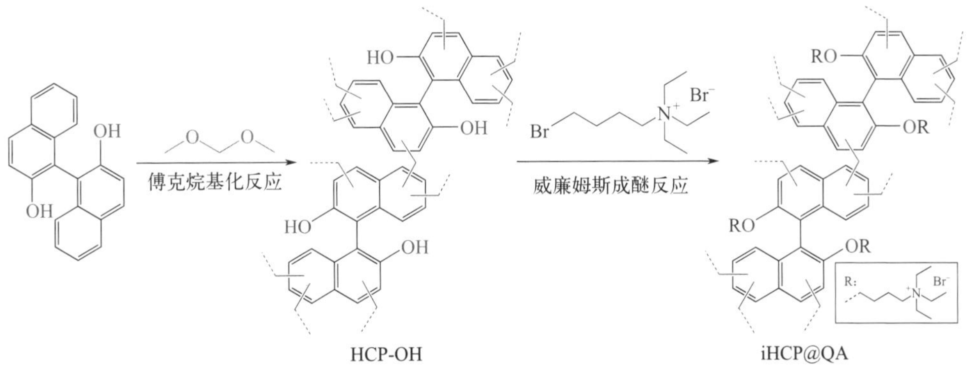

图 3-17　iHCP@QA 的合成[49]

在合成方面，多孔聚合物具有合成聚合多样性。理论上，所有涉及多孔聚合物的合成方法都适用于 iPOPs 的制备。然而，通过偶联反应直接聚合带电单体仍是一个挑战。在功能化方面，一方面，具有固有活性位点的 iPOPs 由于其电荷密度高，可用作吸附剂和催化剂；另一方面，iPOPs 可以作为金属纳米颗粒、酸等功能位点的宿主材料。最重要的是，官能团或活性位点可以很容易地通过反离子交换来调节。通过反离子交换，比表面积和孔径也可以优化。

3.3
离子型多孔聚合物的应用

离子型多孔有机聚合物材料（ionic porous organic polymer materials，iPOPs）的离子位点与被吸附物之间的极化效应、化学键相互作用、静电相互作用等对提高吸附效率起着关键作用，是一种新颖而应用广泛的多孔材料。随着合成方法的进步，可以设计出具有不同的构筑单元和有趣结构的 iPOPs。高电荷密度与扩展的共轭结构相结合，使它们具备独特催化性能。具有多孔结构和特定功能化的 iPOPs 是理想的传感材料。此外，iPOPs 还将在能源应用（比如超级电容器和燃料电池）、气体储存和分离以及生物医学等领域引起越来越多的关注。

3.3.1 催化性能

（1）催化 CO_2 转化反应

随着 CO_2 的不断排放，全球温室效应日益加剧，目前研究者们已不再满足于仅仅实现 CO_2 的固定，将 CO_2 转化为有利用价值的物质为人类使用更具有现实意义。因此催化 CO_2 转化反应并提高其反应效率至关重要。

2016 年，Ma 等[50] 提出了一种实现多相协同催化的有效策略，将 COFs 与线型离子型聚合物复合制备出具有协同作用的双活化行为的催化剂（PPS⊂COF-TpBpy-Cu），在线性聚合物上的催化活性组分具有不错的灵活性和浓度，这大大促进了协同催化作用。利用环氧化物和二氧化碳的环加成反应作为模型反应，复合催化剂与单个催化组分相比，催化活性有了显著的提高。PPS⊂COF-TpBpy-Cu 的结构和制备策略示意图如图 3-18 所示。

2017 年，Ji 等[26] 首次以自由基共聚反应为基础，合成了一系列金属基的 iPOPs。这些设计良好的材料具有高比表面积、分层多孔结构和增强的 CO_2/N_2 吸附选择性，此外，这些 iPOPs 同时具有金属中心（路易斯酸）和离子单元（亲核试剂），使其可以在温和、无溶剂、无任何额外的共催化剂的条件下作为催化

CO_2 转化为高附加值化学分子的双功能催化剂。结果表明，不规则的多孔结构非常有利于基底和产物的扩散，微孔结构则可促进二氧化碳在催化中心附近富集。金属基 iPOPs 的合成示意图如图 3-19 所示。

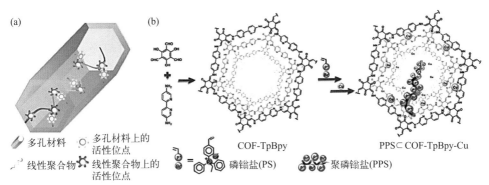

图 3-18 PPS⊂COF-TpBpy-Cu 的结构和制备策略[50]

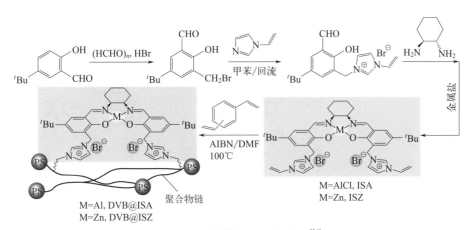

图 3-19 金属基 iPOPs 的合成[26]

2020 年，Sa 等[51] 将富氮 COFs（TT-COF）与咪唑基离子型聚合物（ImIP）复合得到了一种新颖的主客体复合物（ImIP@TT-COF），其中，TT-COF 和 ImIP 分别作为氢键供体和亲核试剂发挥作用来协同促进环氧化物的活化以及随后的二氧化碳环加成反应。主客体体系的催化活性明显优于 ImIP、TT-COF 及其物理混合物。两种催化活性组分的复合协同赋予了材料更杰出的性能，为复合材料在多个应用中的发展提供了巨大潜力。ImIP@TT-COF 的构造示意图如图 3-20 所示。

2020 年，Zhou 等[52] 在两步溶剂热路线中，利用二乙烯基苯（divinylbenzene，DVB）、4- 乙烯基苄基氯（4-vinylbenzyl chloride，VBC）和咪唑溴化铵离子液体的自由基共聚反应，以及下一步的 Friedel-Crafts 烷基化反应一同构建了一系列多官能团（磺酸基、羟基、氨基、羧基和烷基）的咪唑基超交联离子型聚合物；丰富的微孔孔隙率和高离子位点密度结构赋予其杰出的 CO_2 吸附能力的同时，可使 CO_2 在离子位点周围富集。其中，羟基功能化的离子型聚合物在 CO_2 与环氧化物的环加成反应中表现出杰出的性能：高产率、高 TOF（turnover frequency）值与 TON（turnover number）值、良好的循环稳定性和优良的反应基底相容性。此报道提供了一种用于 CO_2 转化的高效无金属多相催化剂的设计思路。此多官能团的离子型超交联微孔聚合物设计合成方法如图 3-21 所示。2022 年，Liu 等[53] 采用一锅法，同时进行季铵化和 Friedel-Crafts 反应，制备得到几种新型联吡啶 iHCPs。通过调整聚合单体的结构，获得了具有分层孔隙结构和高比表面积（最高可达 $1448m^2 \cdot g^{-1}$）的 iHCPs。结果表明，这些联吡啶 iHCPs 不仅能有效吸附二氧化碳，而且可作为二氧化碳与环氧化物环加成的无金属催化剂，催化性能良好。

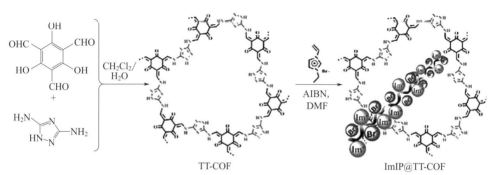

图 3-20　ImIP@TT-COF 的构造[51]

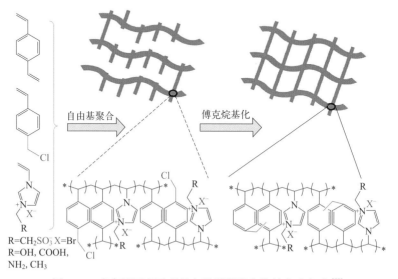

图 3-21　多官能团离子型超交联微孔聚合物的合成方法[52]

2022 年，Zhao 等[54] 通过一种后交联策略，成功地构建了一系列新型三嗪咪唑功能化的 iPOPs，通过改变离子单体（ISM-n）和外部交联剂 α,α'- 二氯对二甲苯（α,α'-dichloro-p-xylene，DCX）、α,α'- 二溴对二甲苯（α,α'-dibromo-p-xylene，DBX）和 4,4'- 双（氯甲基）-1,1'- 联苯（4,4'-bis（chloromethyl）biphenyl，BP）可以精确地调整 iPOPs 的结构和性能。与对应的离子单体相比，后交联策略构建的 iPOPs 的二氧化碳吸附能力从离子单体的 9.3mg·g^{-1} 显著增加到 103.2mg·g^{-1}。后交联策略以及 iPOPs 的结构示意图如图 3-22 所示。

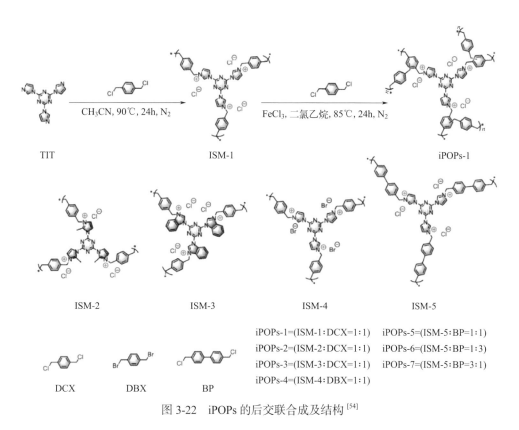

iPOPs-1=(ISM-1∶DCX=1∶1)　iPOPs-5=(ISM-5∶BP=1∶1)
iPOPs-2=(ISM-2∶DCX=1∶1)　iPOPs-6=(ISM-5∶BP=1∶3)
iPOPs-3=(ISM-3∶DCX=1∶1)　iPOPs-7=(ISM-5∶BP=3∶1)
iPOPs-4=(ISM-4∶DBX=1∶1)

图 3-22　iPOPs 的后交联合成及结构 [54]

传统的二氧化碳环加成反应条件严苛，通常需要加入共催化剂和溶剂，导致循环过程复杂。2022 年，在 Peng 等[55] 的研究中，设计了一种由离子聚合物（ionic polymers，IPs）和磷钼酸盐（PMo$_{12}$）共修饰的 MOFs 材料（CuTCPPCo），制备得到的一体化复合催化剂（PBPCT），此催化剂可在太阳能驱动下、无溶剂和共催化剂的情况下催化二氧化碳环加成反应。以 PMo$_{12}$ 团簇和 IPs 为反应底物的激活和开环提供了丰富的活性位点，活化能从未经修饰的 CuTCPPCo 的 66.36kJ·mol^{-1} 显著降低到 PBPCT 的 49.47kJ·mol^{-1}，并且保证了在 353K、12

小时条件下，苯乙烯环状碳酸酯的产率为99.2%。本工作为制备集多种优势为一身的催化剂提供了一条新的途径，为 CO_2 的固定与转化利用提供了一种很有前途的方法。PBPCT 催化剂的合成工艺如图 3-23 所示。

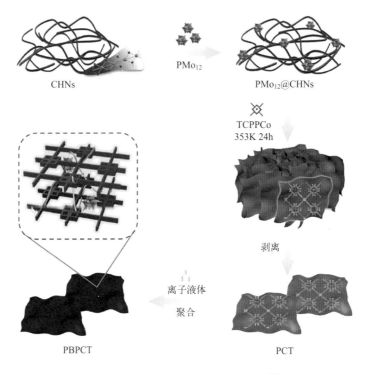

图 3-23　PBPCT 催化剂的合成工艺[55]

（2）催化其他有机反应

Zhou 等[56] 通过羧基功能化的吡啶盐与芳香胺的酰胺化，直接构建了多种 iPOPs，即离子型介孔聚酰胺（ionic mesoporous polyamides，iMPAs），其骨架的重复单元中酰胺基团和离子部分的协同效应对钌（Ru）提供了令人满意的稳定性，从而能够形成超细和高度分散的 Ru NPs。如图 3-24 所示，这些 Ru NPs 有效地催化了乙酰丙酸（levulinic acid，LA）转化为 γ- 戊内酯（γ-valerolactone，GVL），在温和的条件下获得了较高的产率 / 选择性和稳定的重复使用性。该工作

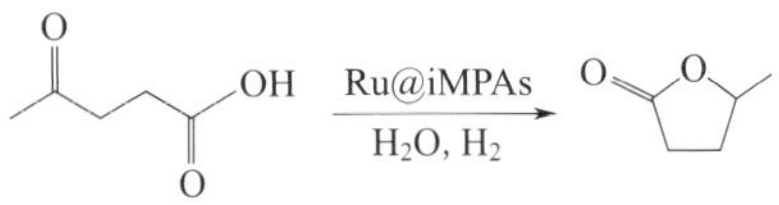

图 3-24　Ru 纳米颗粒催化乙酰丙酸（LA）
转化为 γ- 戊内酯（GVL）

通过合理的单体设计和多功能离子型多孔聚合物的孔隙率控制，为合成活性和稳定的金属 NPs 提供了一种很有前途的策略。iMPAs 的合成和支撑 Ru NPs 的示意图如图 3-25 所示。

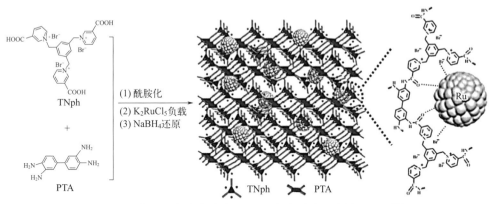

图 3-25　离子型介孔聚酰胺（iMPAs）的合成和支撑 RuNPs[56]

Zhao 等[57] 通过在聚砜（polysulfone，PSF）的苯环中引入氯甲基后，接枝了离子液体（ionic liquids，ILs），得到被咪唑基酸性离子液体化学接枝的聚砜材料（PSF-DG-ILs），然后采用非溶剂诱导相分离技术制备了用于水解菊粉的 PSF-DG-ILs 多孔聚合物膜。将 ILs 接枝度分别为 0.31 和 0.59 的聚合物混合制备所得膜，兼备了优异的力学性能和催化性能。在 75℃ 条件下，菊粉浓度为 20%（质量分数）时，通量为 23.4L/（m² · h）的菊粉水解率可达到 88.22%。PSF-DG-ILs 的合成路线示意图如图 3-26 所示。

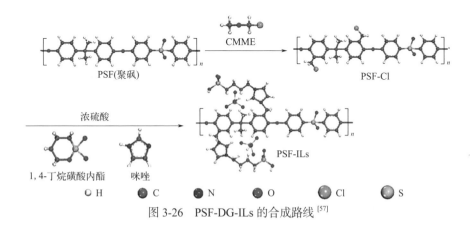

图 3-26　PSF-DG-ILs 的合成路线[57]

2020，Lei 等[58] 通过自由基共聚，成功制备了磷功能化的 iPOPs［P(QP-

TVP)〕并用其来稳定超细尺寸钯（Pd）纳米颗粒，最终得到负载型金属催化剂〔Pd@P(QP-TVP)〕。使用此固体催化剂来催化还原硝基苯，将 H_2 作为氢源，在极低的 Pd 用量下即可实现高苯胺产率（99.7%），其 TOF 值高达 5982 h^{-1}。此外，Pd@P（QP-TVP）催化剂可以很容易被回收，在重复使用 5 次后，没有明显的活性损失。Pd@P（QP-TVP）催化剂的具体合成路线如图 3-27 所示。

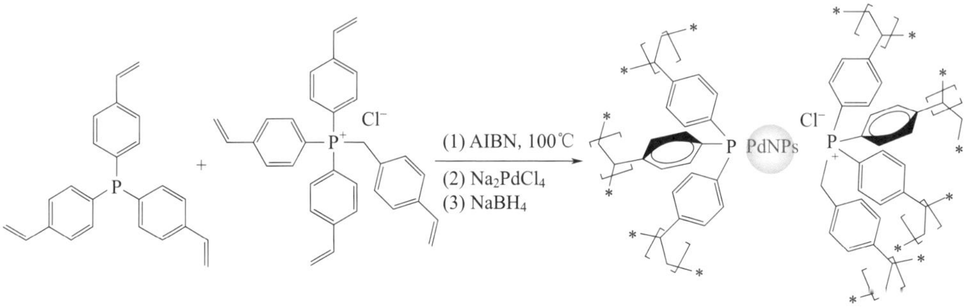

图 3-27　Pd@P（QP-TVP）催化剂的合成 [58]

iPOPs 的高比表面积、高稳定性以及结构可调性等优势都为开发新型催化剂提供了坚实的研究基础。线性离子型聚合物材料作为催化剂时一般多与一些多孔材料复合达到协同催化的目的，而线性离子型聚合物材料单独作为催化剂或者催化剂载体的报道少之又少。iPOPs 材料则是作为催化剂或者催化剂载体最经典的材料之一，是开发新型催化剂的重要候选者。离子型聚合物材料在加氢反应、放氢反应、CO_2 转化反应及其他有机反应中都有一定的应用且表现出较理想的催化效果。

3.3.2　吸附与分离应用

多孔材料在气体和化学物质的吸附与分离领域已经得到广泛的研究。决定多孔材料吸附分离性能的主要因素包括比表面积、孔体积、孔径和孔内的化学环境。离子型多孔聚合物是一种新兴的功能多孔材料，通过选择不同的有机单体、不同的有机聚合反应以及不同的离子构型使其具有带电骨架，获得预先设计的构型。可以对离子型多孔聚合物的孔径、官能团以及活性位点进行有效调控，从而提供与目标分子的强静电相互作用。另外，对孔隙性质的精确控制将加强此类聚合物的筛分效果，从而获得卓越的选择性。因此，离子型多孔聚合物在气体吸附/储存/分离以及离子筛分等领域有着很大的潜力。

（1）气体吸附与储存

由于离子型多孔聚合物的离子界面具有较高的电荷密度和极化率，可以与特定的气体分子（如 CO_2、SO_2 等）形成较强的静电相互作用，加之其可控的孔径以及可调节的电荷平衡离子，该材料通常具有较高的气体吸附能力（见表 3-1），可广泛用于特定气体的吸附与储存[59-62]。

表 3-1　离子型多孔聚合物的比表面积及 CO_2 吸附能力

iPOPs	$S_{BET}/$ $(m^2 \cdot g^{-1})$	p/kPa	T/K	CO_2 吸附量 $/(mmol \cdot g^{-1})$	参考文献
CPN-1-Br	1455	100	273	2.49	[1]
CPN-1-Cl	1504	100	273	2.9	[1]
CPN-2-Br	540	100	273	1.55	[1]
POM1	1089	100	273	3.14	[2]
POM3	1088	100	273	3.72	[2]
POM1-IM	926	100	273	3.16	[2]
PCP-Cl	755	100	273/298	2.3/1.4	[3]
PCP-BF_4	586	100	273	2.2	[3]
PCP-BF_6	433	100	273	1.8	[3]
HCP-Cl	1182	100	273/298	3.4/1.9	[4]
HCP-Cl-1	1114	100	273/298	3.8/2.3	[4]

　　二氧化碳是导致全球变暖的主要温室气体之一。多孔材料物理吸附捕集 CO_2 是多种技术中经济可行的一种。现已证明具有电偶极子结构的 iPOPs 可以促进 CO_2 的吸附。Thomas 等[59]综合研究了阳离子型 iPOPs 对 CO_2 的吸附性能。带正电荷的四（4- 溴苯基）溴化膦与四（4- 溴苯基）甲烷经 Yamamoto 偶联反应合成 CPN-1-Br（如图 3-28 所示），与 1,3,5- 三乙炔基苯经 Sonogashira-Hagihara 交叉偶联反应合成 CPN-2-Br（如图 3-29 所示），阳离子型 CPN-1-Br 的比表面积（$1455 m^2 \cdot g^{-1}$）远高于 CPN-2-Br（$540 m^2 \cdot g^{-1}$）。相应地，在 273K 和 100kPa 下 CPN-1-Br 的 CO_2 吸附量（$2.49 mmol \cdot g^{-1}$）是 CPN-2-Br（$1.55 mmol \cdot g^{-1}$）的近两倍。通过阴离子交换制备了 CPN-1-Cl，比表面积并没有减少（$1504 m^2 \cdot g^{-1}$），CO_2 的吸附量进一步提升到了 $2.9 mmol \cdot g^{-1}$。

　　除了对主干骨架可电离的 POPs 进行研究，科研工作者还研究了悬在骨架侧基上的离子对 CO_2 的吸附作用。Yu 等[63]利用对二氯甲苯（p-DCX）和 N- 甲基咪唑（1-methylimidazole，N-MI）合成了接枝咪唑阳离子的 IL-POPs。通过调整 N-MI 与 p-DCX 的摩尔比，吸附等温热从 $7.84 kJ \cdot mol^{-1}$ 提高到 $17.35 kJ \cdot mol^{-1}$。

在 273K 和 1bar 时，IL-POPs 的最佳 CO_2 吸附量可以达到 73.6$cm^3 \cdot g^{-1}$。Jiang 等[64] 利用中性节点单元四苯胺（PyTTA）与 5,6- 双（4- 甲酰苄基）-1,3- 二甲基苯并咪唑溴化铵（BFBIm）上的醛二胺基团反应，合成了一种亚胺连接的 PyTTA-BFBIm-iCOF，其中苯并咪唑阳离子有序分布在一维通道结构的壁面上，使孔中电荷对 CO_2 有较强的亲和力。最终，PyTTA-BFBIm-iCOF 对 CO_2 的吸附量在 298K 下为 93$mg \cdot g^{-1}$，在 273 K 和 1bar 下为 177$mg \cdot g^{-1}$。

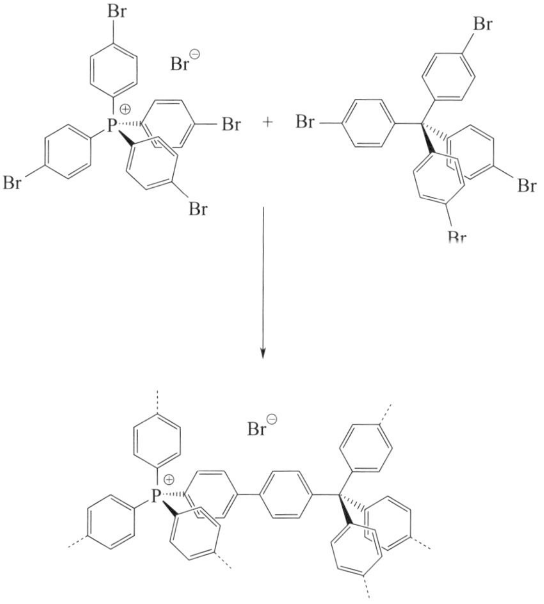

图 3-28　CPN-1-Br 的合成

（2）气体分离

　　轻气体（H_2、N_2、CO_2、CH_4 等）是化学和石化的重要原料，所以其有效分离得到了广泛关注。为了追求节能环保，Zhu 等[65] 设计了多种季吡啶基聚丙烯腈（X-PAF-50，X=F、Cl、Br、2I、3I，如图 3-30 所示），通过反离子诱导形成孔隙中的空间位阻，使孔隙尺寸在 3.4 ~ 7Å 范围内可调整。因此，不同的 X-PAF-50 材料可以实现对不同动力学直径的气体分子分离，如 H_2（0.289nm）、CO_2（3.3Å）、O_2（3.46Å）、N_2（3.64Å）和 CH_4（3.8Å）。为了进行连续分离，将活化的 X-PAF-50 装入色谱柱中作为固定相进行气相分离，并在室温下使用混合气体检测，考察对特定气体的亲和力和排斥效应。经过流动测试，五组分气体混合物可以在 Cl-PAF-50 和 2I-PAF-50 混合柱中有效分离，表明 X-PAF-50 作为聚合物筛在实际分离应用方面具有广阔的潜力。

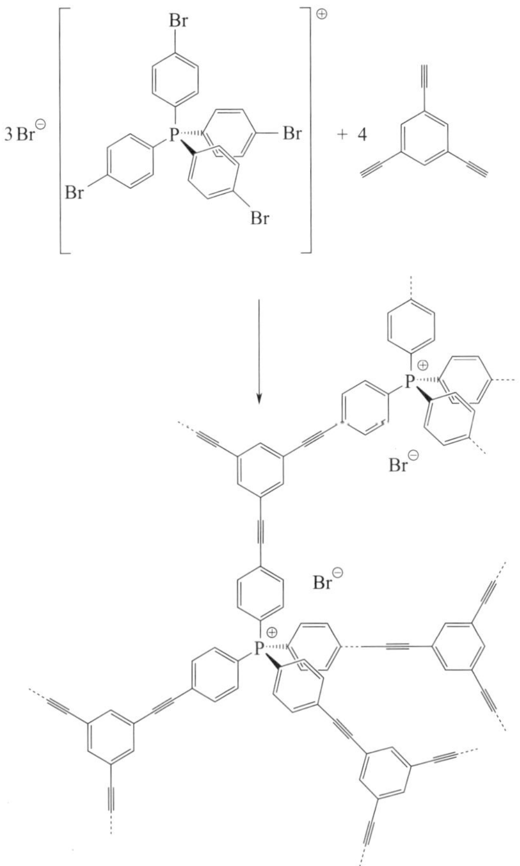

图 3-29　CPN-2-Br 的合成

通过膜分离气体和液体是一种替代传统分离过程的节能技术，因此离子多孔膜的制备具有重要的意义，且其孔径大小和厚度可以通过构建块体和合成方法轻松控制。界面聚合和旋涂技术是制备 iPOPs 基膜的主要方法。Zhao 等[66] 提出了一种利用阳离子 TpEBr 共价有机纳米片的逐层组装（layer-by-layer，LBL）策略来获得超薄 COF 纳米片和阴离子 TpPa-SO₃Na 纳米片（如图 3-31 所示）。两个离子型共价有机纳米片（ionic covalent organic nanosheets，iCONs）之间的强静电相互作用形成了纳米片的交错堆积，从而使孔径变小，接近气体的动力学直径。采用厚度为 41nm 的

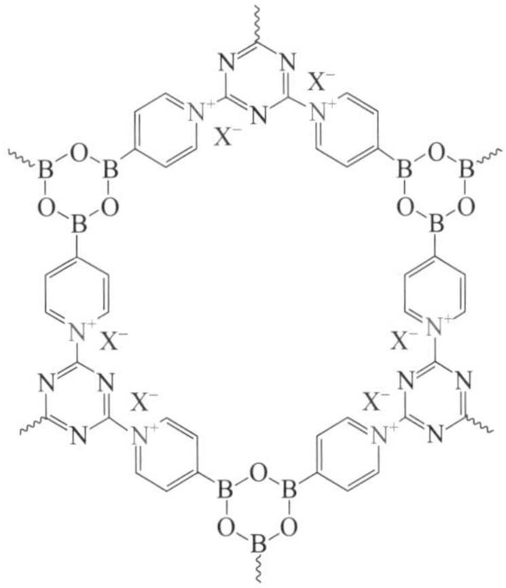

图 3-30　X-PAF-50 结构

TpEBr@TpPa-SO$_3$Na 膜作为 H$_2$/CO$_2$ 分离的聚合筛网，在 423K 时，H$_2$ 渗透量达到 2566 个气体渗透单元（GPU），H$_2$/CO$_2$ 分离系数为 22.6。这样的分离效率远高于单相 TpEBr 或 TpPa-SO$_3$Na 膜，也超过了 Robeson 上限。该策略显示出离子型 COFs 膜的研究与应用前景。

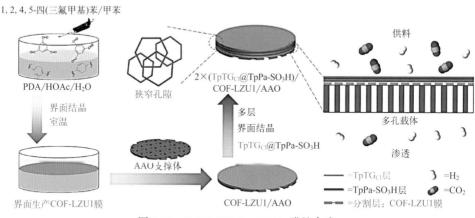

图 3-31　TpEBr@TpPa-SO$_3$Na 膜的合成

（3）离子污染物去除

随着化学工业的发展，含有机染料、重金属离子、抗生素等污染物的工业废水无限制排放，严重污染了水资源。化学品污染的水源一旦被饮用，会导致有毒物质在生物体内的积累，对个人健康造成巨大威胁。因此，水处理中有机污染物的去除具有重要的科学意义。吸附法是去除水中有机污染物的有效途径，由于 iPOPs 具有丰富的离子位点和可调节的孔隙特性，适用于粒度筛分，适合吸附和去除离子污染物[67-69]。

Li 等[70] 报道了一种阳离子联吡啶基 COFs（PC-COF）。以 1,3,5- 三（4- 氨基苯基）苯和 1,1′- 二（4 - 甲酰苯基）-4,4′- 联吡啶二氯（BFBP$_2^+$·2Cl$^-$）为基础去除阴离子染料。结合一维的孔道结构，提高了 PC-COF 在极低的浓度（3.2×10^{-5}mol·L^{-1}）下对阴离子染料的吸附敏感性，验证了消除痕量染料污染物的可能性，如甲基橙（methyl orange，MO）、酸性绿 25（acid green 25，AG-25）、直接红棕 M（direct fast brown M，DFBM）、靛蓝胭脂红（indigo carmine，IC）和酸性红 27（acid red 27，AR-27）。PC-COF 的性能不仅来源于阳离子骨架与阴离子染料之间的静电相互作用，还来源于染料阴离子与 PC-COF 中 Cl$^-$ 反离子的离子交换，从而形成两个更稳定的软基软酸（BIPY）和硬基硬酸（Na$^+$）离子对。Yan 等[71] 采用后聚合方法将阳离子表面活性剂二烯丙基二甲基氯化铵通过离子交换的途径接枝到含乙烯基的 COFs 上，证实了阳离子表面活性剂修饰的 COFs （DhaTab-S）是一种很有前景的 NO_3^- 吸附剂，吸附量达 108.8mg·g^{-1}，约为未改良 COFs 的 15 倍。

3.3.3　离子传导应用

由于 iPOPs 的共同优点，在这种材料的平台上已经构建了各种人工离子传导系统，在传感器、超级电容器和燃料电池等应用领域都有很大的研究价值和应用潜力。与天然生物离子通道相比，人工通道中离子的穿梭更具挑战性，因为阳离子和阴离子是强配对的，尤其是在固体状态下。为了克服这些障碍，对传导通道进行溶剂化处理，有利于离子对的解离和电荷的传输。二维 iCOFs 具有高度周期性的原子排列和一维孔隙通道，这两者都有利于离子传导。此外，这种策略在能量上是理想的，因为离子在 iCOFs 周期结构中的均匀分布可降低离子运输的能量位垒。同时，同轴排列的孔隙通道为离子的连续跳跃提供了捷径。因此，在锂离子传导、质子传导和阴离子传导方面 iCOFs 的研究进展引起了人们的广泛关注。

（1）锂离子传导

锂离子电池广泛应用于储能设备和各种移动设备中，其中锂离子传导材料是产生高能量密度和高转换效率的关键。当使用不同的给电子/吸电子取代基来调节骨架的电子性质时，iCOFs 阴离子和 Li^+ 之间的相互作用会发生相应的变化，从而改变离子导电性（见表 3-2）[72]。

表 3-2　iCOFs 的 Li^+ 导电性能

iCOFs	E_a/eV	T_{Li}^+	电导率/（S·cm^{-1}）	条件	参考文献
CH_3-Li-ImCOF	0.27	0.93	$8.0×10^{-5}$	r.t.，20%（质量分数）PC	[14]
H-Li-ImCOF	0.12	0.88	$5.3×10^{-3}$	r.t.，20%（质量分数）PC	[14]
CF_3-Li-ImCOF	0.10	0.81	$7.2×10^{-3}$	r.t.，20%（质量分数）PC	[14]

注：T_{Li}^+ 为锂离子迁移数，r.t. 表示室温，PC 是碳酸丙烯酯。

Zhang 等[72] 合成了一系列咪唑基的阴离子 iCOFs，并在吡咯基 N 位点上分别用—H、—CH_3 和—CF_3 等取代基对其进行功能化（如图 3-32 所示）。在室温下，以碳酸丙烯酯为电解质，将 Li^+ 引入咪唑基团时，—CF_3 改性的 iCOFs 的 Li^+ 电导率最高，可达 $7.2×10^{-3}$S·cm^{-1}。这是因为吸电子的—CF_3 基团离域了咪唑基阴离子的负电荷，从而减弱了 Li^+ 与阴离子骨架之间的静电相互作用，提高了 Li^+ 迁移率。

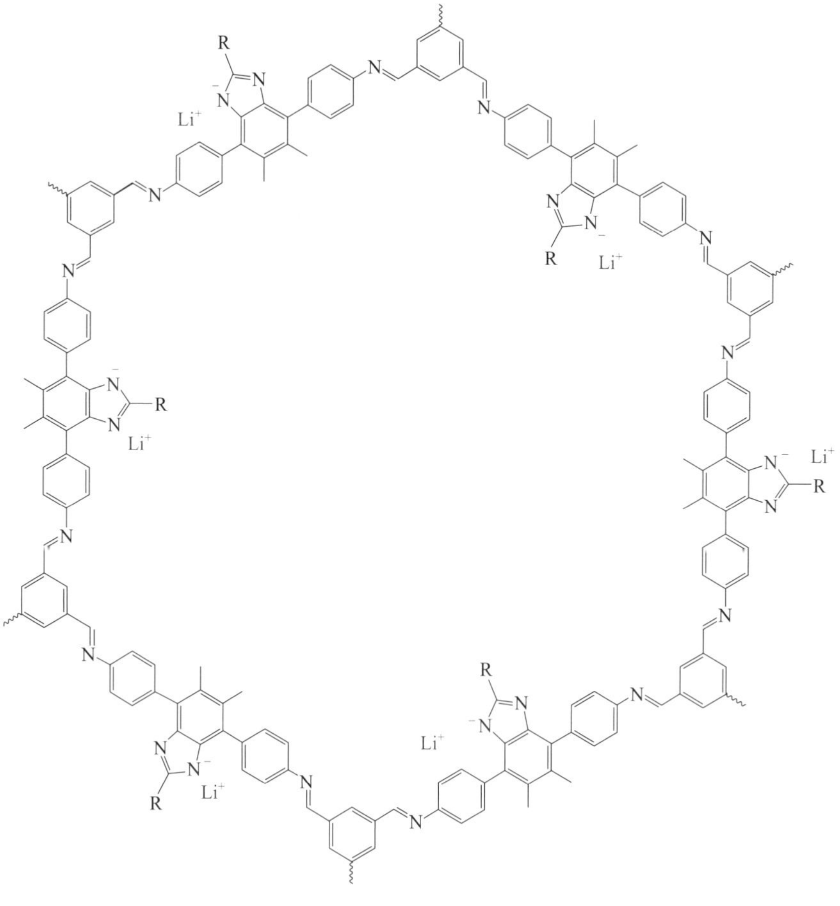

H-Li-ImCOF：R=H
CH₃-Li-ImCOF：R=CH₃
CF₃-Li-ImCOF：R=CF₃

图 3-32　咪唑基阴离子 iCOFs

（2）质子传导

用于燃料电池和其他能量转换装置的质子交换膜在过去几十年里获得了越来越多的关注。随着二维 iCOFs 的出现，为一系列优异质子导体的开发开辟了新的途径。

Zhu 等[73] 设计了一种六边形宏观环连接端含 EB 单元的阳离子型 COFs，通过离子交换，多金属氧酸盐（polyoxometalates，POMs）$PW_{12}O_{40}^{3-}$ 阴离子静电吸附在阳离子骨架上得到 EB-COF：PW_{12}。POMs 表面丰富的氧位点提供了较强的保水能力，同时在孔隙中形成了相互连接的氢键网络（如图 3-33 所示）。结果，在室温和 97% 空气湿度条件下，EB-COF：PW_{12} 的质子电导率达到 3.32×10^{-3} S·cm^{-1}，比 EB-COF：Br 的质子电导率高出 3 个数量级。

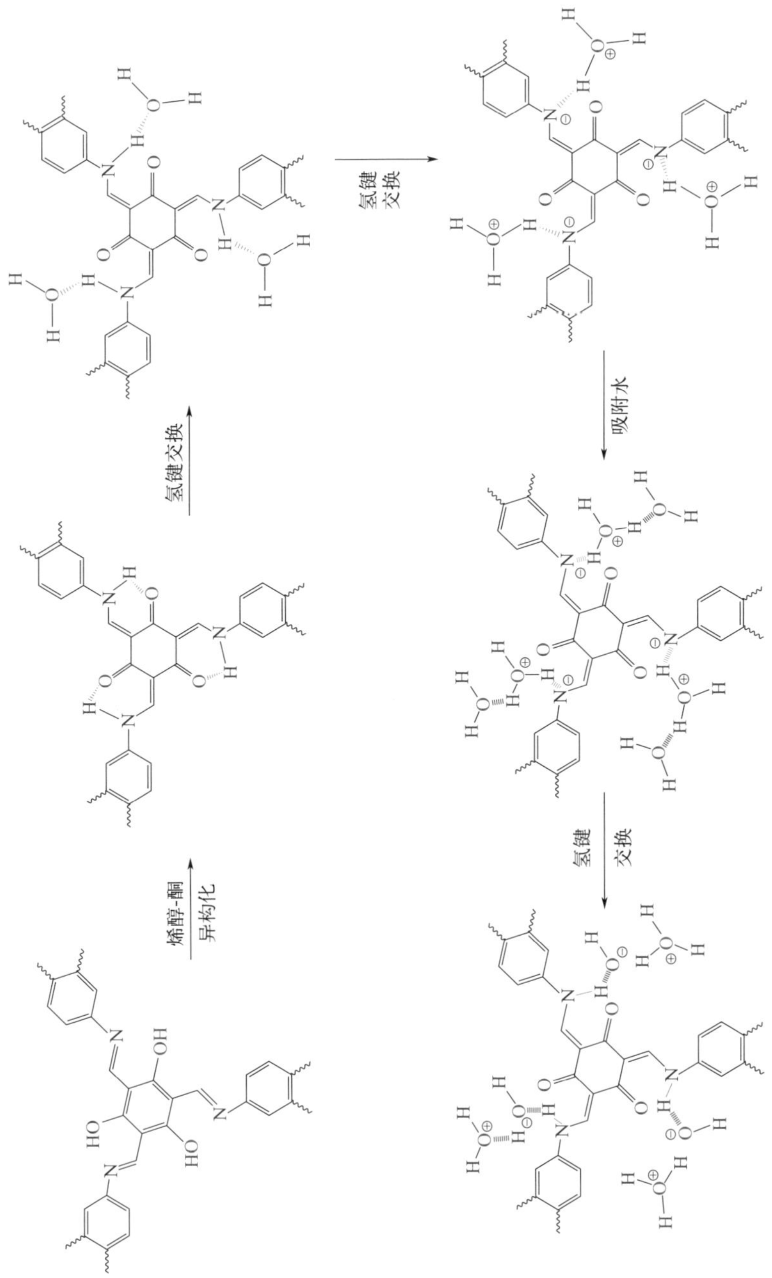

图 3-33　EB-COF 在一定湿度条件下被水吸附后可能发生的氢键交换

（3）阴离子传导

阴离子交换燃料电池作为一种新兴的能源电池，近年来受到越来越多的关注。阴离子交换膜（anion exchange membrane，AEM）是细胞中的关键成分，这是一种固体电解质，可以选择性地输送阴离子。将季铵、咪唑、吡啶、胍和金属离子等阳离子基团整合到多孔聚合物骨架中是设计 AEM 材料最有效的策略之一。Yan 等[74] 采用合成后修饰的方法，通过顺序溴化和季铵化反应，将 QA 离子共价固定在 TpBD-Me-COF β- 酮胺环的骨架上。合成的 TpBD-MeQA$^+$OH$^-$ 碳酸氢盐的电导率在 20℃下为 5.3×10^{-3}S·cm^{-1}，在 80℃下为 2.7×10^{-2}S·cm^{-1}。考虑到晶体结构的维持，自下而上的合成路线比后修饰合成路线更可取。

3.3.4　传感应用

将光学或电活性分子功能化为离子构建块，所构建的 iPOPs 能够将孔隙率与特定功能结合起来，用于传感应用。在这方面，Coskun 等[75] 通过亲核取代反应引入二氮杂芘，提出了一种阳离子 iPOPs 的构筑路线（pDAP，如图 3-34 所示）。

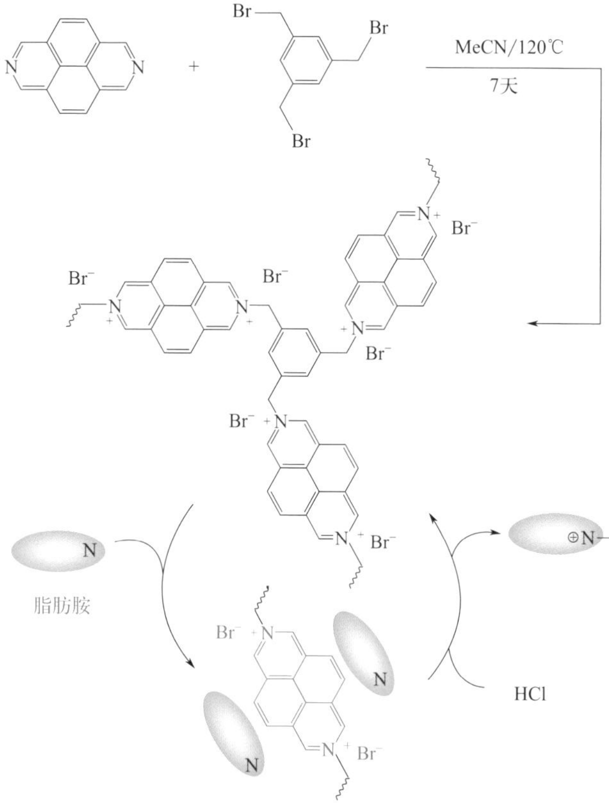

图 3-34　含二氮杂芘基团的 iPOPs（pDAP）的合成及其对脂肪胺的超分子检测与捕获机制

结果显示，此含有脂肪胺的 iPOPs 在 595nm 处有较宽的吸收带，颜色由橙色明显变为深绿色。这种视觉变化主要是由于多孔网络中重氮芘基团和脂肪胺之间的电荷转移。

Zhang 等[76] 将有机离子基团加入到 COFs 中，证明了含季铵基的 COFs 可以在极性有机溶剂中自分解成少量层状 iCONs。有趣的是，当使用不同极性的溶剂时，iCOFs-A 的形态可以从多层聚集转变为纳米胶囊或二维薄片。相比之下，非离子共价有机框架 COFs-B 不能在各种溶剂中自剥离。因此 iCOFs-A 有望成为一种溶剂响应性的传感材料。COFs-B 和 iCOFs-A 的合成如图 3-35 所示。

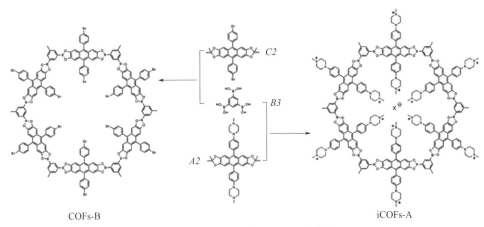

图 3-35　COFs-B 和 iCOFs-A 的合成

3.3.5　生物医学应用

基于胍的材料通常是具有较广泛可溶性的，这个特性限制了它们作为可回收抗菌剂的应用。但将胍基单元引入 COFs 骨架则可以提高其生物适用性。Banerjee 等[77] 通过三醛基间苯三酚（1,3,5-triformylphloroglucinol，Tp）和胺之间的席夫碱反应制备了三种胍基 iCONs（TpTGX，X=Cl、Br、I，如图 3-36 所示）。由于框架内的固有电荷和夹在层间的反离子，TpTGX 可以自剥离成层数很少的 iCONs，这是很难从中性 COFs 中观察到的。此类 iCONs 在胶体悬浮液中保持稳定 20 天，并可持续减少革兰氏阳性（S. aureus）和革兰氏阴性（E. coli）细菌的菌落形成。这可能是由阳离子胍基部分和细菌细胞的阴离子磷脂双分子层之间的静电相互作用引起的。此外，iCONs 良好的分散性允许 TpTGX 和聚砜（PSF）

混合生产抗菌涂层（TpTGCl@PSF）。然而，TpTGX 的抑菌动力学是不可逆和不可控的。

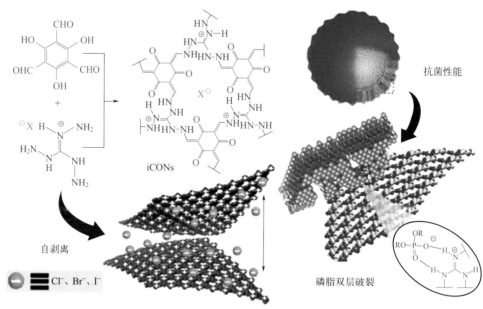

图 3-36　离子型共价有机框架纳米薄片

（iCONs，TpTGX，X = Cl、Br、I）

　　光 热 治 疗（photothermal therapy，PTT）和 光 声 成 像（photoacoustic tomography，PA）被认为是癌症治疗和诊断的无创方法。它们需要突出的光物理特性，如大的近红外（near-infrared，NIR）吸收和激发下的强非辐射弛豫。Mi 等[78] 报道了一种多步骤后合成策略，将含有 2,2′- 联吡啶的中性 COFs 转化为阳离子 iCOFs（Py-BPy^{2+}-COF，如图 3-37 所示）和用于光热治疗和光声成像的阳离子自由基 iCOFs（Py-BPy$^{+\cdot}$-COF，如图 3-37 所示）。Py-BPy$^{+\cdot}$-COF 的阳离子自由基结构起源于 2,2′- 联吡啶单元的原位循环季铵化，然后进行单电子还原得到阳离子自由基。与中性骨架和阳离子骨架相比，Py-BPy$^{+\cdot}$-COF/PEG 在近红外区表现出增强的吸收，因为阳离子自由基的单轴堆积增强了电子离域。在 808nm 和 1064nm 激光（1W·cm^{-2}）的照射下，Py-BPy$^{+\cdot}$-COF 的水分散体系温度分别升高了 50℃ 和 40℃，产生的光热转换效率分别高达 63.8% 和 55.2%。在此基础上，Py-BPy$^{+\cdot}$-COF/PEG 是治疗小鼠肿瘤模型良好的 PTT 和 PA 显像剂。

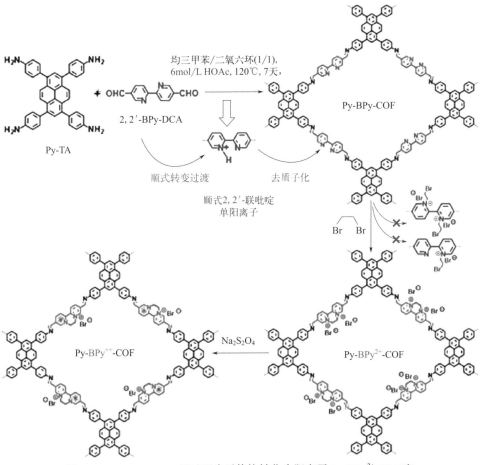

图 3-37　Py-BPy-COF 通过两步后修饰转化为阳离子 Py-BPy^{2+}-COF 和
阳离子自由基 Py-BPy$^{+\cdot}$-COF

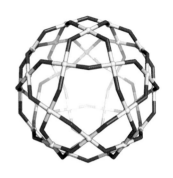

第4章
笼状多孔材料

多孔材料的研究对象由传统的分子筛、沸石等无机多孔材料拓展到了金属有机框架化合物（metal organic frameworks，MOFs）[1]、共价有机框架化合物（covalent organic frameworks，COFs）[2] 和多孔液体（porous liquids）[3] 等新型多孔材料，如图 4-1 所示。MOFs 是由无机金属离子或团簇和有机配体通过配位自组装而成，呈现微观有序网状骨架结构。COFs 则是由轻元素（碳、氢、氮、氧、硼等）通过共价键相连而形成高度有序的多孔网状结构。二者皆具有较大的比表面积、较强的化学修饰性和结构可调性，在气体吸附与分离、催化、传感和药物载体多个领域有着广阔的应用前景 [4,5]。但是，由于此类材料在大多数有机溶剂中不溶，一定程度上限制了其应用，例如难以制备成相应的薄膜器件。

| 沸石 | MOFs | COFs | MOCs | POCs |

图 4-1   不同类型的多孔材料

笼状多孔材料则是近年备受关注的一类新型多孔材料，主要包括金属有机笼（metal-organic cages，MOCs）[6] 和多孔有机笼（porous organic cages，POCs）[7]。金属有机笼，也称为金属有机多面体（mental-organic polyhedras，MOPs）。它是一类通过金属离子与配体的 N、S、O、P 等原子的配位作用结合起来形成的形状各异、具有一定大小空腔结构的不连续的笼状化合物。由于 MOCs 的空腔结构和功能可根据金属节点、配体的尺寸和功能进行调节，其展现出类似于生物酶的空腔，可包裹客体分子，稳定反应中间体，为空腔中的客体分子提供多种特殊的物理、化学作用力等，从而可以作为超分子仿生催化剂加速反应进程，实现客体的尺寸选择性、区域选择性以及立体选择性。金属有机笼的笼子本身和笼子包封的催化剂均可用于超分子催化。多孔有机笼是一种共价键合的有机笼，可组装成独特的晶体结构，具有高孔隙率、高吸附能力和优异稳定性等优点，具有广泛的应用前景。本章节将重点围绕 MOCs 和 POCs 的构筑方法及其应用举例对这两类新型多孔材料进行介绍。

4.1
金属有机笼

金属有机笼（MOCs）是一类由单一金属或金属簇与有机配体通过配位自组装而形成的具有永久空腔结构的三维超分子化合物[6]。大多数 MOCs 都是高度对称的，其结构与柏拉图或阿基米德固体有关。因此，在对几何结构和金属离子的立体电子偏好了解的基础上，通过选择合适的配体，可以合理设计、合成得到具有各种多面体结构的金属有机笼。MOCs 的设计策略通常是通过使用多齿配体在顶点处形成多面体的边缘或表面，并在顶点处形成金属离子或具有特定角度的供体和受体构建块的组合，构筑不同尺寸和形状的精细金属定位，进而获得具有不同立体结构的笼状分子，如四面体、八面体、立方体、十二面体、截断四面体、截断八面体等[8]。MOCs 的结构特性，使其在催化、分离和提纯、生物医药等方面展现出了广阔的应用前景。

4.1.1　金属有机笼的构筑策略

金属有机笼是由金属离子和有机配体组装而成的。由于金属离子的配位键具有明确的方向性和饱和性，与不同螯合或发散型配体组装，在热力学的平衡作用下，会相应得到收敛或发散的组装体。为了得到具有收敛有限结构的 MOCs，需要设计具有特定几何结构和配位点数的有机配体，再经配位自组装得到预先设计的金属有机笼状化合物。随着对金属有机笼研究的不断深入，大量具有特定结构和功能的 MOCs 被合成出来，而其构筑策略也得到了不断发展和总结。目前，应用较为广泛的构筑策略主要有定向键合策略、对称性匹配策略以及分子镶板策略等，如图 4-2 所示[9]。这些策略本质上都是通过金属离子和配体间的配位作用获得热力学稳定的超分子结构，不尽相同又相互补充。

4.1.1.1　定向键合策略

定向键合策略是由美国化学家 P. J. Stang 教授在 20 世纪 90 年代研究正方形

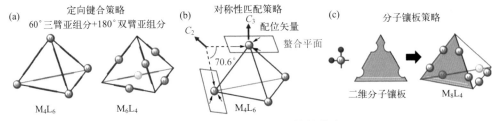

图 4-2　金属有机笼的主要构筑策略

（a）定向键合策略；（b）对称性匹配策略；（c）分子镶板策略[9]

超分子大环时提出的合成策略[10]。该策略为由互补的金属亚组分和刚性有机配体进行配位组合而获得所需结构。该方法有两个基本要求：其一是所选取的构筑单元必须具有刚性的结构，且配位齿的角度必须合适；其二是要求参与反应的构筑单元与预期目标的化学计量比一致。例如，当 4 个夹角为 60°的三臂金属亚组分与 6 个夹角为 180°的双臂配体亚组分配位时，可以得到 M_4L_6；当三臂亚组分为配体而双臂亚组分为金属时，则可以获得 M_6L_4，如图 4-2（a）所示。利用该策略，通过合理设计，几乎可以合成所预想到的各种几何结构的 MOCs，也使得该策略成为合成 MOCs 最高效和最常用的策略之一。基于该策略，Fujita 课题组通过选用不同的配体 L，成功设计合成了一系列自组装多面体分子笼 M_nL_{2n}，如图 4-3 所示[11]。在 2016 年，Fujita 课题组通过图论（graph theory）分析预测结构，成功地获得了含 $M_{48}L_{96}$ 巨型分子笼，并通过 X 射线衍射确定了它的单晶结构[12]。该四价 Goldberg 多面体含有 144 个组装单元，包括 48 个钯离子和 96 个弯曲配体，是迄今最大的非生命来源并且有明确化学组成的分子自组装结构。至今，$M_{60}L_{120}$ 尚未被合成出来。

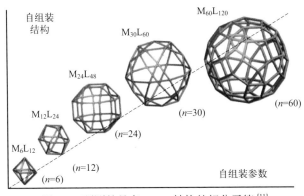

图 4-3　预测的具有 M_nL_{2n} 结构的超分子笼[11]

4.1.1.2　对称性匹配策略

　　K. N. Raymond 教授在其研究基础上总结提出了构筑 MOCs 的对称性匹配策

略[13]。他们引入了配位矢量（coordinate vector）的概念来描述金属离子与刚性配体间的相互作用，定义了配合物中与主对称轴垂直的平面为螯合平面（chelate plane），利用螯合平面具有的方向性构筑出具有高度对称性的金属有机笼。例如，在 M_4L_6 四面体中，每个金属配合物的三个配位矢量形成一个具有 C_3 对称性的螯合平面，且同一配体与两个金属离子形成的对称配位键的夹角为 70.6°，如图 4-2（b）所示。该策略要求所涉及的有机配体与选取的金属离子在几何构型上高度匹配，并且已发展成为合成具有高对称性金属有机笼模板的高效策略。

4.1.1.3 分子镶板策略

分子镶板策略是将具有不同配位的多边形有机配体作为面板构筑单元，将金属离子作为各面板构筑单元的连接基团，经过配位自组装而形成具有不同对称面与不同结构特征的金属有机笼，如图 4-2（c）所示。该策略是定向键合策略的一种延伸。Fujita 教授课题组首先通过这种策略合成了一系列柏拉图金属 - 有机笼[14]。这种策略最大的优点是能够合成具有大尺寸内部空腔的结构。例如，Fujita 教授课题组曾报道了一种由 6 个三角形配体和 18 个过渡金属 Pd^{2+} 等 24 组分自组装而形成的具有封闭中空笼状结构的纳米级分子胶囊。该 $M_{18}L_6$ 金属有机笼呈立方体结构，三角形配体作为面与棱上的金属离子配位螯合为一个整体，其空腔内部体积约为 $0.9nm^3$。

除上述主要构筑策略外，Mirkin 教授还提出了基于柔性配体和过渡金属的弱连接策略[15]。与前面所述构筑策略不同的是，弱连接策略要求配体是构象灵活的柔性配体，且组装过程中的金属可进一步反应而不会破坏原有结构。剑桥大学的 Nitschke 教授将金属有机配位过程和化学共价键合过程协同进行，创新地开拓了两种成键过程双重驱动的亚组分自组装策略[16]。将构筑超分子结构所需的多种简单原料按照一定的计量比同时加入到一个反应体系中，同时生产可逆的配位键或共价键，从而构筑复杂而精密的金属有机笼。这种策略一般用带多齿吡啶亚胺结构的配体作为超分子的面或棱，而用具有空间八面体配位的金属离子（Fe^{2+}、Co^{2+}、Ni^{2+} 等）作为顶点。在该"一锅法"合成过程中，可同时生成动态的共价键（N＝C 键）和配位键（N→金属），其优势是通过简单易得的亚组分可以合成大量复杂有序的金属有机笼结构体系。例如，Nitschke 课题组以卟啉衍生物作为原料，与 Co（Ⅱ）在室温和 60℃时分别可以形成 D_4- 对称和 O- 对称的八面体 $M_{12}L_6$ 金属有机笼 **3** 和 **1**，且 D_4- 对称的八面体金属有机笼 **3** 在 70℃加热条件下可以转化为 O- 对称的八面体金属有机笼 **1**。D_4- 对称和 O- 对称的金属有机笼在结合客体分子 C_{60} 之后，会形成 S_6- 对称的八面体 **2**，如图 4-4 所示[17]。

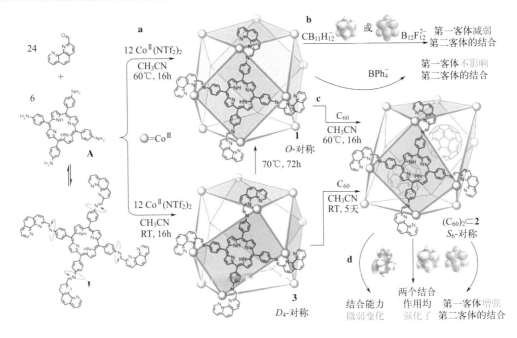

图 4-4　亚组分自组装策略构筑具有温度和客体响应性的金属有机笼[17]

4.1.2　金属有机笼的应用

4.1.2.1　催化

MOCs 在超分子催化领域非常有吸引力，因为它们的空腔结构和功能可根据金属节点、配体的尺寸和功能进行调节，提供相对刚性和疏水的特性。这些空腔可以模拟类似于生物酶的空间，可包裹客体分子，稳定反应中间体，为空腔中的客体分子提供多种特殊的物理化学作用力等，从而可以作为超分子仿生催化剂加速反应进程，实现客体的尺寸选择、区域选择及立体选择[18]。

MOCs 的催化特性可表现在限域空腔方面。分子笼作为容器，为催化剂和底物提供限域空腔，增加催化剂与底物之间的相互作用，因此笼腔的尺寸和对称性对于超分子转化至关重要。2002 年，Fujita 等[19]合成了经典的金属有机笼 Pd_6L_4，并利用 MOCs 的限域特征实现了苊烯和萘醌的特异性光二聚反应。该二聚反应表现出较高的选择性，产物全为顺式结构。在 2006 年，Fujita 课题组再次报道了 Pd_6L_4 体系中的 Diels-Alder 反应[20]。金属有机笼的限域空腔，使得蒽的 1,4 位点暴露给亲双烯体马来酰亚胺，并且拉近了两者间的距离，最终获得了 1,4 位加成的产物，而不是与蒽的高反应活性加成位点 9,10 位的加成产物，如图 4-5 所示。基于该工作，他们首次提出了"分子反应器"的概念。

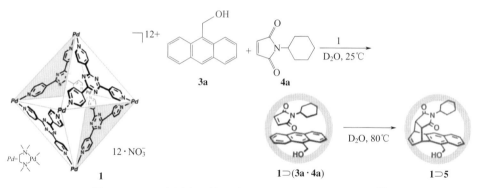

图 4-5　Pd₆L₄ 金属有机笼限域空腔中的 Diels-Alder 反应[20]

MOCs 的限域空腔在富集、固定和活化底物的同时，若进一步将活性构筑基元引入笼结构，进而设计具有化学活性的金属有机笼，则不仅可以产生特定的主客体识别，还可以赋予 MOCs 能量传递、电子转移、不对称诱导、催化等诸多特性，实现微纳限域的配位空间功能化设计和应用。基于上述配位超分子自组装和配位空间功能化的策略，苏成勇教授组制备了同时集光氧化还原活性和催化活性中心于一体的 Ru-Pd 异金属分子笼（MOC-16），并将其应用于不对称光催化偶联反应，实现了萘酚及其衍生物的区域和对映体选择性光催化偶联，如图 4-6（a）所示[21]。之后，他们又发现该分子笼的限域空腔，具有氧化还原活性的四硫富瓦烯（TTF）客体可以发挥电子中继体的作用，通过与分子笼光化学产氢的氧化还原过程协同耦合，大大提高了电子传递效率，进而显著提升光催化产氢性能，如图 4-6（b）所示[22]。在 TTF 分子的调节下，MOC-16 分子笼 47h 的产氢量高达 2680μmol（TON=1015），几乎是不存在 TTF 情况下的两倍。进一步研究表明，TTF 作为电子中继体在 MOC-16 限域空间发生的氧化还原耦合作用促进了电荷分离及电子传递，这是提升产氢能力的关键。MOC-16 金属有机笼具有高正电荷、多孔窗口、质子电离等特性，适于在均相体系中营造笼内外（笼内空间和笼外溶

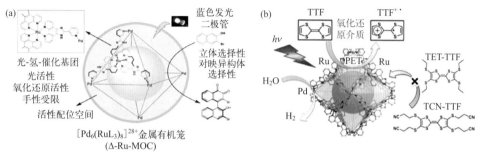

图 4-6　金属有机笼 MOC-16 应用于不对称光催化（a）和光催化产氢（b）

液）环境、性质完全不同的异相性，进而形成具有多相性、多功能性的溶液微纳空间作为分子反应器。最近，他们又提出以开放多孔笼溶液为液体异相性超分子催化平台，利用仿酶超分子笼效应实现了多功能笼限域催化[23]。

金属有机笼具有稳定的限域疏水空腔，还可以通过共价或者非共价相互作用将各种催化剂包含在空腔内部。MOCs 不仅可以有效地在空间上分离催化剂分子以防止其自猝灭和失活，而且由于单个超分子笼可以包封不止一个催化剂，包封的催化剂的局部浓度显著提高。2020 年，段春迎教授课题组将还原型辅酶 I（NADH）的模拟物黄素类似物包合进了金属有机超分子笼里，将黄素类似物与酶一起进行催化仿生单氧化[24]。如图 4-7 所示，这种主客体催化剂系统将人工催化和空腔的天然酶催化相结合，允许通过 NADH 模拟物在两个催化过程之间传输质子和电子，实现了环丁烷酮和硫醚的单氧化。这种主客体方法将人工酶和生物酶催化剂直接偶联，与传统的催化剂 - 酶系统相比，展现出了超分子体系的独特优势。

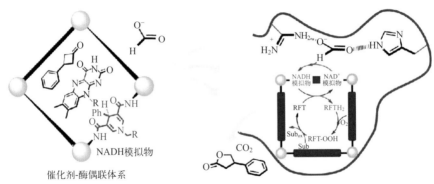

图 4-7　人工酶与天然酶偶联的催化体系[24]

4.1.2.2　分离与提纯

MOCs 是由不同的配体和金属离子通过自组装而形成的一类分子容器，MOCs 笼形腔的形状、大小和功能的精确调控使它们能够选择性地结合并分离溶液中各种物理化学性质相似的物质，可分离的范围也从气体和液体拓展到溶解在溶液中的化合物，在分离与提纯领域显示出了巨大的应用前景[25]。

金属有机笼可以作为液相萃取剂，而这要求目标分子与分子笼间有足够强的亲和力可以将其从一个相萃取到另一个相。作为萃取剂应用时，通常要求 MOCs 在不同的溶剂中具有较好的稳定性。目前，从无机物到有机物，从生物小分子到富勒烯，MOCs 均表现出了良好的选择性可控捕获和分离。例如，Nitschke 教授报道了由 6 分子的带磺酸基的氨基单体、12 分子吡啶醛与 4 分子亚铁离子在水中定量组装成的四面体金属有机笼，并实现了对白磷的封装，如图 4-8 所示[26]。

作者巧妙利用了四面体金属有机笼在水中分散溶解的特性，并且能结合客体——白磷四面体，将白磷分子以 1 : 1 结合进入有机笼内，从而分散溶解在水中，而水中虽然会溶解氧气，但是若氧气氧化白磷的中间断键，成键产物都会被四面体笼本身基团所阻碍，从而保护了白磷分子免于氧气破坏。添加竞争性的客体（例如苯），可以使封装的白磷得到释放。

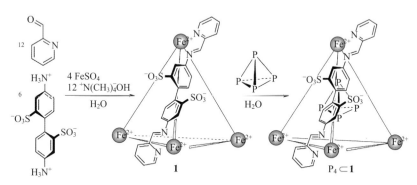

图 4-8　四面体金属有机笼实现对白磷的封装 [26]

在传统的石化工业生产中，烷烃、烯烃、二甲苯等碳氢化合物作为重要的化工原料，主要通过精馏进行分离提纯，能耗高、经济效益低。最近，韩英锋教授团队将修饰有亲水基团的卡宾衍生物作为有机桥连配体，与水溶性夹心三核钯有机金属基元自组装，构筑了一类含有金属 - 金属键多中心基元的水溶性金属有机笼 [27]。利用该超分子笼良好的水溶性、高的稳定性及特有的疏水空腔，实现了 $C_6 \sim C_9$ 烷烃、系列二取代苯异构体以及十氢化萘顺反异构体的高效分离，如图 4-9 所示。作者利用金属有机笼与不同异构体间亲和力的显著差异，从二甲苯

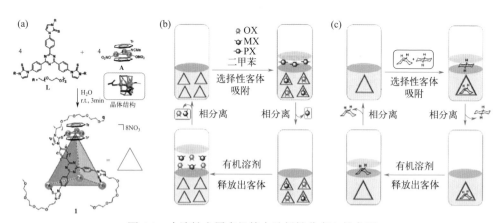

图 4-9　水溶性金属有机笼在选择性分离上的应用

（a）水溶性金属有机笼的合成；（b）和（c）超分子笼实现对二取代苯和十氢化萘顺反异构体的选择性分离 [27]

异构体中分离出对二甲苯的纯度大于 99.9%；而从十氢化萘顺反异构体中分离出反式十氢化萘的纯度也可高达 99.6%。值得一提的是，该超分子笼具有可回收性，实验结果显示循环使用 5 次后，其分离性能还能得以保持。

晶态或非晶态的 MOCs 也可以被直接用作固 - 液相萃取的吸附材料。在结晶性 MOCs 中，其均一的排列可以提供额外的分离通道；而无定形态 MOCs 的吸附与分离性能则主要由金属有机笼的固有空腔所决定。富勒烯具有独特的零维笼形结构以及特殊的物理化学性质，是近年来最重要的碳纳米材料之一。富勒烯及其衍生物在电、光、磁、材料学等方面都得到了广泛的应用，而这些应用都对富勒烯及其衍生物的纯度有较高的要求。富勒烯的提纯包含一系列复杂的物理化学过程，极大地提高了富勒烯的应用成本。Ribas 等提出了一种利用晶态金属有机笼来实现富勒烯及其衍生物选择性分离的方法 [28]。如图 4-10 所示，该 MOC 由四个大环双核 Pd（Ⅱ）配合物和两个等效的四羧酸卟啉锌构成，四方棱柱形配位笼提供了四个入口，具有足够的空间来封装不同尺寸的富勒烯衍生物，且在甲苯 /乙腈溶液中，C_{70}、C_{78}、C_{84} 等尺寸较大的衍生物表现出更强的亲和力。通过将固体金属有机笼浸没在富勒烯衍生物的甲苯溶液中或者将其与硅藻土共混制备短的

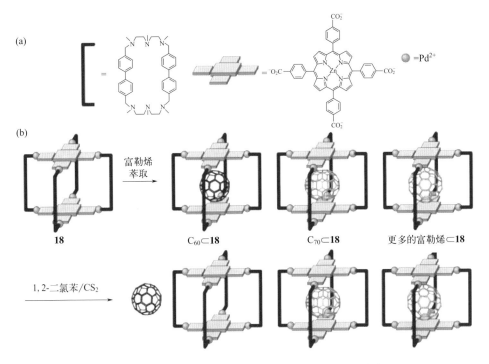

图 4-10　晶态金属有机笼用于富勒烯及其衍生物的分离

（a）金属笼的构筑单元；（b）金属有机笼选择性分离 C_{60} [28]

分离柱，再将富勒烯衍生物的甲苯溶液通过该短柱，可以实现富勒烯衍生物的吸附，再用 1,2- 二氯苯 /CS_2（体积比为 1 ：1）混合溶剂淋洗，便可以实现 C_{60} 的释放，其过程如图 4-10 所示。纯化过程结束后，空笼可在乙腈中回收，并可重复用于富勒烯的纯化过程。将上述 MOC 的金属离子 Pd（Ⅱ）替换为 Cu（Ⅱ），所获得的金属有机笼可实现富勒烯包合物 $Sc_3N@C_{80}$ 的选择性分离与提纯[29]。

除独立使用外，由于其较好的溶解性且易于加工，MOCs 还可以通过涂覆、包埋、偶联等方式与其他载体复合，以增强其分离性能。最近，MOCs 被用于色谱分离柱的功能化，而这些被修饰过的色谱柱在手性分离方面表现出优异的性能。袁黎明等[30] 将单一手性金属有机笼涂覆到毛细管柱的内壁，进而用于高分辨色谱分离，成功实现了对包括正构烷烃、多环芳烃和位置异构体在内的分析物的高效气相色谱分离。实验结果表明，该手性 MOCs 修饰后的毛细管分离柱特别适用于醇类、二醇类、环氧化物、醚类、卤代烃类、酯类等的外消旋体分离。

MOCs 还可以作为填料掺入高分子材料中，制备得到混合基质膜，获得相比于纯聚合物膜更好的分离效果。仲崇立等[31] 将磺酸盐基团修饰的可溶性 MOCs 作为填料掺杂到聚砜（PSF）中，得到了基于 MOCs 的混合基质膜。磺酸盐基团修饰使得 MOCs 在混合基质膜中具有更好的分散性和黏合力。实验结果表明，与纯 PSF 膜相比，当 MOCs 的添加量为 12% 时，CO_2 的透过性和分离因子分别得到了 81%、60% 的提升，可以用于有效分离 CO_2/CH_4 混合物。Cook 等[32] 则详细研究了将不同金属离子（Cu^{2+}，Pd^{2+}，Fe^{2+}）的离散金属有机笼作为填料掺杂到聚偏氟乙烯（PVDF）中，制备得到的混合基质膜在气体分离中的表现，并与金属有机框架 MOF-5 形成的混合基质膜进行了对比。实验结果表明，由于 MOCs 的增溶作用，当可溶性的 MOCs 掺杂到 PVDF 中时，能获得比不溶性 MOCs 或 MOF-5 掺杂更均匀、柔韧性更好的混合基质膜。该结果说明，MOCs 在制备混合基质膜方面具有一定的优越性。

虽然 MOCs 凭借其优异的溶解性在混合基质膜中能够均匀分布，但是仍然存在填充剂与高分子间结合力弱的问题，导致膜在某些应用中可能出现笼子滤出的问题。MOCs 具有良好的溶解度、丰富的活性有机位点和金属位点，可以通过化学键连接来增强其与高分子之间的结合力。MOCs 与高分子间的化学键连接，主要有"高分子优先"[33] 和"MOCs 优先"[34] 两种策略。然而，这些复合材料主要呈粉末或凝胶状态，限制了它们的应用领域，特别是在膜技术方面的应用。为了克服该问题，张振杰教授等[35] 提出了超交联金属有机笼的概念，通过将可溶性 MOCs 作为交联共聚单体和高连接节点制备了一类新型的超交联膜。如图 4-11 所示，作者将合成聚亚胺高分子的三种单体与 MOCs 进行共聚，通过调节 MOCs 的用量，制备出一系列超交联 MOCs- 高分子复合膜。这种新的膜材料，既可以克服混合基质膜制备方法的缺点，同时保留了高分子链本身的优点（例如柔性、可加工性等），还获得了许多独特的性质（例如高强度、选择性等），为 MOCs 和膜材料的发展提供了新方向。

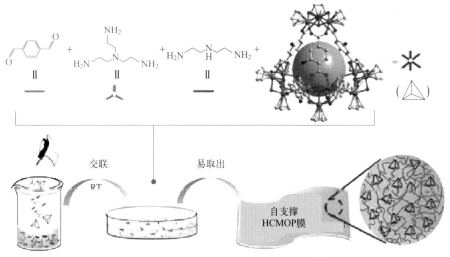

图 4-11　基于 MOCs 的超交联膜合成 [35]

4.1.2.3　生物医药

MOCs 结合了易于调控的有机配体及多样配位构型的金属离子的特点，可以很方便地设计、构筑具有特殊几何形状和尺寸的结构。正是由于 MOCs 可精确控制的内腔和良好的光物理性质，其在药物运输、癌症治疗以及生物成像等方面表现出显著的优势 [36]。

MOCs 的固有空腔促进了主客体的化学反应，可以实现药物的输送和传递。许多药物在体内的稳定性不理想，通过金属有机容器的封装，可以防止药物的分解。此外，利用 MOCs 的富集作用，可以实现药物的高积累，显著增强超分子药物的疗效，减少对正常组织的副作用。2008 年，Therrien 等 [37] 首次报道了一种所谓"特洛伊木马"策略。在该策略中，一个相对疏水的配合物分子被封装在钌金属的 MOCs 的疏水空腔中，并以协同的方式在癌细胞内加速释放。利用类似策略，Lippard 等 [38] 利用 Pt（Ⅳ）前体药物技术和配位驱动的自组装技术，开发了一种新颖的、可控的 Pt 金属给药系统，由具有细胞毒性的 Pt（Ⅳ）前体药物和具有低毒性和高细胞摄取的六核 Pt（Ⅱ）笼组成。金刚烷基单元和金属有机笼之间的主客体相互作用驱动着四个 Pt（Ⅳ）构建块与每个笼状复合体的组装结合，形成一个直径为 3nm 左右的纳米粒子。金属有机笼作为运载工具，Pt（Ⅳ）前体药物作为客体。该自组装超分子进入细胞与抗坏血酸等生物还原剂发生反应后，释放出顺铂，从而导致细胞凋亡。这些发现表明了金属有机笼作为前体药物分子传递系统的潜力。Zheng 等 [39] 进一步发展了一种利用 MOCs 封装并输运 Pt 基抗癌药物的新设计。作者通过主客体相互作用将荧光素偶联的 Pt（Ⅳ）前体药物封装在阳离子笼中，然后与阴离子聚合物形成载药纳米粒。如图 4-12 所示，荧光素衍生物和阳离子笼之间的新型主客体化学作用使铂类前体药物以可控的方式进行封装，而特征荧光和颜色变化使得跟踪封装过程成为可能。

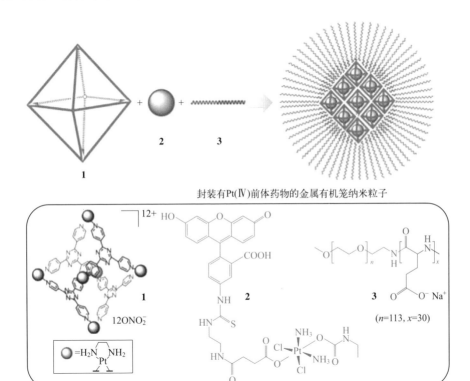

图 4-12　MOCs 封装 Pt（Ⅳ）前体药物在药物输送中的应用 [39]

金属配合物具有潜在的抗菌和抗肿瘤活性，已被广泛研究。当引入有治疗作用的金属离子（如 Fe^{2+} 可用于化学动力治疗）或配体（如化疗药物，卟啉衍生物等）后，金属有机笼也可用于癌症的治疗。Stang 等 [40] 用顺式 $(PEt_3)_2Pt(OTf)_2$ 作为顶点构建了一个多组分协调自组装的四方柱金属有机笼，然后制备出如图 4-13 所示适用于生物环境的金属有机笼纳米颗粒。研究表明，与游离铂类抗癌药物相比，该金属有机笼纳米粒子表现出了更高的抗肿瘤疗效和更低的毒性。该金属有机笼为开发治疗性抗癌药物提供了良好的纳米平台，为给药系统的开发提供了新的蓝图。

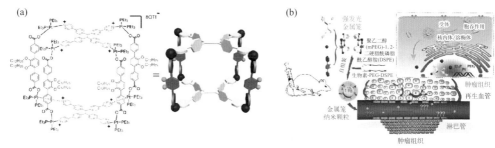

图 4-13　金属有机笼的结构及其在抗癌药物中的应用 [40]

唐本忠教授和王东教授团队通过配位键导向自组装策略将四齿配体 DTTP 与简单的 90 度铂化合物自组装，首次构筑了具有近红外 II 区发光的超分子金属有机笼 C-DTTP（如图 4-14 所示）[41]。由于配体中高的 D-A 强度以及扭曲的分子结构，该金属笼表现出明显的聚集诱导发光特性，且其最大发射波长位于 1005nm，是目前报道的发射波长最长的超分子金属笼。同时，由于金属笼中重原子 Pt 的存在以及它固有的中空结构特性，该金属笼相对于配体展现出更加优异的活性氧产生能力。此外，该金属笼同样具有优异的光热转换性质（包载金属笼的纳米粒子的光热转换效率达到 39.3%）。细胞和动物实验均表明该金属笼相对于配体具有更加优异的肿瘤杀伤能力。

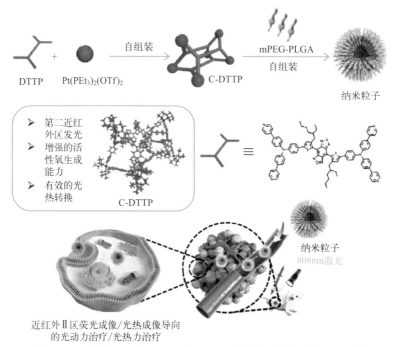

图 4-14　金属有机笼 C-DTTP 的结构及其在抗癌药物中的应用 [41]

MOCs 在生物领域的另一种应用场景是选择性荧光识别和生物成像。2011年，段春迎等[42]报道了首例带氨基的四面体分子笼用于活细胞中 NO 的选择性荧光识别。作者将功能化的三芳胺基团作为荧光基团和芳香堆积作用位点，酰胺基团作为氢键构建基元而合成得到了有机配体，再与稀土金属离子 Ce^{3+}进行配位自组装，构筑得到了 M$_4$L$_4$型中型金属有机四面体笼，实现了对自由基 PTIO 的包覆，如图 4-15 所示。同时，利用形成的主客体包合物对 NO 有高选择性和

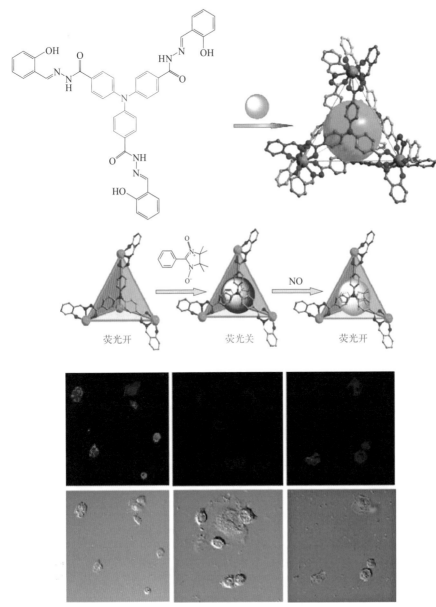

荧光开　　　　　　荧光关　　　　　　荧光开

图 4-15　Ce-MOCs 在活细胞中实现 NO 的荧光识别[42]

高灵敏的识别，并将正常的 EPR 响应转换为更灵敏的荧光信号，检测极限提高到 5nmol·L^{-1}。四面体结构的存在促进了 PTIO 和 NO 的反应，由于结构的中性和酰胺基团所营造的特殊的亲/疏水环境，首次实现了 MOCs 应用于活体细胞成像。利用选择的萘酐衍生物与邻苯二胺化合物的绿色荧光和三苯胺基团有效的能量匹配，实现了 FRET 过程对 NO 的比率荧光识别研究。

陈小元教授等[43]通过多组分配位驱动自组装，开发了一种有机铂（Ⅱ）金属有机笼，如图 4-16 所示。Pt（Ⅱ）金属有机笼的形成减弱了卟啉分子间的 π-π 堆积，导致荧光发射增强，有利于近红外成像（NIR），显示出高的信噪比。除在体内荧光成像外，由于卟啉对金属离子有很高的亲和力，该金属有机笼还可以分别螯合顺磁性 Mn^{2+} 或正电子发射金属离子 ^{64}Cu，作为造影剂在磁共振成像（MRI）或正电子发射断层扫描（PET）中发挥作用。负载有该金属笼的纳米颗粒（MNPs）具有三模态成像能力，可以精确诊断肿瘤并实时监测 MNPs 的生物分布和体内清除情况。实验结果表明，MNPs 对 U87MG、耐药 A2780CIS、原位肿瘤等均有良好的抗转移和抗肿瘤性能。经单次治疗后均无复发，体现了很好的光-化学协同抗肿瘤效果。

稀土元素具有独特的光、电、磁性质，在生物成像、传感、催化、单分子磁体与上转换发光材料等众多领域中具有重要应用。与过渡金属不同，镧系离子由于配位数和构型复杂多变且难以控制，镧系功能配合物的溶液可控自组装具有很大的挑战性。特别是，目前报道的大部分镧系金属有机笼都是由中性基团与镧系

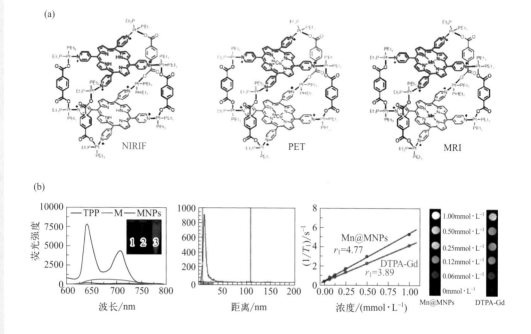

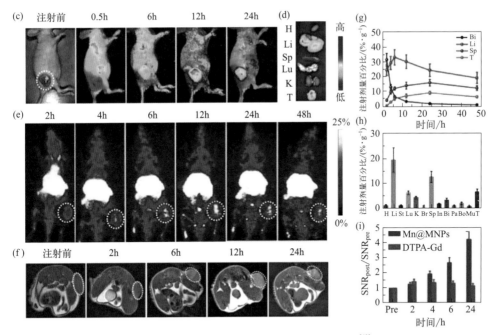

图 4-16　金属有机笼 MNPs 应用于多模态成像[43]

离子螯合的，在极性溶剂（如 DMSO 和水溶液）中很不稳定，极大地限制了它们在生物领域中的应用。最近，孙庆福等[44]首次利用去质子组装策略及多组分协同增强效应，解决了多组分镧系分子笼在水中稳定性和溶解性差的瓶颈问题。所报道的系列 $Ln_{2n}L_{3n}$ 水溶性镧系分子笼，在 DMSO/ 水中表现出极大的光致发光量子效率和纵向弛豫速率，可作为潜在的磁共振成像造影剂用于小鼠活体成像。同时，作者通过混金属组装策略成功构筑了 Eu/Gd 双金属掺杂分子笼，并成功展示它在细胞荧光标记和磁共振成像双模式成像中的应用潜力，如图 4-17 所示。

金属有机笼由于其结构的特异性和多样性，近年来受到了广泛关注。本章节从 MOCs 的主要构筑策略及其应用举例，对 MOCs 进行了梳理。尽管金属有机笼已经取得了巨大的发展，但是相比于金属有机框架材料，仍显落后。同时，MOCs 材料仍然有许多亟待解决的难题，例如，如何构建对称性更低的 MOCs[45]，如何将金属有机笼进一步组装成结构复杂、空腔可调的超分子骨架[46]，如何通过金属节点和配体连接子的精细设计和排列实现预设手性单元的手性保留、增强、传导和扩增等。而对这些问题的系统研究和进一步探索将为 MOCs 的组装和应用提供更丰富的理论和实验依据。

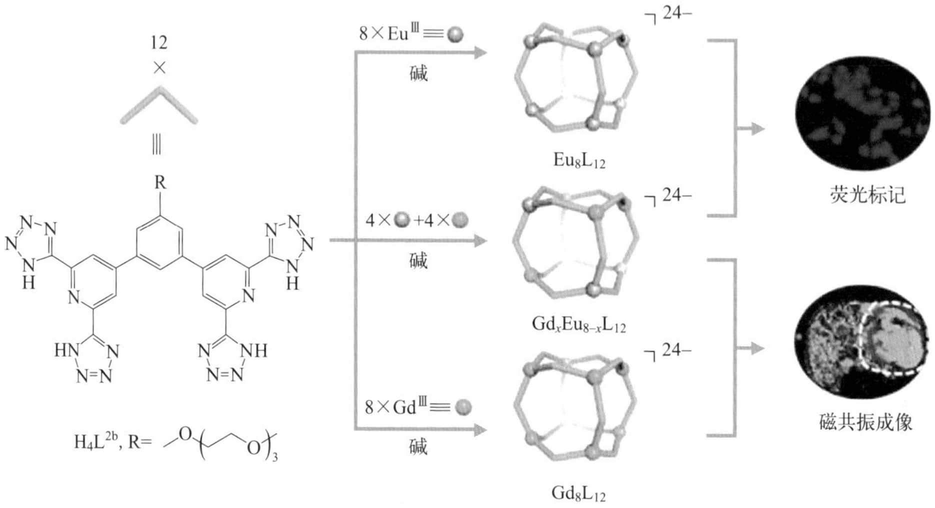

图 4-17 Ln_aL_{12} 型镧系分子笼在生物成像方面的应用[44]

4.2

多孔有机笼

1976 年，Barrer 和 Shanson 报道了一种有机小分子，这种化合物从溶液中结晶时会形成包合物，并且在其纯净固体形式下可以吸附气体[47]。他们认为这种化合物的性质像"有机沸石"，而它吸附气体的性质归因于其多孔的结晶性分子晶格。Barrer 和 Shanson 认为这种框架的主体结构没有沸石框架的那么刚性，并且客体分子能够进入主体结构的空腔，尽管主体结构没有进入空腔的窗口。后续研究结果表明，这通常是多孔分子固体的一个决定性特征，它们晶格中的亚基是通过较弱的相互作用力连接起来的，例如氢键和范德华力，不同于其他通过金属键、共价键或配位键连接的分子框架。因此多孔有机笼的结构相对更加灵活，能够允许其他分子从一个空腔进入另一个空腔。POCs 作为一种新型的多孔材料，具有许多区别于传统多孔材料的性质，因此具有更为广泛的应用[48]。

多孔有机笼的发现并不算晚，但在最近几年才得到快速的发展，主要归因于三点：首先，用气体吸附来确定孔隙率的技术在材料化学实验室越来越常见；其次，鉴定晶体结构的能力在 X 射线源强度（例如，使用同步加速器设备）和晶体学方法方面都有了长足的进步；最后，动态共价化学领域的发展更加成熟，为多孔有机笼的发展奠定了基础。自从 2009 年报道首例 POCs 以来，各种各样具有不同形状和大小的 POCs 被合成出来，如图 4-18 所示。本小节中，我们将从其构筑策略及应用等方面的研究进展对多孔有机笼进行介绍。

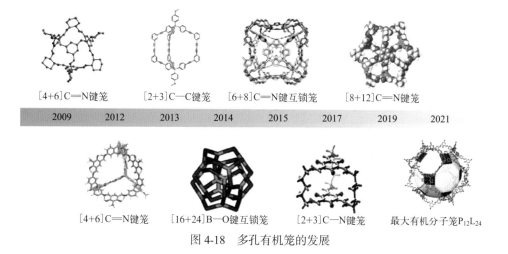

图 4-18　多孔有机笼的发展

4.2.1　多孔有机笼的构筑策略

作为一种笼状分子，POCs 的合成颇具挑战性。最初，研究人员采用不可逆反应来构筑 POCs。但是由于不可逆反应过程受动力学控制，往往产率低，提纯困难。而动态共价化学反应[49]的出现，极大促进了 POCs 的发展。动态共价化学反应受热力学控制，反应过程可逆且最终生成热力学稳定的产物，从而避免了烦琐的合成步骤和复杂的提纯过程，使得人们可以简单高效地构筑 POCs。目前，构筑 POCs 的主要方法包括亚胺缩合反应、硼酸缩合反应和烯 / 炔烃复分解反应等。

4.2.1.1　亚胺缩合反应

醛和胺在热力学条件下可逆脱水缩合形成亚胺键的反应即亚胺缩合反应。该反应的条件温和，产率高，经常用于多孔有机笼的构筑。最初，POCs 通常是逐步合成的，这不仅费力而且产率较低。1988 年，MacDowell 等[50]首次报道了基于三元胺和芳香族二醛的 [2+3] 亚胺笼的一锅法高产率合成，产率大约为 50%。该报道利用了胺和醛的亚胺可逆缩合反应，后来被其他人用来制造更大的笼。在 1991 年，Cram 等[51]利用亚胺缩合反应制得盒状 POCs。在 2009 年，Cooper 等[52]通过二胺与三醛之间的亚胺缩合反应合成了一系列包含三个四面体的 POCs，并利用气体吸附实验证明多孔有机笼具有永久孔隙率。这些分子均具有典型的 I 型气体吸附曲线，而其 BET 比表面积高达 $10^3 m^2 \cdot g^{-1}$（取决于多晶型和结晶度），是当时报道的分子固体最高的。但是，该记录没有持续很长时间。2012 年，Mastalerz 等[53]合成了基于三蝶烯连接的多孔亚胺笼，其包括四个三向单元和六个双向单元，其 BET 比表面积要高得多，约为 $2000m^2 \cdot g^{-1}$，如图 4-19 所示。与 Cooper 等报道的 POCs 类似，他们发现这些多孔亚胺笼的外围官能团可以改变晶体的堆积，从而改变孔隙率。

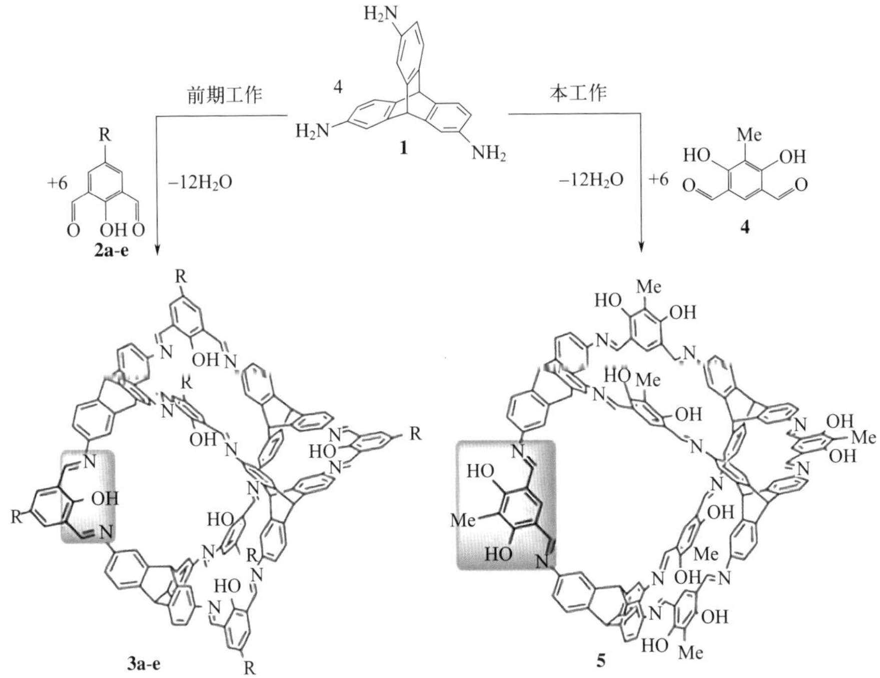

图 4-19　"一锅法"合成 [4+6] 亚胺类多孔有机笼[53]

卟啉由于其光物理和氧化还原特性而被广泛用于功能分子体系，因此将卟啉单元引入共价笼中引起了人们的极大兴趣，并且已经报道了几种共价卟啉笼。但是，对于所有这些报道的笼子，产率并不是很高，并且不是定量的。2015 年，汪成课题组通过模板定向亚胺缩合反应，合成了一类具有不同间隔长度的共价卟啉笼，如图 4-20 所示[54]。通过选择模板连接基团和二胺的长度，能够一步选择性地形成两个具有不同腔体尺寸的共价卟啉笼。通过 X 射线衍射进一步证实，cage-3 中共面卟啉之间的距离为 7.66Å，而 cage-4 中共面卟啉之间的距离为 11.96Å。模板定向亚胺缩合反应通常可用于合成不同尺寸的共价卟啉笼。

亚胺缩合反应无疑为 POCs 的合成提供了一个有效的路径，但是碳氮双键连接的分子笼对水、酸碱等较为敏感，将碳氮双键还原可以提高分子笼的稳定性。Cooper 等[55] 通过将亚胺笼分子还原为胺，以提高其化学稳定性。这会增加分子笼的灵活性，往往导致氨基 POCs 不会表现出永久性的固态孔隙率。巧妙的是，他们通过将笼顶点的氨基与羰基（例如甲醛）绑在一起来实现胺笼中的形状持久性，如图 4-21 所示。在酸性和碱性条件（pH1.7 ～ 12.3）下，许多其他多孔结晶固体将解离，但该分子笼显示出前所未有的稳定性。

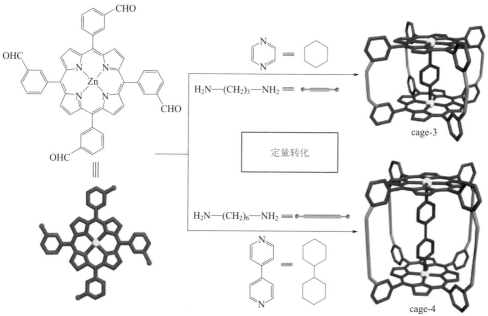

图 4-20　模板定向亚胺缩合反应合成 POCs[54]

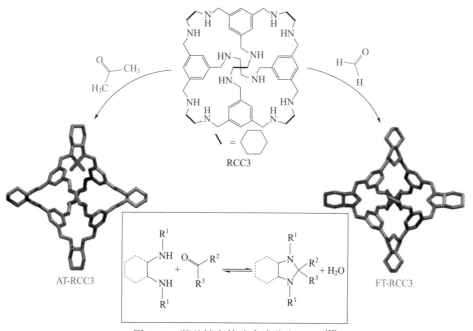

图 4-21　羰基锁定策略合成稳定 POCs[55]

4.2.1.2 硼酸缩合反应

硼酸和醇缩合脱水形成硼酸酯的反应以及硼酸的自聚反应都属于硼酸缩合反应。这类反应为合成复杂分子提供了一条简单、高效的合成策略。2009 年，Kubo 等[56]首次利用多羟基化合物和硼酸衍生物制备得到刚性硼酸酯分子笼，并且通过改变溶液的 pH 值实现了对分子笼动态行为的调控。这一发现为发展可逆地将化学物质捕获、存储并输送材料提供了一种有效的方法。

在利用动态共价反应合成更大尺寸的 POCs 时，面临着大孔隙分子笼在去溶剂化之后塌陷的问题，所以需要寻找新的构筑方法来解决这一问题。2014 年，Mastalerz 等[57]通过 12 个三蝶烯四醇分子和 8 个三硼酸分子间的硼酸缩合反应合成了形状持久的笼状化合物，如图 4-22 所示。笼状化合物带有最小内径为 2.6nm和最大内径为 3.1nm 的空腔，具有非常高的比表面积（3758$m^2 \cdot g^{-1}$），并且在去除溶剂后分子笼的形状得以保持。后来，他们又通过羟基分子和二硼酸分子合成一系列 [4+6] 笼状分子[58]。这类笼状分子都具有较大的比表面积，同时可以选择性地吸附乙烷分子。

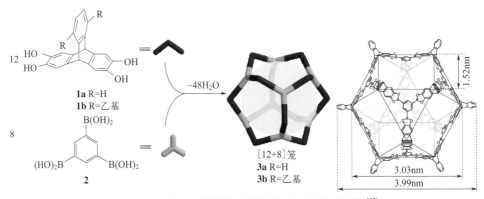

图 4-22　形状持久笼状化合物的合成及其分子结构[57]

2014 年，Beuerle 等[59]研究了反应物的立体构型对分子笼结构的影响。他们选用立体键角为 89.3° 的三苯三戊并烯衍生物（tribenzotriquinacene，TBTQs）首次合成了高度对称的 POCs，如图 4-23 所示。由于 TBTQ 前体和线性二硼酸合成简单且结构易修饰，该策略为合成更多的 POCs 提供可能。2021 年，他们进一步研究了三苯三戊并烯顶点取代基和对二苯硼酸 2,5 位取代基对所合成多孔有机笼性能的影响[60]。当 TBTQ 顶点为正丁基时，得到了可溶的多孔有机笼。相比之下，甲基取代的笼状物自发结晶为具有相同结构和高孔隙率的固体，BET 比表面积和孔体积高达 3426$m^2 \cdot g^{-1}$ 和 1.82$cm^3 \cdot g^{-1}$。实验表明，在 0.97 ～ 2.2nm 范围内，交替的微孔和介孔呈复杂的立方排列，可由对二苯硼酸 2,5- 位烷基取代基进行微调。

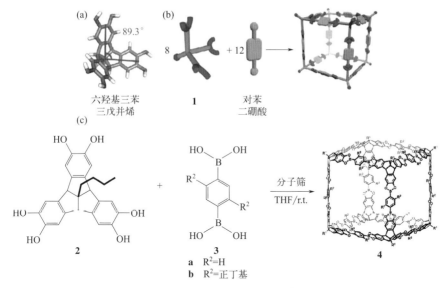

六羟基三苯
三戊并烯　　　1　　　对苯
　　　　　　　　　　　二硼酸

HO　OH

R²

HO　OH
B
R²
HO　OH
B
HO　OH

分子筛
THF/r.t.

2

3
a　R²=H
b　R²=正丁基

4

图 4-23　立体 POCs 的合成 [59]

　　尽管通过硼酸酯化反应合成 POCs 的方法简单、条件温和，通常可以通过"一锅法"得到，但是在酸碱度或湿度大的条件下，硼氧键连接的分子笼容易发生解离，因而限制了这类 POCs 的应用。

4.2.1.3　烯 / 炔烃复分解反应

　　烯烃复分解反应是指烯烃在某些金属的催化下，发生双键断裂并重新组合成新的烯烃的反应[61]。相应地，炔烃复分解反应是指炔烃在某些金属的催化下，三键发生断裂并重新组合成新的炔烃的反应。相比于亚胺键和硼氧键连接的 POCs，乙烯基或乙炔基连接的有机笼，尤其是亚芳基乙炔基有机笼，由于其形状持久性和共轭骨架结构而引起了极大的关注。这类分子笼具有有趣的主客体相互作用和光电特性。但是乙烯基或乙炔基连接的有机笼较为少见，这主要是由于形成这种封闭的三维结构的复杂性以及合适的催化剂和单体几何形状的可用性有限。

　　2003 年，Konishi 等 [62] 报道了一种带有四个末端烯烃官能团的 meso- 四芳基锌配位卟啉，而组装后的卟啉单元通过分子间烯烃复分解交联，合成了一种新型的分子笼。这个多孔笼将 1.4nm 的金簇限制在六卟啉笼中，分子笼对簇核显示出显著的封装能力，但允许小分子相互渗透到间隙空间中。考虑到金属卟啉和金簇的独特光化学 / 电子特性以及它们之间可能的协同效应，新的复合体系结构在材料科学中具有良好的应用潜力。

　　2011 年，张伟等 [63] 首次成功地利用了炔烃复分解反应，从易于获得的卟啉基前体一步构建了新型的 3D 矩形棱柱形分子笼 COP-5。COP-5 由刚性的卟啉和咔唑片段以及线型乙炔基接头组成，具有形状持久性。COP-5 是富勒烯的极好受体，显示了与 C_{70} 结合的前所未有的高选择性（$K_{C_{70}}/K_{C_{60}} > 1000$，如图 4-24 所示）。此外，该多孔笼和富勒烯之间的配位在酸碱影响下是完全可逆的，因此通过"选择性配位 - 解配位"策略成功地从富含 C_{60} 的富勒烯混合物（C_{60}/C_{70} 的摩尔比为 10/1）中分离得到 C_{70}。

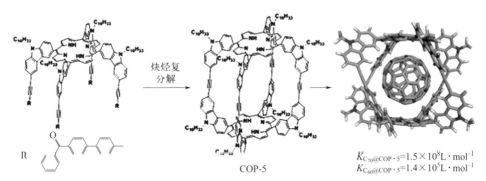

$$K_{C_{70}@COP-5}=1.5 \times 10^8 L \cdot mol^{-1}$$
$$K_{C_{60}@COP-5}=1.4 \times 10^5 L \cdot mol^{-1}$$

图 4-24 通过炔烃复分解反应合成多孔有机笼[63]

2016 年，Moore 等[64] 从简单的三炔前体利用炔烃复分解反应而合成得到了如图 4-25 所示具有永久互锁结构的四面体笼。该工作表明，动力学捕获可以提高动态共价化学反应合成复杂产物的产率。而这些四面体笼提供了一个简单的平台，可以系统地研究炔烃复分解反应在合成多孔有机笼中的动力学，并指导合成更复杂的多面体笼。2019 年，他们又利用炔烃复分解反应的正交性和亚胺键的动态交换性质制备了具有顶点能可逆移除的分子笼[65]。通过组合正交的炔烃和亚胺键，所得的多孔笼具有亚胺连接的顶点，而该顶点在 Sc(OTf)₃ 催化作用下可被去除并替换，如图 4-26 所示。这是正交动态共价化学与炔烃复分解反应相结合用以合成 POCs 的第一个例子。这项工作提供了一种调控多孔有机笼对称性和功能的新策略。

1a：R=乙基
1b：R=异戊氧基

BrMg—⟨⟩—TMS
CuI/THF

2a：R=乙基(61%)
2b：R=异戊氧基(69%)

ICl
CH₂Cl₂

3a：R=乙基(定量)
3b：R=异戊氧基(定量)

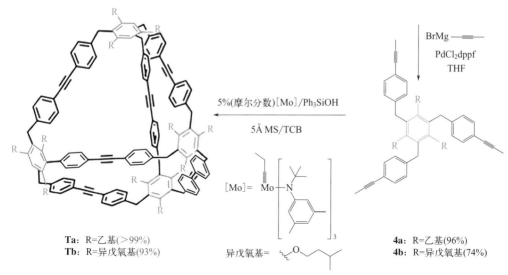

Ta：R=乙基（>99%）
Tb：R=异戊氧基（93%）

异戊氧基＝

4a：R=乙基（96%）
4b：R=异戊氧基（74%）

图 4-25　通过炔烃复分解动力学捕获合成四面体笼[64]

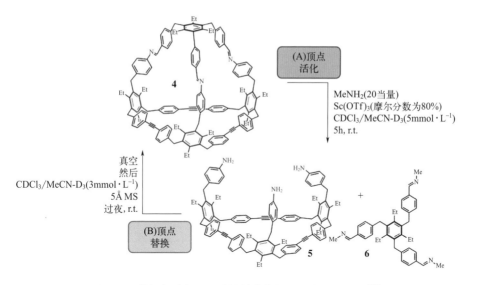

图 4-26　炔烃复分解和亚胺键结合构筑新型多孔有机笼[65]

4.2.2　多孔有机笼的应用

　　得益于高效合成方法的不断发展，近年来 POCs 在分子设计和合成上取得了很大发展，其结构与性能之间的关系也得以深入研究。POCs 由于具有内在空腔，能提供一个屏蔽的微环境，同时具备良好的溶解性、优异的多孔性能及较低的骨架密度等优点，在催化、气体分离、传质媒介及分子反应器等领域具有重要的潜在应用。

4.2.2.1 催化

随着人类社会的不断发展，对于能源的需求也逐步增加，为了减少获得能源的过程对环境带来的影响，人们开发各种各样的催化剂用于能源的产生和转化，同时也专注于减少反应过程中的能源消耗。金属有机框架（MOFs）和共价有机框架（COFs）材料已经被证明是可用于光电催化的优异的催化材料。POCs 作为一种新兴的多孔材料，具有明确的笼内孔隙和笼间孔道，以及结构的可设计性，可用于研究与孔结构和孔隙相关的催化反应。

2020 年，Kim 等[66]报道了一种由 12 个卟啉环和 24 个连接组分所构成的超大笼状分子。在无需模板的条件下，作者将四氨基修饰的卟啉环与含有双醛基的连接组分以 1∶2 的化学计量比相混合，通过一锅法以 17% 的产率合成了笼状分子，其内部空腔直径达到了 4.3nm，是目前所报道的多孔有机笼分子中空腔尺寸最大的。作者以双羟基取代的萘衍生物的光氧化反应为例，对该分子的异相催化性质进行了探索。实验结果表明，与含有较小空腔的同系分子笼相比，具有更大空腔尺寸的分子笼促进了反应底物的传质过程，从而展现出了更高的催化效率。这些研究结果为继续探索这类大空腔 POCs 在大分子递送以及光捕获化学领域的应用奠定了基础。

由于 POCs 诱导的自猝灭效应而导致激发态的量子产率较低，因此能应用于有机反应的可见光光催化 POCs，目前报道还相对较少。最近，姜建壮课题组成功地合成了长度为 3.3nm 具有管状结构的 [3+6] 无金属有机笼，并组装成多孔的超分子框架[67]。分子笼诱导的长寿命三重态对单线态氧的高效产生起着关键作用，进而对苄胺的光氧化起着关键作用。更重要的是，基于卟啉有机笼的多孔超分子框架避免了卟啉分子作为多相催化剂的普遍聚集失活，有效促进了各种伯胺的光氧化偶联反应。该研究结果，揭示了多孔有机笼在非均相光催化中的独特催化活性与分子笼诱导的长寿命三重态和多孔结构有关。该工作为探索具有更大非均相应用潜力的多孔有机笼奠定了基础。他们还利用多孔有机笼和超细金属纳米粒子的协同作用，实现有机反应的协同串联催化[68]。他们将具有优异荧光性能和光催化功能的苯并 [c][1,2,5] 噻二唑（BTD）单元引入多孔有机笼中，合成了具有荧光和光催化性能的多功能管状有机笼，其对钯离子具有选择性的结合。通过控制溶液中 POCs 与 Pd^{2+} 的比例，加入过量 $NaBH_4$，可以调节以有机笼为载体的超细纳米粒子的尺寸。实验结果表明，该多孔有机笼自身可以非均相光催化苯硼酸制备苯酚，而负载在多孔笼上的 Pd 可以催化 4- 硝基苯酚的还原，且性能优于商业 Pd/C。结合多孔分子笼和 Pd 纳米粒子的催化活性，以负载有 Pd 的多孔分子笼为非均相催化剂，成功地实现了 4- 硝基苯硼酸经过 4- 硝基苯酚到 4- 氨基苯酚的串联转化，如图 4-27 所示。

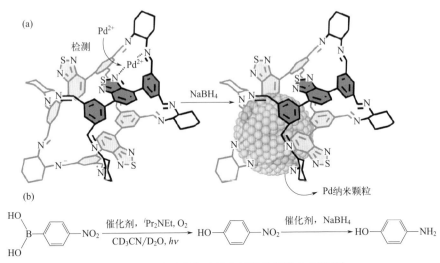

图 4-27　具有非均相光催化活性的微孔有机笼[68]

　　POCs 不仅在光催化方面具有广泛的应用前景，在电催化领域也有良好的表现。例如，Chang 等[69] 报道了一种超分子设计策略，以促进选择性还原 O_2 直接电催化合成 H_2O_2（H_2O_2）。双氧水是一种重要的化工试剂。相比于传统的蒽醌法制备，采用电化学方法合成 H_2O_2，是一种安全、清洁、高效的途径。然而，缺少高活性、高选择性的电催化剂是限制电催化合成 H_2O_2 的主要困难。他们利用一种产物选择性高度可控的氧还原反应（ORR）催化剂——四苯基卟啉钴（Co-TPP）作为基本单元来组装成多孔超分子笼 Co-PB-1（6）。Co-PB-1（6）笼在中性 pH 的水中可以通过电化学 ORR 催化合成 90% ～ 100% 的 H_2O_2，然而 Co-TPP 单体通过电化学 ORR 催化只能合成 50% 混合的 H_2O_2 和 H_2O，如图 4-28 所示。高

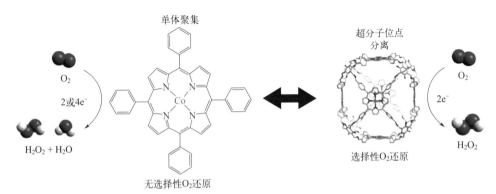

图 4-28　超分子多孔有机笼选择性电化学催化合成 H_2O_2[69]

的 H_2O_2 选择性归因于每个超分子结构中分子单元催化位点的分离。除了传统的主客体相互作用，通过在超分子结构中设计独特的结构来控制反应的选择性为催化应用提供了一种新的思路。

4.2.2.2　气体分离

分离一直是最关键的工业技术之一。在所有工业分离中，具有相似物理和化学性质的相关物种的分离仍然是一个重大挑战，且当前的解决方案通常会造成巨大的能量损失。对于传统的多孔材料来说，良好的分离效果往往要求精确控制孔的几何形状或官能团，而这是极具有挑战性的。多孔有机笼拥有精细可调的孔结构，可模块化合成，加工性良好，在小差异分子的有效分离中具有较好的应用前景。

气体的选择性分离在工业上具有十分重要的意义。POCs 能够自组装形成多孔材料，此类多孔材料不仅具有分子笼的空腔结构，还可以通过堆积形成外孔。因此，利用 POCs 自组装形成的多孔材料去溶剂后产生的外孔和自身具备的内孔可对气体进行选择性分离。在多孔有机笼发现的初期，主要将其用于 CO_2 对 N_2 和 CH_4 的选择性分离，因为它们的分子尺寸相差较大，分离相对容易。2011年，张伟等[70]通过亚胺缩合反应合成了一系列新型的多孔有机笼化合物。在标准温度和压力下，笼状化合物表现出异常高的 CO_2 选择性（CO_2：N_2 的体积比 =138：1）。进一步研究表明，该高选择性不仅与氨基密度有关，还与笼状结构的固有孔径相关。值得一提的是，在这项工作中作者还系统研究了这类新型有机笼的结构 - 性能间的关系，为探索 POCs 材料在气体分离方面的应用提供了一定的设计思路。

后续研究表明，POCs 是分离惰性气体的绝佳材料。在 2014 年，Cooper 等[71]将合成的手性 CC3 分子用于分离稀有气体氙和氪。如图 4-29 所示，它具有一个精确的以容纳单个氙或氪原子的内腔。氙或氪分子的分子尺寸非常接近，其他方法难以将其分离，但是该 POCs 可以有效地将这两种气体分开。同时该分子还具有手性分离的功能，其中 rac-CC3 具有大小选择性，而同手性 CC3 是具有大小选择性和对映选择性的。另外，Cooper 等[72]也用 CC3 分子笼对温室气体 SF_6 进行分离。多孔笼 CC3 在环境温度和压力下显示出较高的 SF_6/N_2 选择性，这可能与 $CC3\alpha$ 分子晶体的灵活性有关。该晶体允许 SF_6 通过协同效应扩散，同时结构松散以与 SF_6 客体产生更紧密、接近理想的相互作用。

纯度 $\geq 99.5\%$ 的 C_2H_4 产品是大多数石化产品（例如聚乙烯、聚氯乙烯、醋酸纤维素和聚乙酸乙烯酯）的主要原料。然而，具有类似性质的烷烃经常在烯烃生产过程中产生，需要分离烯烃 / 烷烃（如 C_2H_4/C_2H_6），这是非常具有挑战性的。2021 年，袁大强等[73] 报道了截短的八面体杯 [4] 间苯二酚芳烃基 POC 吸附剂（CPOC-301，如图 4-30 所示）。它比起吸附 C_2H_4 更容易吸附 C_2H_6，因此可以用作吸收剂以直接从 C_2H_4/C_2H_6 混合物中分离出高纯度 C_2H_4。分子建模研究表明，出色的 C_2H_6 选择性是由于 CPOC-301 中合适的间苯二酚 [4] 芳烃腔，与 C_2H_6 形成比 C_2H_4 客体更多的 C—H···π 氢键。这项工作为利用 POCs 材料高度选择性分离工业上重要的碳氢化合物提供了新的途径。

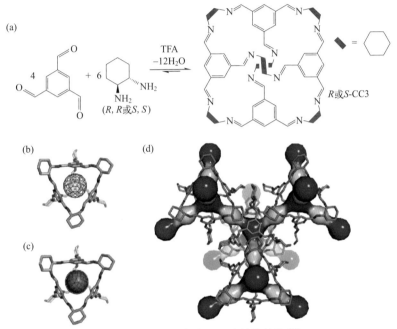

图 4-29　CC3 的合成过程及晶体结构[71]

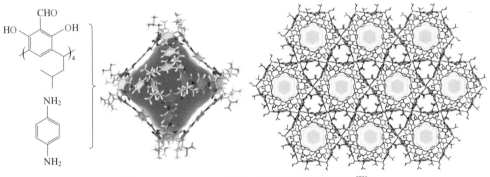

图 4-30　CPOC-301 的合成过程及其晶体结构[73]

由手性单元构筑的 POCs 也可以用作手性分离。例如，邱惠斌等[74] 使用具有固有螺旋分子结构的螺旋烯通过亚胺缩合反应制备共价有机笼。有机笼显示出 [3+2] 型结构，其中包含三链螺旋结构，三个螺旋单元以螺旋桨状排列，框架整体扭曲。进一步研究表明，手性有机笼对一系列芳香化合物外消旋体具有相当大的对映体选择性。

4.2.2.3　传质媒介

孔隙网络是天然的运输通道，与传统聚合物和多孔材料中的一维通道不同，POCs 可以通过堆积离散的分子腔来扩展定向的 2D 和 3D 拓扑网络。这些独特的 3D 通道和多孔有机笼的结构灵活性有利于促进材料内物质的运输。

水分子的传输对于脱盐、废水处理和集水过程至关重要。此外，水分子是最重要和最有效的质子载体。Cooper 课题组率先报道了多孔有机笼分子对水的吸附性 [75]。实验结果显示，多孔有机笼分子 CC3 可以可逆地吸附高达 20.1%（质量分数）的水，且 CC3 晶体在沸水中可以稳定存在至少 4 小时。赵丹等 [76] 通过实验与模拟相结合，研究了一系列 POCs 对水分子和离子的透过性。结果表明，具有纳米级孔隙的零维 POCs 可以有效地隔绝小的阳离子和阴离子，同时允许水分子快速渗透（约每秒 10^9 个水分子），与水通道蛋白的量级相同。通过对孔隙、结构单元刚性、亲疏水性等因素的精细调控，可以有效调节水和离子的选择性透过。而这些可溶液加工的分子通过简单的工程方法可以均匀地加工成膜复合材料，进而应用于海水淡化，展现出了广阔的应用前景。

近几十年来，大气中 CO_2 含量的急剧增加，导致了诸如全球变暖、海平面上升等严重的环境问题。在降低 CO_2 含量的各种技术中，电化学 CO_2 还原反应（CO_2RR）是一种颇具前景的解决方案。已有研究显示，使用流通池可以显著提高 CO_2RR 的效率。在流通池中，催化剂沉积在气体扩散电极上，从而增加了 CO_2、催化剂和电解液之间三相界面的接触。通常，催化剂表面是亲水的，且在反应过程中会完全水合，但是 CO_2 在水系电解液中的溶解度非常有限（室温下，CO_2 在水中的溶解度仅为 33mmol·L^{-1}），CO_2 扩散到催化剂层成为 CO_2RR 的传质限制步骤。因此，增强 CO_2 在催化剂层中的扩散是提高 CO_2RR 效率的关键之一。多孔有机笼 CC3 对 CO_2 表现出了很强的吸附能力，而其孔隙可以用作 CO_2 通道。韩布兴团队 [77] 利用多孔有机笼 CC3 作为添加剂，通过改善 CO_2 在催化剂表面的扩散来提高电化学 CO_2 还原反应效率的策略，如图 4-31 所示。研究表明，CC3 的疏水孔可以吸附大量的 CO_2 并用于反应，且 CC3 中的 CO_2 比在液体电解质中更容易扩散到纳米催化剂表面，促进 CO_2 被还原，并抑制 H_2 的生产。在电流密度为 1.7A·cm^{-2}，使用 Cu- 纳米棒（nr）/CC3 时，用于 CO_2 电化学还原产生多碳产物（C_{2+}）的法拉第效率可达 76.1%，远高于仅使用

Cu-nr 时的效率。该策略为设计其他涉及气体扩散的高效电催化剂层材料提供了新的策略。

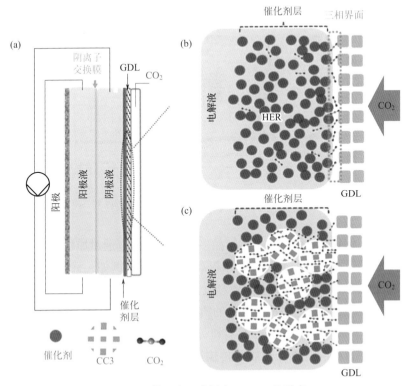

图 4-31　使用流通池提高 CO_2RR 的效率

（a）流通池示意图，GDL 为气体扩散层；（b）普通气体扩散电极（GDE）中的三相界面；

（c）带有 CC3 的 GDE 中的 CO_2 扩散 [77]

在锂电池隔膜涂层材料领域，科研人员对多孔碳、聚合物、无机物、MOFs 和 COFs 等材料已有研究，这些材料可以通过物理约束或化学相互作用限制多硫化物的迁移。与上述材料相比，POCs 材料具备独特的优势：它具有永久性孔隙率，可以给分子笼提供稳定的孔道结构，并用于离子或分子的传输；它还具备溶液可加工性，即 POCs 材料可以挥发溶剂的形式被浇铸成薄膜，从而消除了膜材料对黏合剂的需求，并减少了功能材料之间的间隙。此外，POCs 材料还可用于制备超薄膜以减少电池系统中电解液的用量，保证锂硫电池的高能量密度。2022 年，谢琎等 [78] 报道了一种基于多孔有机笼的 300nm 厚功能层，如图 4-32 所示。这是一种新型的 POCs 材料，可用于离子的快速、选择性传输。这种可溶液加工的薄膜材料具有可控的厚度和可调的孔隙率。在样机中，由 CC3 组装的功能层可以选择性筛选 Li$^+$，有效抑制聚硫化物，所以系统总能量密度的牺牲最小。POCs 薄膜改性隔板使电池具有良好的循环性能和输运能力，为未来高能量密度储能器件的发展提供了有吸引力的路径。

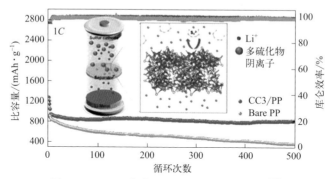

图 4-32　POCs 薄膜用于锂硫电池隔板改性[77]

多孔有机笼作为一种新型可溶结晶多孔材料，可以通过原位结晶将其引入质子交换膜中制备复合质子交换膜，以提高膜的性能。例如，武培怡等[79] 报道了通过溶液浇铸法制备 Nafion-CC3 复合质子交换膜。Nafion 是一种磺化的四氟乙烯基氟聚合物共聚物，是一种商业化的质子交换膜，主要功能是在 80℃ 以下与水结合作为质子传输介质。由于多孔有机笼 CC3 具有高吸水性（质量分数 20.1%）和晶体结构中固有的三维互连质子传输通道，CC3 与 Nafion 基质之间的质子传输性能得到了极大改善。在相同条件（90℃，95% 相对湿度）下，Nafion-CC3 复合膜 NC3-5（添加质量分数为 5% 的 CC3）的质子电导率为 0.27S·cm^{-1}，远高于重铸 Nafion 膜的质子电导率（0.08S·cm^{-1}）。

4.2.2.4　分子反应器

POCs 的空腔具有与外界环境隔绝并维持空腔内部的分子稳定性的特性，可以作为分子反应器，既可用于稳定催化剂纳米颗粒，也可直接用于控制反应。

粒径在金属纳米粒子（MNPs）的性能中起着关键作用，然而金属纳米粒子的尺寸可控合成仍极具挑战性。POCs 具有尺寸稳定的空腔，而且其空间足够大，可以作为载体来稳定、控制金属纳米颗粒的封装和生长。作为模板的 POCs 具有确定的结构，其稳定的空腔足够大以容纳金属纳米颗粒，与传统的小型有机或大分子配体相比，它们在金属纳米颗粒表面上形成厚厚的绝缘层，笼模板可以提供具有最小覆盖范围和更大封装金属纳米颗粒表面可达性的保护壳。封装在 POCs 内的 MNPs 主要包括 Au、Pd 和 Ru 等。张伟等[80] 首次使用内部带有硫醚基团的 POCs 作为模板，合成了大小和形状可控的如图 4-33 所示的金纳米颗粒。分子笼的外部功能化使得金纳米颗粒能够以可控的方式进一步组装，可以作为化学定向分层组装的三维构建块，为开发用于光学或催化应用的新型纳米结构材料提供强大的平台。后来，该课题组又报道了以多孔有机笼为模板可控合成具有窄粒径尺寸分布（1.8nm±0.2nm）的钯纳米颗粒（PdNPs）[81]。分子笼模板明确的笼状结构和硫醚锚定基团对于形成窄粒径分布的 PdNPs 至关重要，它们提供了封闭的有机分子环境并引导 PdNPs 的成核和生长。所得的封装 PdNPs 具有抗团聚作用，在室温下暴露于空气的溶液中可以稳定存在。当该 PdNPs 笼壳的表面覆盖率最小时，其在 Suzuki-Miyaura 偶联反应中表现出很高的催化活性。

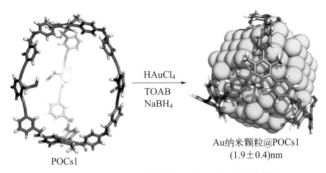

POCs1 　　HAuCl₄ TOAB NaBH₄ 　　Au纳米颗粒@POCs1 (1.9±0.4)nm

图 4-33　POCs 作为模板合成金纳米颗粒[81]

2020 年，韩英锋等[82] 采用金属卡宾模板法高效合成了具有不同大小，且携带多个咪唑基团的高度稳定、可溶的三维聚咪唑笼（PICs），并将其用作模板来合成具有稳定催化活性的，以空腔为基质的，由聚 N- 杂环卡宾（NHC）封装的金纳米颗粒。由于 NHC 配体的独特稳定性和笼腔的有效封闭的协同作用，所得的金纳米颗粒表现出优异的热稳定性和化学稳定性以及出色的催化活性，可用于刚果红和甲基橙等有机染料的催化还原。

POCs 具有良好的溶解性和高度的结构可设计性，可利用其多孔特性来调控反应。Uemura 等[83] 报道了在多孔有机笼 CC3 空腔中乙烯基单体的自由基聚合。他们利用离散的、堆积结构可调的 CC3 分子笼容纳乙烯基单体，如苯乙烯，而苯乙烯的吸附导致了 CC3 组装结构的变化，从而使吸附的单体以利于聚合的方式排列。而这是其他刚性多孔材料，如沸石、MOFs 等所不具备的。同时，由于分子笼 CC3 可以识别底物的极性。极性单体，如甲基丙烯酸甲酯和丙烯腈等，不能诱导 CC3 的结构变化，而这是单体聚合所必需的。这种源自多孔有机笼 CC3 结构柔韧性的单体选择性可以防止其他单体混入聚合物中，使得笼中的聚合反应具有高度特异性。

与分子筛、MOFs、COFs 等二维或三维框架多孔材料不同，POCs 是离散的晶体材料，由离散的构筑单元通过弱相互作用堆积成有序结构，其孔隙由笼内空腔和堆积贯通孔组成。由于其离散特性，赋予了它们良好的溶解性这一独特优势，因此，它们可以很容易地在溶液中加工、再生和功能化；同时，也使它们在固态中表现出丰富的堆积行为。作为新型功能性多孔材料，笼状多孔材料因其具有不同三维空间结构、内部空腔的尺寸/形状可精准调控等特点，为沸石、MOFs 和 COFs 等扩展框架提供了替代方案，在气体存储与分离、传感、催化以及智能材料等领域表现出潜在的应用前景，而受到人们的广泛关注。

在本章节中，举例介绍了金属有机笼（MOCs）和多孔有机笼（POCs）这两类笼状多孔材料的构筑策略及其在不同领域的应用。虽然目前笼状多孔材料尚未广泛应用于现实生活中，但是随着化学、材料等相关领域的持续发展，笼状多孔材料的构筑策略将得到进一步拓展，而其区别与传统多孔材料的优异特性也将使其在气体存储与分离、催化及智能材料等领域的应用得到进一步的发展。

参考文献

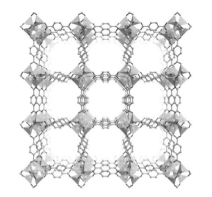

第5章
金属有机框架材料

多孔材料作为一种富含孔结构的材料，因其孔隙率高、比表面积大、密度低等特点被广泛地用于与国民经济和日常生活息息相关的化工生产、能源转化、环境净化等多个领域[1]。从结构特征上可以将多孔材料分为晶态多孔材料和无定形多孔材料[2]。相对于我们生活中常见的多孔碳、多孔陶瓷、多孔泡沫、多孔玻璃以及多孔聚合物等无定形多孔材料，晶态多孔材料由于具有长程有序的孔结构以及原子尺度可辨的微观结构而倍受研究者的关注，这些独特的结构特征使得晶态多孔材料在催化、分离、传输等领域显示出更优越的性能[3]。晶态多孔材料按照成键模式可以分为共价键连接型、配位键连接型、离子键连接型、氢键连接型以及其他更弱的超分子作用力如π-π堆积连接形成的材料[4]。共价键和配位键由于具有较高的键能、稳定性和结构导向性，在过去的几十年里作为构建晶态多孔材料的主要手段得到了快速的发展，除了经典的分子筛材料[5]，通过配位键组装的金属有机框架多孔材料迅速发展，其高度可调的无机和有机结构单元极大地丰富了多孔材料的设计和应用领域[6]，为多孔材料的发展开辟了新的篇章。

金属有机框架（metal organic frameworks，MOFs），也称为多孔配位聚合物（porous coordination polymers，PCPs）或多孔配位网络[7]，是一类由金属离子或簇与有机配体通过配位键连接，形成的具有周期性网络结构的有机无机杂化晶态多孔材料[8]（如图 5-1 所示）。不同于分子筛沸石等无机氧化物和传统多孔有机聚合物，其具有高结晶度，以及结构中的有机配体部分可以通过设计合成及修饰使其具有更优于传统无机聚合物和有机聚合物的性质。因此，MOFs 这类新兴功能材料发展至今，已有大量的新型金属有机框架被合成出来，并且由于其丰富的拓扑结构类型、高比表面积和孔隙率、规整和可调的孔结构、良好的生物相容性和生物降解性以及可控的化学和功能性等特点和优势[9]，MOFs 可用于气体储存和分离[10]、荧光[6]、传感器[11]、质子传导[12]、催化[13]、药物递送等[14]。一般来说，MOFs 的性质取决于它们的组成和结构[15]，因此设计具有精确结构的 MOFs 对于拓展其在各个领域的应用具有十分重要的意义。到目前为止，MOFs 不仅在设计和合成新型结构，而且在功能应用方面，已经获得了不同研究领域内研究者的极大关注。

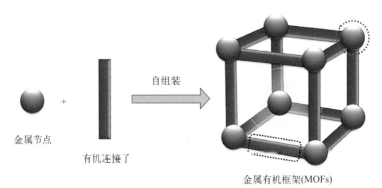

图 5-1　金属有机框架（metal organic frameworks，MOFs）

5.1

金属有机框架的定义和优点

1964 年，配位聚合物的概念首次出现在 J. C. Bailar 的 *Coordination Polymers* 一书中[16]。随后为更好实现三维空间结构的合理构筑，在多孔性配位聚合物的研究中提出晶体工程，通过控制结构单元间的相互作用类型、强度和几何构型获得具有预期网络结构与性能的晶体材料[17]。1989 年，澳大利亚化学家 R. Robson 把 A. F. Wells 的拓扑学理论应用到配位聚合物领域，提出"节点"和"连接子"概念，并将拓扑网络的分析与理解简单化，合成了系列多孔配位聚合物并对其单晶结构及离子交换性能等进行了相关研究[18]。此后，由于配位聚合物潜在的结构和功能多样性，该领域迅速引起了大家的广泛关注，配位聚合物的研究越来越热门，特别是 1999 年美国 O. M. Yaghi 课题组[19]合成了超稳定的具有可以支撑永久孔隙率的开放框架结构 MOF-5，引起人们的极大兴趣并极大地推动了 MOFs 在气体储存和非均相催化等方面的研究。

进入 21 世纪后，更多的金属有机框架材料被报道，文献数量呈指数增长。到 2020 年为止，人们在近三十年已经发表了超过 9 万篇相关的研究论文，已知的配位聚合物的总数已超过了 2 万种，MOFs 相关的研究出版物数量在不断增加。各国科学家纷纷在这一热点研究领域开辟新天地，推动其发展成为当今化学、化工和材料科学等多学科的热点领域之一。

5.1.1　MOFs 的定义

2013 年，在国际纯粹与应用化学联合会（International Union of Pure and Applied Chemistry，IUPAC）的建议下，将配位聚合物（coordination polymer，CP）定义为：经配位实体延伸的具有一维、二维或三维结构重复单元的配位聚合物，具有高度规整的无限网络结构[20]。配位实体（coordination entity）是由中心原子或离子与配体分子或离子通过配位键结合而成的分子或离子结构单元；配位实体经由一维延伸且有两个及以上相互连接的链（chains）、环（loops）和螺旋（spiro-links），或者经重复的配位实体在二维、三维延展的配位聚合物称为配位网络（coordination network）[21]。金属有机框架（metal organic framework，MOF）是同时含有有机配体并具有潜在孔洞的配位网络，也常被称为多孔配位聚合物（porous coordination polymer，PCP）或多孔配位网络（porous coordination network，PCN）。也就是说，配位聚合物所涵盖的范围最广泛，而配位网络是配位聚合物的一个子集，MOF 则属于配位聚合物，并且是配位网络的一个子集（如图 5-2 所示）。

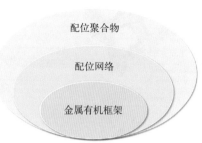

图 5-2　配位聚合物、配位网络与金属有机框架

5.1.2　MOFs 的优点

MOFs 与传统多孔材料相比，由于其高度有序和具有不同种类的金属节点与有机桥联配体，MOF 拥有多种独特的结构和性能优势（如图 5-3 所示）。

（1）MOFs 具有超高的孔隙率[22] 和比表面积（一般为 100～10000m² · g⁻¹）、高热稳定性（高达 500℃）和机械稳定性以及优异的化学稳定性。并且开放和多变的孔隙环境、特有的限域空间和主客体相互作用，使得功能位点均匀分布、充分暴露，有利于增强与各种底物之间的相互作用。

（2）MOFs 的结构和孔道易于调节，通过选择合适的连接子和金属节点，可以在原子水平上精准调节框架的拓扑结构、孔道尺寸和形状等，从而设计面向特定应用场景的 MOFs 功能材料[23]。

（3）MOFs 材料容易微纳化，通过调控合成条件可以制备多种 MOFs 微纳米结构，如 0D 纳米颗粒、1D 纳米棒、2D 纳米片和具有高孔隙率的 3D 分级结构，极大地丰富了 MOFs 材料的应用前景和范围。

（4）基于 X 射线衍射技术并结合多种高分辨表征手段，可以在原子水平上直接观察到 MOFs 精确的晶体结构和孔道结构以及客体分子与活性位点的相互作用，这非常有助于研究结构 - 性能之间的关系，促进材料的优化 / 设计[24]，从而为 MOFs 的合理设计提供强有力的依据。

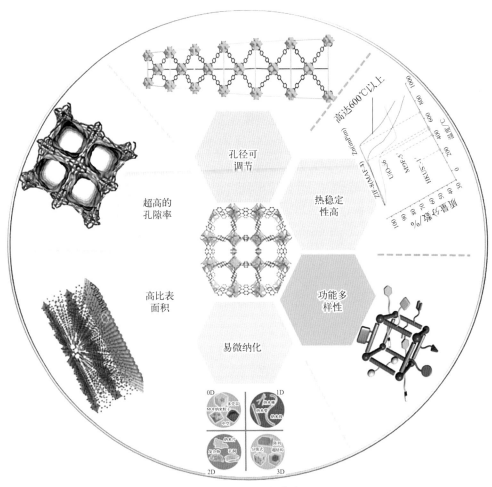

图 5-3　MOFs 的特点

（5）MOFs 易于功能化。MOFs 可以通过前合成功能化以及后修饰的策略定向引入特定功能基团，基于金属节点和有机功能配体的组合和搭配为功能性MOFs 的设计合成带来无限可能，引入功能客体分子则为 MOFs 的功能化提供更加丰富的手段，从而进一步优化 MOFs 的表面特性、调控孔道微环境、提高功能位点密度，获得性能优异的 MOFs 材料。

　　正是 MOFs 具有多样的结构类型、优异的物理和化学性质，使得其应用范围不断拓展。为了更好地拓展 MOFs 的功能应用，推动 MOFs 领域的发展，要求我们能够按照需求定向合成具有特定结构和多种功能基团的 MOFs 材料。因此一方面需要开发更高效的合成方法和策略制备结构新颖的 MOFs 功能材料，另一方面则需要基于 MOFs 特有的结构特征，通过学科交叉进一步推进 MOFs 的功能应用[25]。本章节将重点介绍 MOFs 的设计合成以及 MOFs 在气体储存和分离、催化、能量储存与转化等领域的应用，并对 MOFs 材料的发展进行展望。

5.2
MOFs 的设计合成理念

网格化学（reticular chemistry）是一类以有限尺度的分子结构单元构筑可预测性框架结构的策略。在过去数十年间，网格化学已被广泛使用于各类周期性扩展结构的预测和设计，极大地推动了 MOFs 和共价有机框架（covalent-organic frameworks，COFs）等多种网状材料的发展。作为一种高效设计策略，网格化学为合成 MOFs 结构提供了有力和普适性的途径，其关键在于依靠强大的定向化学键将连接子（linker）和节点（node）进行连接，从而产生稳定的扩展结构。网格化学的显著优势是能够在不改变框架基本拓扑结构的情况下，通过调控具有特定连接方式的构建单元的尺寸和功能基团来控制 MOFs 的孔径尺寸和引入功能位点[26]。

MOFs 作为一类由无机节点和有机连接子构筑的三维有序框架材料，由于无机组分和有机配体的多样性，可以通过设计不同连接数、形状尺寸的构建单元来组装 MOFs 结构。在 MOFs 材料中，不同种类的金属离子或金属簇有多种不同的配位连接方式，同时有机配体的几何结构、尺寸、官能团以及与金属配位模式也多种多样，所以 MOFs 的框架结构具有灵活多变的特点[15,27]。MOFs 的性质与其框架结构密切相关，相比于其他多孔材料，MOFs 能够更加容易地通过调控孔道结构来改进 MOFs 的性质。无机节点和有机配体作为 MOFs 中最基础的单元，从根本上决定了 MOFs 的结构和性质[28,29]。

5.2.1　无机分子构建单元

构建单元（building blocks）作为 MOFs 的主要组成部分，在指导设计 MOFs 的构筑过程中发挥着关键作用，以单金属和金属簇合物为代表的无机分子构建单元（molecular building blocks，MBBs）以及一维链状和二维层状为主要类型的无限构建单元（infinite building blocks，IBBs）为 MOFs 结构多样化提供了基础保障。本小节主要介绍各类无机 MBBs 和 IBBs 在设计构筑 MOFs 时的应用。

5.2.1.1　基于单金属节点的无机分子构建单元

单金属离子是无机四面体、正方形以及八面体等 MBBs 的重要来源，早期类沸石 MOFs（zeolite-like metal-organic frameworks，ZMOFs）通常利用单金属节点的构建单元进行构筑。在选取具有特定几何构型的过渡金属元素（M）作为节点时，挑选与其对称性匹配的有机连接子能够设计合成结构多样的 MOFs。例如，选用具有四面体配位构型的 Zn、Co 等过渡金属作为节点，通过调节咪唑（Im）上的官能团，可以合成具有可变拓扑结构的沸石咪唑酯骨架（zeolitic imidazolate frameworks，ZIFs）。由于 ZIFs 中的 M-Im-M 角度与传统硅基沸石中的 Si-O-Si 角度相似（约为 145°），所以 ZIFs 呈现出沸石类型的拓扑结构，金属阳离子与咪唑配体分别代替了沸石中的硅和氧桥。Omar M. Yaghi 研究团队发现 ZIFs 的拓扑结构和孔道大小可以通过控制咪唑连接体上官能团的形状和大小、连接体的组合和比例来调控，使用空间位阻指数（the steric index）较大的咪唑配体可以拓宽 ZIFs 的孔径以及笼尺寸。通过采用具有不同空间位阻指数的咪唑配体，设计合成了 ZIF-303、ZIF-360、ZIF-365 等 15 类 ZIFs。其中，ZIF-725 是孔径最大的四面体多孔晶体，ZIF-412、ZIF-413、ZIF-414 具有最大的笼尺寸[30]（如图 5-4 所示）。

5.2.1.2　基于金属簇合物的无机分子构建单元

基于单金属节点的构建单元连接数通常较低，只能呈现出有限的几何构型。相比之下，金属簇合物能够形成许多具有高连接数的构建单元。根据构建单元的连接性，一些 MBBs 可以形成具有不同几何形状和连接性的次级构建单元（secondary building units，SBUs）。包含开放式金属位点的 MBB 可以与额外的连接子连接，进而构筑出具有更高连接性的构建单元。

以金属簇合物为 SBUs 策略的应用进一步丰富了 MOFs 的结构类型。凭借着良好的化学稳定性以及热力学稳定性，由羧酸类配体和 Cr^{3+}、Zr^{4+}、Ti^{4+} 等高价金属构建的 MOFs 结构备受关注。其中，基于 Zr_6 金属簇 SBU 的 MOFs 具有高连接数以及易于制备等优势。2008 年，Karl Petter Lillerud 课题组以 1,4- 苯二甲酸、4,4′- 联苯二甲酸、三联苯二甲酸为桥联配体，与 Zr_6 构建了 UiO-66、UiO-67、UiO-68 三个锆基 MOFs（如图 5-5 所示）[31]。其中，UiO-66 在水、DMF、苯、丙酮等溶剂中具有优异的稳定性，在 $10000kg \cdot cm^{-2}$ 的压力下仍然能够保持结晶性，分解温度高于 500℃。

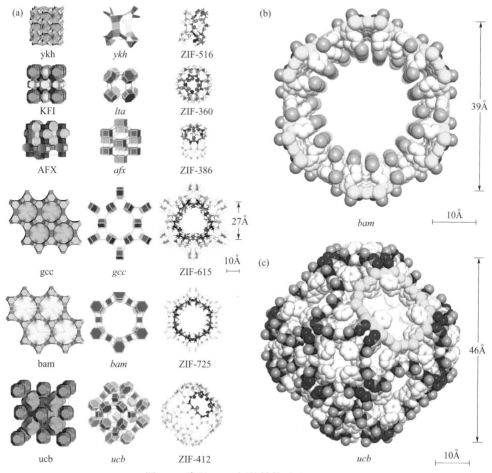

图 5-4　常见 ZIFs 拓扑结构（1Å=0.1nm）

（a）KFI，ZIF-360 拓扑结构；AFX，ZIF-386 拓扑结构；ykh，ZIF-516 拓扑结构；gcc，ZIF-615 拓扑结构；

bam，ZIF-725 拓扑结构；ucb，ZIF-412 拓扑结构。（b）BAM，ZIF-725 孔道的空间填充视图。

（c）UCB，ZIF-412 笼状空间填充图

5.2.1.3　基于 1D 链状的无限构建单元

相比于以单金属离子或金属簇合物为构建单元的 MOFs 结构，含有一维链状构建单元的 MOFs 设计更为复杂。有限尺度的金属簇合物 MBBs 可以产生具有一定数量的延伸点和几何形状的构建单元，而一维链状能够提供具有无限数量延伸点的 IBBs。由于链状构建单元的拓扑网络预测较为困难，因此基于 1D 链状构建单元的 MOFs 设计不如多面体 MBBs 可靠。此外，链状构建单元的构建通常需要有特定的有机连接子以及合成条件。尽管如此，一些 1D 链状构建单元依旧能够较为容易地获得，较强的热力学稳定性和结构刚性使其常用于指导构建具有更大

孔径及特定孔结构的复杂 MOFs。

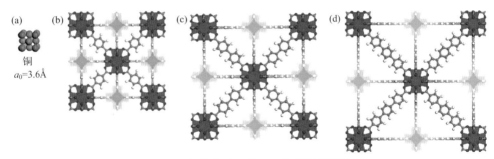

图 5-5　铜晶胞及 3 类 UiO 拓扑网络结构

（a）铜晶胞为尺寸参照物；（b）以 1,4- 苯二甲酸为连接子的 UiO-66；（c）以 4,4'- 联苯二甲酸为
连接子的 UiO-67；（d）以三联苯二甲酸为连接子的 UiO-68

　　为了构筑更大孔径的 MOFs 结构，在合成过程中应使用更长尺寸的配体。然而，这样通常会产生互穿结构，从而限制孔径的大小。采用刚性 1D 构建单元可以很好地避免结构的穿插，从而实现 MOFs 的孔径从微孔升级到介孔。邓鹤翔等设计了一种由有机配体和 1D 金属链 SBU 构建 MOFs 的组装方案，在 1D 金属链 SBU 保持不变的情况下，通过网状化学策略实现了从微孔 MOFs 至介孔 MOFs 的构筑。通过将有机连接子中的亚苯基环数目从 1 个逐步增加至 11 个，最终得到了孔径尺寸从 14Å 至 98Å 的稳定非互穿 MOF-74 系列结构（如图 5-6 所示）[32]。

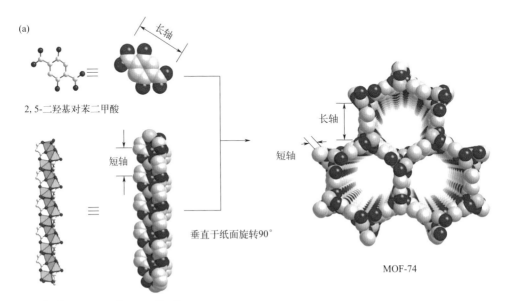

(b)

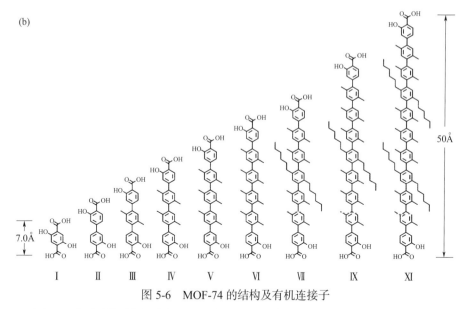

50Å

7.0Å

Ⅰ　　Ⅱ　　Ⅲ　　Ⅳ　　Ⅴ　　Ⅵ　　Ⅶ　　Ⅸ　　Ⅺ

图 5-6　MOF-74 的结构及有机连接子

（a）2,5- 二羟基对苯二甲酸配体与 1D 金属链 SBU 进行连接，形成具有六方孔道的 MOF-74 结构；

（b）具有不同亚苯基环数目的有机连接子

5.2.1.4　基于 2D 层状的无限构建单元

　　SBUs 作为调控 MOFs 结构的关键因素之一，目前常见的无机 SBUs 主要是有限尺度的金属团簇或 1D 链状构建单元，二维层状 SBUs 的发展正处于起步阶段。由于具有类似无机金属氧化物或氢氧化物的独特性质，二维层状 SBUs 被赋予了超高的构筑基元堆积密度、良好的化学稳定性以及优异的类半导体导电性和载流子迁移率等特点，同时也为这类结构新颖的 MOFs 在气体吸附分离、能量转换、生物材料和光电催化等应用领域提供了良好的基础保障。

　　基于半导体 2D 层状 SBU 的 MOFs 不仅具有二维半导体的本征性质，而且能够通过网格化学进一步提升其光电性能，进而设计出可以与先进 2D 无机材料相媲美的光电材料。武汉大学邓鹤翔团队将 2D 层状 MoS_2 和带有伯胺末端官能团的有机配体组装成三维结构 PPDA-MoS_2、BPDA-MoS_2 和 TPMA-MoS_2。X 射线衍射和透射电子显微镜表征结果显示：三维结构中的 2D 层状 MoS_2 结构与 MoS_2 体晶相同，通过改变有机配体的尺寸实现了层间距离的精准调控。其中，TPMA-MoS_2 具有 0.85eV 的窄带隙和 0.51S·cm^{-1} 的电导率，在析氢反应中能够表现出优异的催化性能。此外，该合成策略同样适用于 $MoSe_2$、WS_2 等二维层状 SBUs 构建三维 MOFs，为基于半导体 2D 层状 SBU 的 MOFs 与其光电效应的构效关系提供了新的研究模型（如图 5-7 所示）[33]。

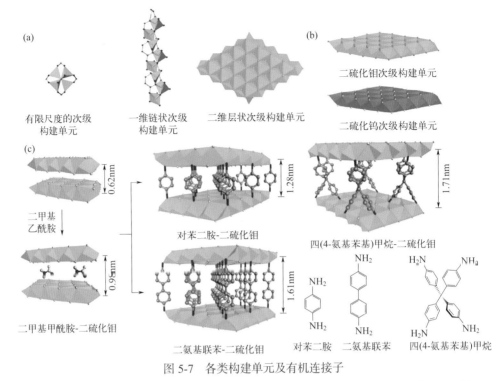

(a) 有限尺度的次级构建单元　一维链状次级构建单元　二维层状次级构建单元

(b) 二硫化钼次级构建单元　二硫化钨次级构建单元

(c) 0.62nm　1.28nm　1.71nm

二甲基乙酰胺

对苯二胺-二硫化钼　四(4-氨基苯基)甲烷-二硫化钼

0.95nm　1.61nm

二甲基甲酰胺-二硫化钼

二氨基联苯-二硫化钼

NH₂ 对苯二胺　二氨基联苯　四(4-氨基苯基)甲烷

图 5-7　各类构建单元及有机连接子

（a）有限尺度、一维链状和二维层状次级构建单元；（b）由二硫化钼和二硫化钨组成的二维半导体次级构建单元；

（c）利用二硫化钼次级构建单元构建 3D MOFs 结构

5.2.2　有机分子构建单元

　　无机金属离子/簇和有机连接子作为金属有机框架（MOFs）最基础的单元决定了 MOFs 的结构和性质。对于给定的无机节点，MOFs 的拓扑结构直接取决于连接子的几何形状和配位方式。因此通过调控连接子的几何形状、官能团等途径可以利用网格化学对 MOFs 拓扑结构实现精准预测[34,35]。在结构导向构建策略中，有机连接子可调节的几何形状为探索新型拓扑结构提供了广阔空间。通过调控连接头（配位基团）在有机配体中的空间位置能够显著影响 MOFs 拓扑结构，其中主要包括以下 8 种变换（如图 5-8 所示）：恒等变换，四种平面内变换（延展、收缩、面内旋转以及面内平移）和三种面外变换（扭转、面外旋转以及面外平移等）[36]。连接子延展与收缩以及恒等变换通常并不改变 MOFs 拓扑结构，其余变换通常会导致非常规拓扑结构的形成。例如对于含芳环多的连接配体，中央苯环和外围芳环之间二面角的微小变化可能会导致生成不同的拓扑类型。

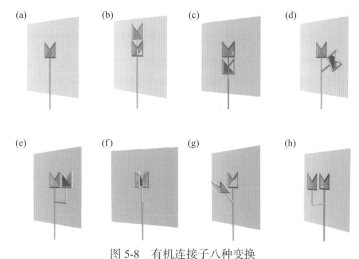

图 5-8　有机连接子八种变换

（a）恒等变换；（b）延展变换；（c）收缩变化；（d）面内旋转变换；（e）面内平移变换；

（f）扭转变换；（g）面外旋转变换；（h）面外平移变换

调控连接头在有机配体中的空间位置是改变其几何构型常见的策略之一。连接子几何构型的恒等、延展和收缩等变换对于网格化学的应用具有深远意义[37]。当引入官能团到连接子而不改变连接子在 MOFs 拓扑结构中的位置或角度时，连接子的几何形状保持不变，因此视为恒等变换［如图 5-8（a）所示］。而当有机连接子的大小发生变化时，整个结构将膨胀或收缩，对应着延展和收缩变换［图 5-8（b）和（c）］。此外，在多种线型连接子构建的一系列经典 MOFs 拓扑结构中，可以通过面内旋转变换和面外旋转变换［图 5-8（d）和（g）］打破有机连接子的线型，增强对连接子配位方向的控制。连接子中取代基团的位阻效应可以导致连接头以 C—C 单键为轴，绕轴旋转，即为扭转变换［图 5-8（f）］。面内平移与面外平移变换［图 5-8（e）和（h）］则是将线型连接子横向拉伸分别得到共面与非共面的 Z 字形配体，构建出多种形状独特的 MOFs 拓扑结构。本节将重点从延展、面内外平移以及扭转等四种变换介绍有机连接子的几何构型变化对 MOFs 结构设计的影响。

迄今为止，借助于有机配体的易修饰性，连接子的延展变换是获得更大孔道金属有机框架的有效策略之一。基于 **fcu**、**spn**、**she**、**csq** 和 **ftw** 等的经典锆基金属有机框架（Zr-based metal-organic frameworks，Zr-MOFs）已被广泛报道，且具有多种潜在应用。然而，由于缺乏合适的刚性三棱柱配体和适宜的组装条件，基于 6,12-c **alb** 网络的 Zr-MOFs 合成面临很大的挑战。通过配体延展变换，Omar K. Farha 课题组采用 12 连接的六棱柱 Zr_6 节点和尺寸逐渐增大的 6 连接 H_6PET-1、

H$_6$PET-2、H$_6$PET-3 三棱柱配体合成了一系列从微孔到介孔的 NU-1600、NU-1601、NU-1602 拓扑结构[38]。刚性三棱柱配体在自组装过程中引导 12-c Zr$_6$ 节点作为六棱柱 SBU 原位形成，从而使得 NU-1600、NU-1601 及 NU-1602 具有相同的 6,12-c **alb** 拓扑结构。该研究工作表明了延展变换在设计合成功能性高连接数 MOFs 材料方面的强大作用（如图 5-9 所示）。

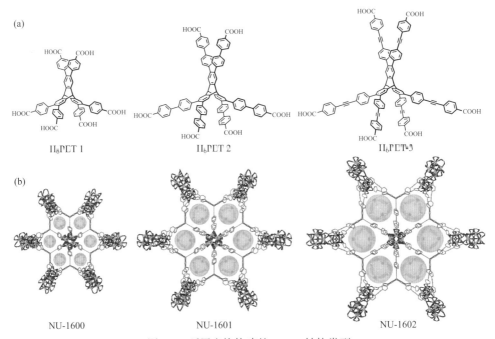

(a)

H$_6$PET 1   H$_6$PET 2   H$_6$PET-3

(b)

NU-1600   NU-1601   NU-1602

图 5-9　延展变换构建的 MOFs 结构类型

（a）三种尺寸递增的六连接配体；（b）NU-1600、NU-1601、NU-1602 沿 *b* 轴框架结构

除了配体延展变换，通过面内平移变换将线型配体横向拉伸得到 Z 字形配体目前发展为新型 MOFs 构建策略。Daniel Maspoch 利用该设计策略，在连接子中引入四个几何参数，高度（*h*）、宽度（*w*）、两羧酸之间的距离（*c*）［数值上等于（*h*^{2}+*w*^{2}）$^{1/2}$］以及夹角 α［α=arctan（*w/h*）］，合成一系列锆基 MOFs[39]。作者通过采用一组高度相似的 Z 字形连接子（如反 , 反 - 黏康酸、2,6- 萘二甲酸、2,2′-联吡啶 -4,4′- 二羧酸和偶氮苯 -3,3′- 二羧酸）揭示面内平移变换对拓扑结构的影响：随着宽度的增加，通道直径增加，金属簇之间的距离缩短。通常线型配体只能得到 **fcu** 拓扑结构，而 Z 字形连接子可以获得新型的 **bcu** 拓扑结构。通过面内平移变换打破羧酸基团结合方向的共线性，该研究结果充分展示了有机配体面内平移变换对合成非常规拓扑结构的价值（如图 5-10 所示）。

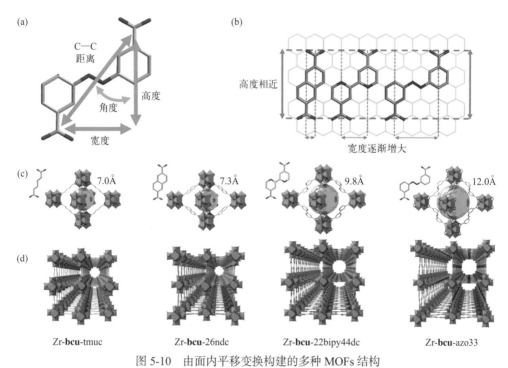

图 5-10　由面内平移变换构建的多种 MOFs 结构

（a）Z 字形配体宽度与角度；（b）高度相近，宽度逐渐增大的连接子；（c）Zr-**bcu**-tmuc、Zr-**bcu**-26ndc、

Zr-**bcu**-22bipy44dc 和 Zr-**bcu**-azo33 笼子尺寸描述；（d）MOFs 沿 c 轴的结构图

　　有机连接子的延展、面内平移变换指导 MOFs 拓扑结构的网格设计已经得到广泛研究，但是直到最近才系统研究了面外平移变换对 MOFs 拓扑结构的影响。由于类茂金属配合物的刚性 π 堆积体系能够进行多种复杂的共价修饰，Omar K. Farha 将经典线型配体横向拉伸得到非共面的 Z 字形连接子 [2,2] 环芳烷（PCP），并基于 PCP 设计合成了三个具有不同配位点和构象的羧酸连接子。通过非共面的 Z 字形连接子成功构建了一系列稳定的 Zr-MOFs，其中包括一个罕见的二维拓扑结构 **net**（NU-700），**fcu**（NU-405）、**flu**（NU-1800）、**she**（NU-602）、**scu**（NU-913）如图 5-11 所示 [40]。

　　对于含芳环多连接配体，受连接子中取代基团的空间位阻影响，有机连接子的扭转角［即有机连接子的扭转变换，如图 5-8（f）所示］发生微小变化可能会形成新型 MOFs 拓扑结构。为探究影响同一配体形成不同拓扑结构的因素，周宏才教授团队设计了一系列具有相似骨架但不同取代基的四元羧酸配体，以控制对不同拓扑结构的选择性并了解它们的形成机制，据此系统地研究了一系列 4,8 连接的 Zr- 四羧酸盐基 MOFs 的形成机制（如图 5-12 所示）[41]。由于联苯中的两个苯环可以绕 C—C 键自由旋转，没有取代基的四连接羧酸配体（L₁）在

MOFs 中倾向于采用近似 T_d 对称性。显然，在 R^1 位置采用位阻效应更大的 OH 基团取代 H 原子会使两个内苯环发生扭转变换，同时增加两个内苯环之间的二面角。在 PCN-605-H 和 PCN-605-OH 中，两个内苯环之间的二面角从 41.09° 增加到 44.72°。不同的配体旋转异构体产生具有 **flu**、**scu** 和 **csq** 拓扑的三种结构。实验和分子模拟的结合表明，不同位置的取代基的空间位阻决定了所得的 MOFs 结构。此外，通过在特定位置组合具有不同空间效应的连接头，成功实现了不同结构的可控形成。他们的工作表明，具有不同空间位阻的连接子通过扭转变换可以调控不同拓扑结构的形成。

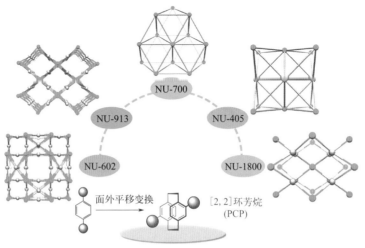

图 5-11　面外平移变换以及五种新型 MOFs

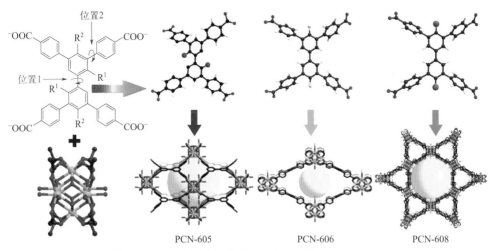

图 5-12　基于扭转变换构建三种拓扑结构的 Zr-MOFs

5.3
MOFs 的应用

　　MOFs 作为一类新型晶态多孔材料，因其多样化和可设计的框架/孔结构、高孔隙率、高比表面积等优点而成为材料领域的研究热点。凭借这些独特的性质，MOFs 在储存、分离、传感、药物输送、催化等方面得到了广泛的应用。本节将主要介绍 MOFs 在气体储存与分离、催化和能量储存与转化三个方面的应用。

5.3.1　气体储存与分离

　　气体储存与分离是 MOFs 最早研究的应用领域之一（图 5-13），作为一类新型多孔材料，MOFs 具有孔径尺寸可调节、孔道表面易功能化等优势，通过引入不同的官能团（如—NH_2、—OH、—SO_3H 等）进行修饰，促进孔道表面和客体分子之间的相互作用，能够进一步优化和提升 MOFs 的气体吸附和分离性能。此外 MOFs 超大的比表面积和极高的孔隙率，可以提供大量的气体分子结合位点，从而使其拥有良好的气体吸附容量。由于组成 MOFs 的金属离子与有机配体之间的配位键较强，因此 MOFs 具有十分稳定的框架结构，可以在去除掉客体分子后，形成永久性的孔隙，这些特点使得 MOFs 有望用于实现常规多孔材料（沸石、活性炭等）难以实现的优异吸附分离性能。目前 MOFs 在清洁能源气体和温室气体的吸附、炔烃/烯烃/烷烃混合物的分离、有毒有害气体捕获等领域取得了巨大的进展[42]。本节主要列举了近年来所构建的高效 MOFs 用于气体储存与分离的代表性研究。

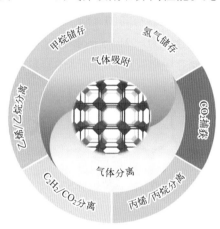

图 5-13　MOFs 用于气体储存和分离

5.3.1.1　气体储存

　　MOFs 是一种新兴的具有二维或三维框架结构的晶态多孔固体，可以通过选择有机连接子和金属离子控制所形成的结构以及孔径和功能性，同时 MOFs 具有极高的比表面积、确定的结构和永久孔隙率，超过了大多数常用的多孔材料。与传统的多孔材料相比，使用 MOFs 的主要优势在于其均匀的孔径和整个结构的可控性。特别是可调节的孔径和可修饰的功能位点可以提高气体吸附质与框架结合的亲和力，从而实现高容量气体储存。由于上述优点，MOFs 已被广泛作为潜在的气体储存候选材料。下面主要介绍 MOFs 用于 H_2 和 CH_4 等能源气体的吸附与储存。

（1）H_2 储存

氢气（H_2）被认为是目前最有潜力的化石能源之一，具有能量密度高、燃烧产物是水、没有温室气体排放等优点[43]。然而在氢气的产生、运输和储存等方面仍存在许多具有挑战性的问题。现在最具前景的解决方法之一是用 MOFs 作吸附剂来储氢。目前关于 MOFs 储氢的研究处于蓬勃发展中，因为它们较大的比表面积和结构可调性可以提供高密度、相对强的相互作用位点来吸附氢气。

H_2 作为燃料的广泛应用目前受到实现合理储存密度所需的高压或低温的阻碍。显然，在环境温度和中等 / 低压力下实现强可逆吸附氢气的材料可以扩大燃料电池在其他领域中的应用。室温下储氢结合焓最佳范围为 $-15 \sim -25$kJ·mol^{-1}，然而制备这一最佳范围内的吸附剂极具挑战性。2021 年，Jeffrey R. Long 课题组[44] 研究了 MOFs $V_2Cl_{2.8}$（btdd）[H_2btdd，双（$1H$-1,2,3- 三唑并 4,5-b,4',5'-i）二苯并 1,4 二噁英] 在室温下的氢气吸附性能（如图 5-14 所示）。该 MOFs 特点是具有能够与弱的 π 酸发生反向键合的高密度弱 π 碱性金属位点，因此它与 H_2 的结合焓为 -21kJ·mol^{-1}，这种结合能使其在相同操作条件下的储氢容量远远超过储存压缩气体所能达到的容量。

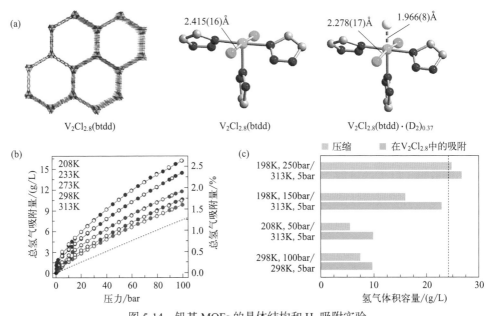

图 5-14　钒基 MOFs 的晶体结构和 H_2 吸附实验

（a）$V_2Cl_{2.8}$（btdd）和掺杂 D_2 活化的 $V_2Cl_{2.8}$（btdd）的结构；（b）在接近环境温度下 $V_2Cl_{2.8}$（btdd）的高压 H_2 等温线；（c）H_2 体积容量的比较

（2）CH$_4$ 储存

甲烷是一种极其重要的能源气体，相比汽油、柴油等化石能源，其具有最小的碳氢比，更为低碳环保。然而，甲烷在环境条件下的体积能量密度较低，严重限制了其在各种潜在领域的应用。因此，有必要寻求一种高效的甲烷储存技术。迄今为止，多种多孔材料已被研究用于甲烷储存，但其性能仍然达不到美国能源部的目标（标准状况下，体积容量为 263cm^3·cm^{-3}，不考虑吸附剂材料 - 堆积密度损失）。MOFs 由于其高的比表面积、高的孔容和结构可调性，在甲烷储存方面受到了研究人员的广泛关注，由于其超高的孔隙率，在 MOFs 中有更多的空间来吸附 CH$_4$ 分子，被认为是储存甲烷的最具前景的材料之一[45]。相比于氢气，MOFs 对甲烷的吸附作用较强，吸附热较大，因此在室温下也能实现较高的吸附容量。近年来，关于使用 MOFs 作为甲烷储存吸附剂的研究正处于快速的发展阶段。

白俊峰团队[46] 合成了四种酰胺官能化的 MOFs（图 5-15），分别为 3W-ROD-1 和 3W-ROD-2-X（X=—OH、—F 和—CH$_3$）。结构分析表明，这四种化合物具有笼状孔道结构，并伴随着复杂的拓扑传递性，使比表面积从 2315m^2·g^{-1} 增加到 2742m^2·g^{-1}。在 298K 和 1bar 下，4 种 MOFs 对 CH$_4$ 吸附容量为 0.42 ～ 0.45mmol·g^{-1}。其中 3W-ROD-2-OH 在 298K 和 273K 下，吸附甲烷气体的容量分别为 184cm^3·cm^{-3} 和 198cm^3·cm^{-3}（标准压力和温度，STP），吸附性能优于著名的 Ni-MOF-74。该系列 MOFs 在以刚性 1D 链状为构建单元的多孔 MOFs 中具有最高的比表面积和相对适宜的孔隙环境，因而具有优异的甲烷储存能力。

5.3.1.2　气体分离

除具有优异的气体储存性能外，MOFs 在气体分离领域同样发挥着十分重要的作用。气体分离是当前能源和石油化工行业中关键过程之一[47]，在捕集燃料中用于燃烧、净化塑料的化学成分、分离不可燃气体用于惰化等方面具有重要作用[48]。与传统分离技术相比，MOFs 吸附剂能耗低，CO$_2$ 排放量更小[49]。MOFs 材料作为吸附剂的主要设计策略是根据分子大小、形状、极性、配位能力的差异来调节孔结构性质实现气体混合物的分离，同时 MOFs 孔道的大小和形状可调节以及孔道功能化，使其在气体分离领域具有广阔的应用前景[50]。本节内容主要列举 MOFs 在 CO$_2$ 捕获、C$_2$H$_2$/CO$_2$ 分离和轻烃分离方面的应用。

（1）CO$_2$ 捕获

大气二氧化碳水平急剧上升所导致的气候变暖是当今最严重的全球性问题之一。从 1800 年代初开始，大气二氧化碳浓度从 280mL·m^{-3} 左右显著增加到 2018 年的 400mL·m^{-3} 以上[51]，因此需要发展有效捕获二氧化碳的碳捕获和储存技术。目前报道的用于提升 CO_2 捕获能力的策略包括在 MOFs 中构建特定尺寸/形状的孔和极性孔壁以及开放金属位点或对配体功能化。

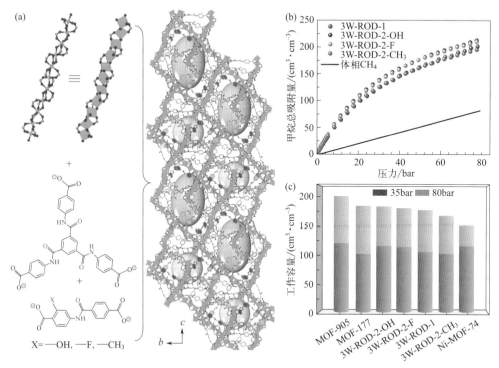

图 5-15　酰胺官能化 MOFs 的晶体结构和 CH_4 吸附实验

（a）3W-ROD-2-X 的组装方案；（b）3W-ROD-1 和 3W-ROD-2-X 的 CH_4 等温线（STP）；

（c）所选 MOFs 的 CH_4 储存能力比较

Jeffrey R. Long 等[52] 报道了四胺官能化的镁基 MOFs 材料，实现了在更严苛的条件中捕获天然气燃烧后废气中的 CO_2。通过不同碳数的四胺 {N,N'- 双（3-氨基丙基）-1,3-二氨基丙烷 [N,N'-bis(3-aminopropyl)-1,3-diaminopropane]、N,N'-双 (3- 氨基丙基)-1,4- 二氨基丁烷 [N,N'-bis(3-aminopropyl)-1,4-diaminobutane] 和 Mg 的 4,4′- 二氧基联苯 -3,3′- 二羧酸盐 (4,4′-dioxidobiphenyl-3,3′-dicarboxylate)} 结合生成四胺化的 Mg_2（dobpdc）（4,4′- 二氧联苯 -3,3′- 二羧酸）（3-3-3）、Mg_2（dobpdc）（3-4-3）。3-3-3 和 3-4-3 中分别因分子内、分子间氢键作用从而具有更好的热稳定性，使其能够从潮湿的空气中捕获 CO_2 气体，同时能够在蒸汽作用下进行重生，其中 3-4-3 在仅含有 10%CO_2 的气氛中实现了高达 90% 的 CO_2 捕获率（如图 5-16 所示）。作者发现该过程比温度处理或压力调控处理过程有更高的经济性。

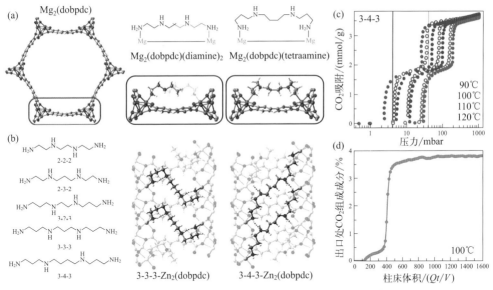

图 5-16　四胺官能化的镁基 MOFs 的晶体结构和 CO$_2$ 吸附实验

（a）,（b）显示了在 *ab* 平面和二胺官能化材料中观察到的 Mg$_2$（dobpdc）中的六边形通道，其特征在于一种二胺与每个 Mg^{2+} 位点配位，而四胺可以与两个 Mg^{2+} 位点配位，diamine 表示双胺，tetraamine 表示四胺；（c）在 90℃、100℃、110℃ 和 120℃ 下，Mg$_2$（dobpdc）（3-4-3）的 CO$_2$ 吸收等温线；（d）在 100℃ 和大气压下模拟湿润（约 2.6% H$_2$O）天然气烟气（N$_2$ 中 4% CO$_2$）下 Mg$_2$（dobpdc）（3-4-3）的 CO$_2$ 穿透曲线

（2）C$_2$H$_2$/CO$_2$ 分离

乙炔（C$_2$H$_2$）是当代工业中一种至关重要的化学原料，广泛用于制造聚氨酯等重要化合物[53,54]。工业上 C$_2$H$_2$ 主要通过裂解石油气或燃烧天然气生成，导致不可避免地形成 CO$_2$ 杂质，因此去除二氧化碳（CO$_2$）是制造高纯度 C$_2$H$_2$ 的关键。由于其相似的物理性质和分子大小（C$_2$H$_2$ 和 CO$_2$ 的动力学直径均为 3.3Å），同时解决吸附量和选择性之间的问题非常具有挑战性[55,56]。与传统分离方法相比，通过多孔吸附剂的物理吸附进行分离是一种潜在的节能分离技术，特别是 MOFs 材料，其具有孔隙限制效应，能够区分大小相似的气体分子，因此已高效用于分离 C$_2$H$_2$/CO$_2$ 混合物。

2022 年，马胜前课题组等[56]研发了一种新的分离策略，该策略涉及调控孔表面的氢键纳米陷阱，能够促进三种同构 MOFs（分别命名为 MIL-160、CAU-10H 和 CAU-23）对 C$_2$H$_2$/CO$_2$ 混合物的高效分离（如图 5-17 所示）。其中，MIL-160 结构中的纳米环提供了丰富的氢键受体，可以选择性地捕获乙炔分子，并具有超高的 C$_2$H$_2$ 储存容量（191cm^3·g^{-1} 或 213cm^3·cm^{-3}），但在环境条件下 CO$_2$ 吸附量（90cm^3·g^{-1}）较低。在相同条件下，MIL-160 的 C$_2$H$_2$ 吸附量显著高于其他两种同构 MOFs（CAU-10H 和 CAU-23 吸附量分别为 86cm^3·g^{-1} 和

$119cm^3 \cdot g^{-1}$）。更重要的是，在 298K 下进行了五次 C_2H_2 吸附 - 解吸实验后，MIL-160 的 C_2H_2 储存容量几乎没有降低，这表明 MIL-160 是一种稳定的、可重复填充的 C_2H_2 吸附剂。通过实验和计算模拟进行气体吸附研究进一步证实 MIL-160 是迄今为止报道的用于等摩尔 C_2H_2/CO_2 分离最好的吸附剂，分离势 $\Delta q_{break}=5.02mol \cdot kg^{-1}$，$C_2H_2$ 分子的产率为 $6.8mol \cdot kg^{-1}$，为等摩尔 C_2H_2/CO_2 分离设定了新的基准。同时该工作也为解决极具挑战性的气体分离问题提供了一种新颖而有力的方法。

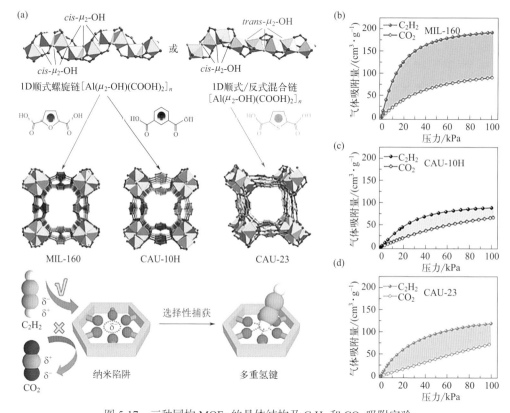

图 5-17　三种同构 MOFs 的晶体结构及 C_2H_2 和 CO_2 吸附实验

（a）将 MIL-160、CAU-10H 和 CAU-23 组装成三种同构 MOFs 和氢键纳米陷阱；（b）～（d）MIL-160、CAU-10H 和 CAU-23 在 298K 和 1bar 下的 C_2H_2 和 CO_2 吸附等温线

（3）轻烃分离

轻烃的纯化是石油化工行业中至关重要的分离过程，因为轻烃是最重要的能源或原材料之一[57]。例如，轻烃中的乙炔（C_2H_2）、乙烯（C_2H_4）和丙烯（C_3H_6）经常用于合成各种化学电子器件和塑料产品[58,50]。然而，传统的低温蒸馏和萃取

分离昂贵且耗能，仅丙烯和乙烯的提纯就占世界能耗的 0.3%[59]，由于环境污染和全球能源需求的加剧，亟需开发更有效和经济的轻烃分离方法。利用固体吸附剂进行吸附分离是替代传统分离方法的一种有效的方法，由于其较低的能耗成本和较高的效率而受到了极大的关注。开发高性能的固体吸附剂是实现这一替代途径的关键。近几十年来，科学家和工程师们致力于开发高效的固体吸附剂，在众多固体吸附剂材料中，MOFs 能够在分子水平上提供对结构和功能的精确控制，因而在吸附分离领域发展迅速。

最近李丹教授和陆伟刚教授团队[60] 共同提出了一种新的正交阵列动态筛分机制，成功地解决了传统分子筛吸附动力学缓慢和吸附量低的关键问题。基于新筛分机制合成的金属有机框架材料（命名为 JNU-3），能够快速分离丙烯 / 丙烷（1/1）混合物，在丙烯 / 丙烷分离领域实现了突破性的进展（如图 5-18 所示）。JNU-3 材料具有三维网格结构，沿着晶体学 a 轴是 4.5Å×5.3Å 的一维通道。一维通道两侧是排列整齐的分子口袋，分子口袋和一维通道之间通过一个约 3.7Å 的动态"葫芦形"窗口相连。混合物丙烯和丙烷可以在一维通道中快速扩散，而分

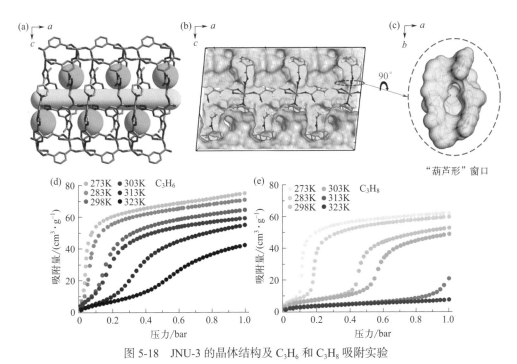

图 5-18　JNU-3 的晶体结构及 C_3H_6 和 C_3H_8 吸附实验

（a）沿 b 轴方向观察的孔隙结构显示了分子口袋（蓝绿色）和 1D 通道（黄色）；（b）（a）中孔隙的 Connolly 表面的横截面视图，其中使用探针以半径为 0.8μm 来显示通向 1D 通道的分子口袋；（c）"葫芦形"窗口连接口袋和通道的闭合视图；（d）JNU-3a 不同温度下的 C_3H_6 吸附等温线；

（e）JNU-3a 不同温度下的 C_3H_8 吸附等温线

子口袋则通过"葫芦形"窗口选择性地捕获丙烯分子，从而获得最佳的丙烯/丙烷分离效果。每公斤 JNU-3 可以得到 53.5L 聚合级（99.5%）的丙烯，具有迄今为止最佳的丙烯/丙烷分离性能，实现了丙烯/丙烷分离领域的突破性进展，为设计下一代分离材料指出了新的方向。

乙烯是一种重要的石油化工产品，在所有石化产品中占据着重要的地位。工业化制备的乙烯通常利用乙烷高温裂解产生，因此最终的产物往往是乙烷和乙烯的混合物。传统方法耗能巨大，因此需要寻找一种成本相对低廉而效率更高的分离方法。陈邦林和李晋平等[61]合作提出了利用微孔 MOFs 材料优先吸附乙烷从而实现乙烷/乙烯混合物分离的思路。以往的吸附材料由于与乙烯具有更强的亲和力，所以通常采用吸附乙烯将其从混合物中分离的方法。然而，乙烯/乙烷混合物中乙烯占比大，并且乙烯是目标产物，因此采用吸附乙烯的分离方法需要经过多次吸附-解吸附循环，这依然是一个耗能巨大的过程。该项工作制备了一种 $Fe_2(O_2)$（dobdc）的微孔 MOFs，利用氧分子先与 Fe-MOFs 材料中的不饱和金属空位结合，有效阻挡不饱和金属空位与乙烯间的 π 键相互作用，显著降低乙烯吸附量。同时，新构建的 $Fe-O_2$ 基团与乙烷之间具有更强的吸附亲和力，所以吸附乙烷强于乙烯，从而达到选择性脱除乙烯中杂质乙烷的目的。该设计思路不仅巧妙地实现了"乙烷-乙烯吸附反转"，也制备出迄今最高效的乙烷选择吸附剂，对不同浓度的乙烷/乙烯混合物一步分离得到聚合级乙烯，这种简单巧妙的思路为乙烷/乙烯分离吸附剂的选择开辟出一条新途径及其代表的选择性吸附思路为发展新型气体分离工艺提供了基础。

5.3.2 催化

催化一直是人类文明发展的重要部分。与沸石、活性炭等传统多孔催化剂相比，MOFs 具有前所未有的结构多样性、固有的有机-无机杂化特征、明确的孔道结构及催化位点，使其成为催化领域内的研究热点。从 MOFs 的结构出发，其主要是通过活性金属位点、功能性有机配体以及客体分子进行相关催化反应。同时，MOFs 材料超大比表面积、可调节孔径等特点能够进一步提升催化活化和转化效率。本节介绍了近年来 MOFs 在热催化以及光催化、电催化的最新应用与进展。

5.3.2.1 热催化

热催化是指通过加热进行的化学反应，包括室温，甚至低温下进行的反应。热催化在催化领域内极具代表性，并广泛应用于工业生产。传统热催化能耗较高，因此设计与合成在温和条件下进行高效热催化的催化剂一直是近年来研究的热点。与其他催化剂相比，MOFs 具有以下优点：①MOFs 是由周期性配位网络中的金属节点和有机连接子组成的晶态多孔材料，是多相催化的理想载体，通过原子尺度下对其进行结构表征，可以更好地理解反应中的结构-活性关系；②MOFs 作为热催化平台，结合了均相催化剂（易于接触的催化位点、活性和选择性、原子级精确催化位点）和非均相催化剂（易于从反应产物中分离和可回收性）的优点；③高孔隙率和比表面积有利于底物的吸附和富集，便于催化位点与反应物之间的识别和相互作用，从而提高催化效率；④孔隙空间提供了特殊的催化微环境（如手性环境、适当的亲水和疏水孔隙性质、缺电子或富电子环境），这将极大地影响反应物分子的反应性。目前，MOFs 可以参与的热催化反应类型十分广泛，例如各种氧化、选择性氢化、脱氢、偶联、环加成、缩合反应等[62]。

通过一系列合成手段将具有仿生活性的分子引入到 MOFs 中可以构建人工金属酶。MOFs 孔道可以作为"口袋"或"分子瓶"，通过多种非共价相互作用模拟酶的催化活性位点从而用于仿生催化研究。2022 年，美国北得克萨斯大学马胜前教授课题组利用具有仿生活性的金属卟啉配体合成了金属-金属卟啉框架（MMPF），并通过对配体的预先设计向 MOFs 中引入 C-Br 键进而构建仿生催化口袋[63]。由于 C—Br 键与 π 键相互作用可以降低两种反应物的 HOMO-LUMO 能隙，增加了 π 体系的电子云密度，从而满足了 Diels-Alder 反应电子需求。因此 MMPF 在环境条件下对 Diels-Alder 反应表现出优异的催化性能（如图 5-19 所示），以 N 取代马来酰亚胺和 9-羟基蒽为例，催化转化率高达 99%。该项工作不仅推进了功能化卟啉 MOFs 作为一类新型非均相卤键供体催化剂的研究，而且为模拟酶系统实现高效、高选择性催化提供了新的途径。

钯催化的有氧氧化反应是近年来合成化学的热点，因为它们在合成各种有价值的精细和大宗化学品方面起着至关重要的作用。采用后修饰策略，将 Pd^{II} 催化剂、电子转移介质（ETM）、可控配体固定在 MOFs，是促进钯催化的有氧氧化反应的有效手段。2019 年，华南理工大学江焕峰教授团队利用稳定的 MOFs（UiO-67），将 Pd^{II} 催化剂、邻菲咯啉配体和 Cu^{II} 物种（电子转移介质）合理地组装到 MOFs（UiO-67-phen-Pd/Cu）中[64]。同时，MOFs 位点隔离性质和限域效应可以稳定原位生成的 Pd^{0}，提高电子转移效率。此外，MOFs 可以在孔道中捕获 O_2，在催化位点周围形成局部高压 O_2 气氛，从而进一步促进 Pd^{0}、ETM 和 O_2 之间的高效电子转移，实现 Pd 催化的有氧氧化，从而以高效和可持续的方式解决 Pd 催化的有氧氧化反应的氧化和催化问题。该 MOFs 材料用于 Pd 催化的脱硫氧化偶联反应（如图 5-20 所示），转化数比均相催化剂高 10 倍，且重复使用五次仍然不失去催化活性。这项工作首次探索了使用 MOFs 作为一个有前途的催化平台，用于开发具有高效率、低催化剂负载量和可重复使用性的 Pd 催化反应。

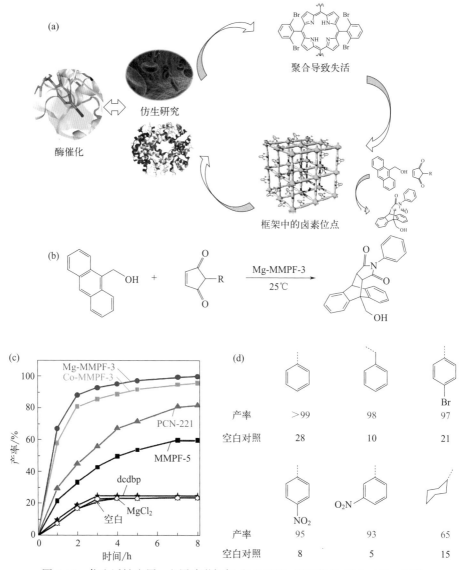

图 5-19　仿生活性金属 - 金属卟啉框架（MMPF）用于催化 Diels-Alder 反应

（a）带有 C—Br 键的卟啉金属有机框架（MOFs）可以作为环境条件下 Diels-Alder 反应的高效非均

相卤素键供体催化剂；（b）Mg-MMPF-3 催化 N 取代马来酰亚胺和 9- 羟基蒽的 Diels-Alder 反应；

（c）室温下各种催化剂催化 Diels-Alder 反应的产率与时间曲线；

（d）Mg-MMPF-3 催化的各种马来酰亚胺衍生物

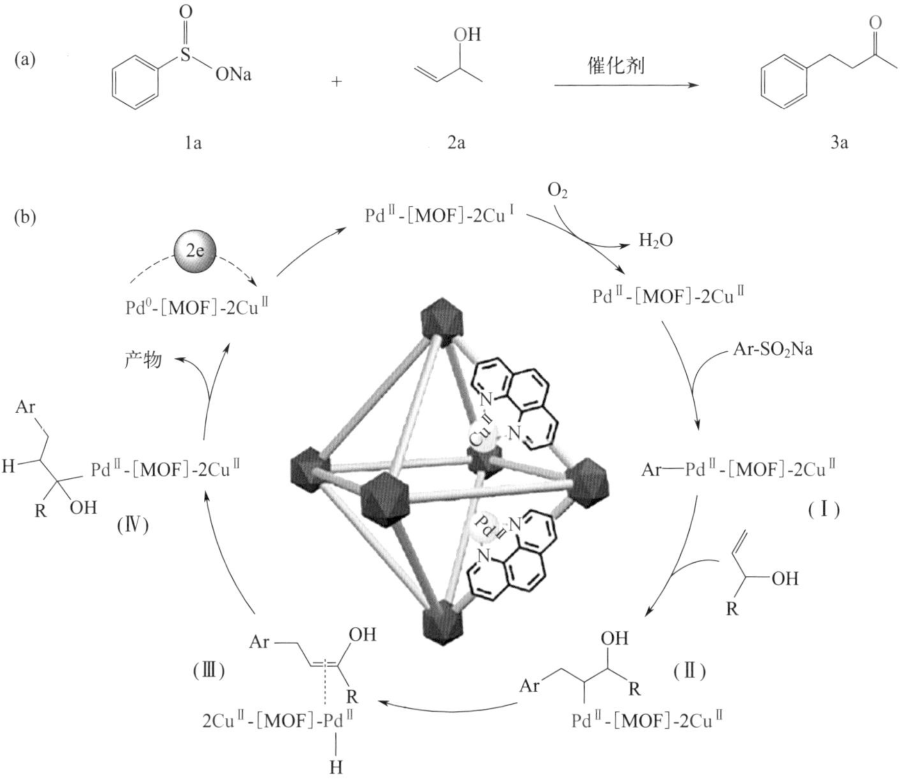

图 5-20　UiO-67-phen-Pd/Cu 实现 Pd 催化的脱硫氧化

（a）Pd 催化的脱硫氧化偶联反应；（b）UiO-67-phen-Pd/Cu 催化脱硫氧化偶联反应机理

　　通过后修饰功能化策略，将与手性磷配体螯合的 Rh 金属中心引入 MOFs 中，能够显著提升 MOFs 材料在不对称氢化中的催化活性，并在官能化烯烃的氢化上具有良好的立体选择性。2022 年，上海交通大学崔勇教授课题组使用了连续后合成修饰方法，通过框架上的手性单亚磷酸配体成功地将 Rh 引入到手性 Zr-MOFs 中 [65]。利用多孔框架的限域效应构建了一种非常有效的单位点不对称加氢催化剂（如图 5-21 所示），这种单位点 Rh- 单磷催化剂在烯酰胺和 α- 脱氢氨基酸酯的不对称氢化反应中表现出优异的催化性能［室温，对映选择性（ee）高达 99.9%，见表 5-1］，并且比均相 Rh- 双磷分子类似物的催化活性高 5 倍。这项工作为直接将具有催化活性但不稳定的分子物种安装到 MOFs 中以产生高效的单位点非均相催化剂提供了一个有效策略。

5.3.2.2　光催化

　　太阳作为超级能源仓库，平均每小时照射在地球表面的能量足以满足人类一年的能源需求，太阳能被认为是一类充满应用前景的清洁能源。然而，太阳能转换效率低以及连续性差等缺点限制了其进一步发展。光催化技术能够将太阳能转化为化学能，是一种高效、安全的环境友好型环境净化技术，设计高效的光催化剂是光催化领域的核心课题。

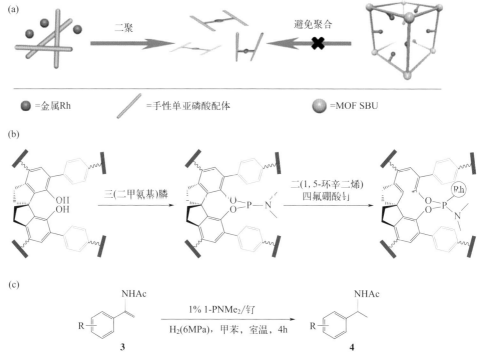

图 5-21　双分子 Rh（Ⅰ）- 催化剂烯酰胺不对称加氢反应

（a）在 MOFs 中分离 Rh- 单磷配合物以防止形成双分子配合物；（b）MOFs 中安装单位点 Rh 催化剂的策略；

（c）单中心和双分子 Rh（Ⅰ）- 催化剂上烯酰胺的不对称加氢反应，反应条件：1%R-1-PNMe$_2$/Rh，

0.5mmol 烯酰胺，H$_2$(6MPa)，3mL ph-CH$_3$，室温，4h

与传统的无机半导体相比，MOFs 光催化剂具有如下优势：①通过改变金属节点、配体或客体分子能够实现对光吸收范围的调控；②MOFs 的多孔特性缩短了电荷转移路径，进而改善了电子 - 空穴对的分离；③共催化剂或光敏剂可以固定在 MOFs 的孔隙或框架上，促进电子 - 空穴对的分离；④结构明确和可调的 MOFs 材料是研究构效关系的良好模型。MOFs 材料的高孔隙率及多孔结构为光催化过程的传质提供了有效途径，同时可以通过改变金属节点与有机配体来调控 MOFs 材料的光子吸收和催化活性，从而实现水分解、二氧化碳还原、有机催化等不同类型的光催化反应[66]。

表 5-1　不对称氢化反应的产物和产率

编号	产物	产率/%[①]	ee/%[②]	编号	产物	产率/%[①]	ee/%[②]
1	**4a**（苯基，NHAc）	>99	99.2	10	**4g**（MeO—）	>99	99.3
2[③]	**4a**	28/84[②]	86/98[②]				
3	**4b**（Br—）	>99	99.9	11	**4h**（萘基）	>99	99.3
4[③]	**4b**	23/89[②]	91/91.88[②]	12[③]	**4h**	17/74	0
5	**4c**（Me—）	>99	97	13	**4i**（芘基）	9/14	n.d.
6	**4c**	30/88[②]	88/93[②]				
7	**4d**（F—）	>99	99.8[②]	14[③]	**4i**	30	n.d.
8	**4e**（Cl—）	>99	99.9	15	**4j**	0	—
9	**4f**（F₃C—）	>99	99.8	16[③]	**4j**	41	n.d.

① 分离产率。

② 通过 HPLC 测定。通过将产物的 HPLC 图谱与文献中报道的图谱进行比较，将产物的绝对构型指定为 R。

③ 2%R-（Me₄L₁-PNMe₂）₂Rh 用作催化剂。

（1）水分解

光催化水分解生成氢气与氧气是一类绿色的可再生燃料生产方法，水分解中包含析氧反应（oxygen evolution reaction，OER）和析氢反应（hydrogen evolution reaction，HER）两个半反应。其中，析氧反应能垒高、能耗大，是制约水分解反应整体效率的瓶颈。由于水氧化反应过程涉及多个电子和质子转移，中间体形态多样、活性物种反应速率快、可能反应途径多，导致从实验上研究水氧化反应机理，特别是关键的氧氧成键过程，具有巨大挑战[67,68]。氢能作为清洁能源之一，其具有燃烧值高、来源丰富、燃烧产物无二次污染等特点。自 Akira Fujishima 等发现 TiO$_2$ 半导体具有光催化性能以来，光解水制氢一直受到学术界和工业界的共同关注与重视[69]。

通过引入功能性有机配体能够有效地调控 MOFs 的带隙，进一步提升其可见光吸收和光催化活性。福建物构所郭国聪等利用后修饰技术，将具有可见光吸收的 2,5- 二甲硫醚对苯二甲酸配体 [H$_2$BDC-(SCH$_3$)$_2$] 引入到多孔 MOFs 材料 MIL-125 中，制得了带隙显著降低的新型钛基 MOFs 复合材料。此外，以 H$_2$BDC-(SCH$_3$)$_2$ 和 MIL-125 固体为原料，通过调节反应体系中 H$_2$BDC-(SCH$_3$)$_2$ 的浓度，获得了含有 20% 和 50% 的 H$_2$BDC-(SCH$_3$)$_2$ 配体的混配 MOFs 材料：20%-MIL-125-(SCH$_3$)$_2$ 和 50%-MIL-125-(SCH$_3$)$_2$。在以 Pt 为共催化剂、三乙醇胺为牺牲剂、20%-MIL-125-(SCH$_3$)$_2$ 为可见光催化剂的光催化系统中，其在 20 ～ 40 分钟之间达到的最高产氢速率为 3814.0μmol·g^{-1}·h^{-1}，是相同条件下 MIL-125-NH$_2$ 材料产氢速率的 10 倍（366.7μmol·g^{-1}·h^{-1}）（如图 5-22 所示）[70]。

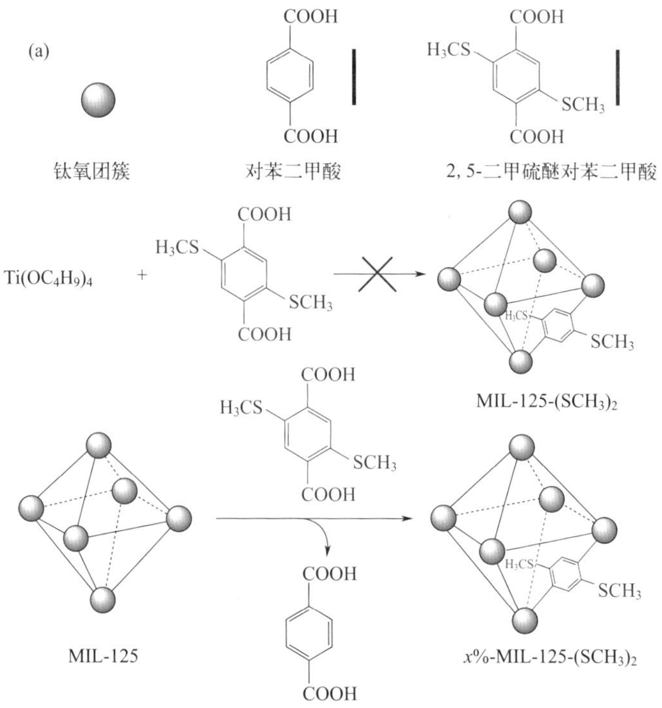

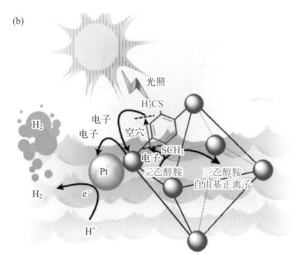

图 5-22　后修饰 MIL-125 组装示意及光催化产氢机理

（a）以 MIL-125 为母体 MOFs 和 2,5- 二甲硫醚对苯二甲酸为外部交换连接子，通过溶剂辅助配体交换
过程获得 x%-MIL-125-(SCH$_3$)$_2$；（b）Pt/x%-MIL-125 -(SCH$_3$)$_2$ 的光催化产氢机理

（2）CO$_2$ 还原

进入 21 世纪以来，化石燃料的迅速消耗导致了化石能源的枯竭以及温室效应的加剧，开发新型清洁能源对于缓解气候变暖及改善能源组成结构具有重要意义。为降低大气中的 CO$_2$ 浓度，科研人员开发了许多 CO$_2$ 储存和转化的方法。相比之下，将 CO$_2$ 还原转化为 CO、CH$_4$、HCOOH 和 C$_2$H$_5$OH 等高价值能源产品被认为是更有前途的方法。MOFs 不仅具有开放的活性位点用于吸附和活化 CO$_2$ 分子，而且还能通过功能性有机配体来调控材料的可见光吸收能力和孔道微环境，这为 MOFs 作为二氧化碳还原（carbon dioxide reduction reaction，CO$_2$RR）的光催化剂提供了良好的基础条件。MOFs 催化剂在光催化二氧化碳还原领域具有如下优势：① MOFs 优异的 CO$_2$ 吸收能力有助于提高活性位点周围的 CO$_2$ 浓度，进而加速光催化二氧化碳还原过程；② MOFs 具有的高结晶度可以避免结构缺陷的形成，从而抑制光激发电子 - 空穴对的复合；③金属簇和有机配体的独特结构有助于催化活性的合理设计和调控[71]。

MOFs 的金属位点和功能性有机配体都能作为催化活性中心高效协同光驱动二氧化碳还原反应。2020 年，中国科学院福建物质结构研究所曹荣团队通过吡唑基金属卟啉和 [Ni$_8$] 团簇设计合成的光催化剂 PCN-601 首次实现了在 CO$_2$ 和水蒸气的气固相体系中的光催化 CO$_2$ 全还原反应。此外，该反应体系避免了牺牲剂的使用，充分展现了 MOFs 材料作为多功能催化剂的特点。理论计算以及实验结果显示，与羧酸基 -ZrO$_x$ 簇构建的 MOFs 相比，PCN-601 的吡唑基 -NiO$_x$ 簇配位层不仅能够使整体结构保持稳定，而且有助于光生电子从配体至节点的超快迁移，以此增强 CO_2、H_2O 分子的吸附与活化，进而保障光催化 CO_2 全还原反应的转化效率[72]，如图 5-23（a）所示。兰亚乾课题组通过选用生物碱基腺嘌呤与药用制剂构建了两个绿色仿生 AD-MOFs 并对它们的光催化 CO_2 还原性能进行了研究。通过配体上的氨基与烷基修饰成功提升了 AD-MOFs 的可见光吸收能力与结构的疏水性，光催化 CO_2 还原实验结果表明：$Co_2(HAD)_2(AD)_2(BA)$ · DMF · $2H_2O$（AD-MOF-1，HAD= 腺嘌呤、BA= 丁二酸）在纯水中的 HCOOH 转化速率为 179.0mol · g^{-1} · h^{-1}，而烷基修饰的 $Co_2(HAD)_2(AD)_2(IA)_2$ · DMF（AD-MOF-2，IA= 异丁酸）的 HCOOH 转化速率高达 443.2mol · g^{-1} · h^{-1}，AD-MOF-2 是首例在纯水中实现光催化 CO_2 还原至 HCOOH 转化的且性能最高的 MOFs 基光催化剂。理论计算结果表明，光催化 CO_2 还原反应的活性位点是腺嘌呤分子上裸

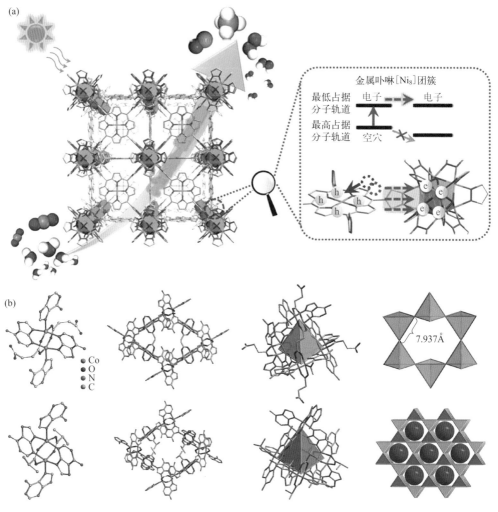

图 5-23　各类 MOFs 的结构及催化机理

（a）PCN-601 整体光催化还原 CO$_2$ 的机理；（b）AD-MOFs 的晶体结构；

（c）AD-MOFs 光催化 CO$_2$ 还原至甲酸

露的邻位氨基与芳香氮原子，而不是常规 MOFs 的金属中心。由于制备这类 AD-MOFs 时选择了环保的生物学组分，这为未来发展其他稳定、绿色仿生的 MOFs 二氧化碳还原光催化剂提供了启发，如图 5-23（b）和（c）所示[73]。

（3）有机催化

在提倡绿色生产的当今社会，运用反应条件温和、能耗低的光催化技术对有机物进行有效降解或转化具有独特的优势。与传统的热催化相比，有机物光催化转化具有反应产率高、选择性好等特点，进而在小分子有机物的合成和转化上彰显了独特的魅力。MOFs 具有类似于均相催化剂的活性位点，同时还具备多相催化剂可回收利用的特性。此外，MOFs 高比表面积和高孔隙率等特点有助于减小传质阻力和增加活性位点的暴露，易于功能化和修饰的优势则为实现活性位点的精确调控创造了条件。相比于传统多孔材料，将 MOFs 作为光催化剂应用于有机中间体的催化转化具有得天独厚的优势。

级联催化反应技术能够改善传统有机合成反应的原子经济性和步骤经济性。然而，不同催化剂对同一合成反应体系溶液的兼容性不同，因此设计级联催化反应技术的催化剂具有很高的应用价值。2021 年，林文斌课题组报道的双功能层状 MOFs 首次实现了从芳香烃出发合成氰醇化合物。HfOTf-Fe 和 HfOTf-Mn 中含有三氟甲磺酸修饰的 Hf$_6$ 次级构建单元充当强 Lewis 酸位点，基于 4'-（4- 苯甲酸）（2,2'：6',2"- 四吡啶)-5,5"- 二羧酸后修饰引入的 Fe^{II} 和 Mn^{II} 作为金属催化活性位点，进而实现了以 O$_2$ 和 CO$_2$ 作为反应物进行级联催化反应，其中 HfOTf-Fe 通过 O$_2$ 和甲硅烷基化的串联氧化有效地将烃转化为氰醇，而 HfOTf-Mn 通过串联环氧化和 CO$_2$ 注入将苯乙烯转化为碳酸苯乙烯酯（如图 5-24 所示）[74]。

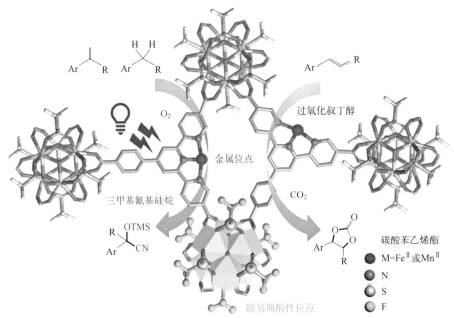

图 5-24　具有路易斯酸性的 Hf$_6$ 构建单元与 TPY-M（M = Fe^{II} 或 Mn^{II}）

配体构建的双功能层状 MOFs 用于串联催化

除了通过级联催化反应将芳香烃转化为氰醇化合物之外，MOFs 还能用于惰性 C—H 键的高效活化。大连理工大学段春迎团队将氧气与 C—H 键活化相结合，通过双光子连续激发实现了对惰性 C—H 键和氧气的同时活化。首先通过 Ce^{3+}、CH$_3$CH$_2$OH 以及辅酶氧化烟酰胺腺嘌呤二核苷酸模拟物设计构筑了一例铈基 MOFs，在同一个结构中巧妙地整合了光诱导电子转移（photoinduced electron transfer，PET）、配体到金属电荷转移（ligand-to-metal charge transfer，LMCT）以及氢原子转移（hydrogen atom transfer，HAT）过程。在可见光照射下，铈基 MOFs 吸收第一个光子，驱动分子内电子从 Ce^{3+}-OEt 转移到配体上。同时，原位形成的 Ce^{4+}-OEt 发色团在连续的光子激发下触发配体到金属电荷转移过程，形成高能态的烷氧基 EtO•，进而从惰性 C—H 键中摄取氢原子。这项工作为设计绿色可持续的合成策略奠定了理论基础（如图 5-25 所示）[75]。

5.3.2.3　电催化

发展绿色清洁的新型能源对于优化能源结构占比、改善温室效应以及缓解能源危机发挥着决定性作用，设计高效、稳定的能量转换系统是推动能源结构转型的关键。MOFs 作为一类新兴的有序晶体材料，具有可定制的拓扑结构、功能、孔隙率和电催化性能，在能源储存和转换系统扮演着重要角色。截至目前，许多

MOFs 结构已被证明对水分解、氮还原等反应具有电催化活性。

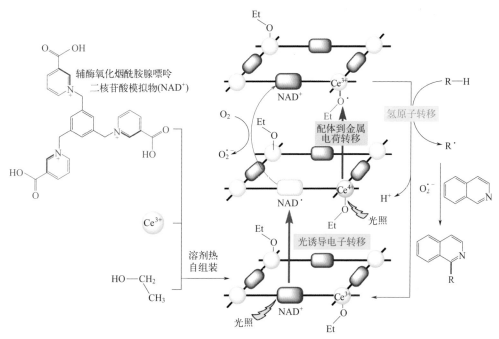

图 5-25 金属有机框架 Ce-NAD$^+$ 的组分及光诱导电子转移、
配体到金属电荷转移以及氢原子转移过程

（1）水分解

电催化析氧反应在现代能源转换技术发挥着重要作用。析氧反应涉及多步质子耦合，同时伴随着 O—H 键断裂和 O—O 键生成，进而导致了缓慢的动力学过程。因此，设计稳定高效的电催化剂来克服动力学障碍对于提升电催化析氧反应效率具有重要意义。

兰亚乾和李亚飞课题组选用双金属簇 Fe$_2$M（M=Co、Ni、Zn）与有机配体连接设计构筑了四种双金属 MOFs（NNU-21～24）。由于 Fe$_2$M 的三核双金属结构与无机纳米双金属催化剂类似，因此可以模拟双金属催化剂并作为金属节点与有机配体连接，进而将 Fe$_2$M 固定到 MOFs 中。NNU-21～24 具有优异的化学稳定性，在 0.1mol·L^{-1} 的 KOH 电解液中，将其作为电催化析氧催化剂，NNU-23（Fe$_2$Ni-BPTC）表现出最好的析氧性能。双金属簇 Fe$_2$M 的 DFT 理论计算结果表明：在双金属催化剂中引入第二金属能够活化原始金属，使得 d 带中心更接近费米能级，从而在吸附的中间产物和催化剂之间形成更强的作用力，最终加快析氧反应的动力学。这项研究结果为设计新型催化剂及其电催化应用提供了参考（如图 5-26 所示）[76]。

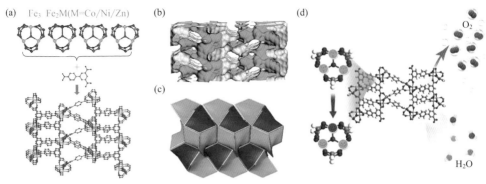

图 5-26　NNU-21 ～ 24 的结构及电催化析氢反应

（a）NNU-21 ～ 24 中的三核金属簇和三齿羧酸配体；（b）NNU-23 的 3D 孔道模拟；（c）NNU-23 的自然拼接；
（d）NNU-23 电催化析氧反应

相比于传统的多孔催化剂，MOFs 除了能够高效地进行电催化析氢反应之外，其明确的结构组成为研究析氢反应的微观反应机制及反应动力学提供了良好的模型。2021 年，南京航空航天大学彭生杰课题组将一系列金属纳米颗粒锚定在纳米镍基 MOFs 上构筑了 M@Ni-MOF（M=Ru、Ir、Pd）。金属纳米颗粒与 Ni-MOF 之间的金属 - 氧键不仅保障了整体结构的稳定性，而且能够使表面活性中心充分暴露。此外，精确的界面特征能够通过形成的 Ni-O-M 桥的电荷转移调控杂化材料的电子结构，进而加速 H_2O 吸附反应动力学，优化析氢反应吸附热力学并降低其反应势垒。催化实验结果表明，Ru@Ni-MOF 在所有 pH 环境中都能展现出优异的电催化析氢反应活性，甚至超越了部分商用的 Pt/C 以及新型贵金属催化剂（图 5-27）[77]。

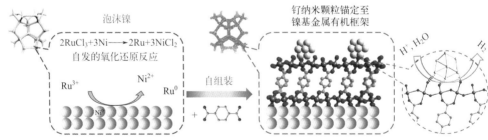

图 5-27　钌纳米颗粒锚定至镍基金属有机框架
纳米片的组装及电催化析氢

（2）氮还原

氨气作为一种高效的氢能源载体，被广泛应用于药物合成和肥料领域。目前工业上主流的氨气生产路线依旧为高能耗和重污染的 Haber-Bosch 工艺。电催化氮还原反应（nitrogen reduction reaction，NRR）作为一种将氮固定为氨的无碳方法正在兴起，设计合成高效稳定的催化剂是实现电催化氮还原反应进一步发展的前提。MOFs 具有适当的孔隙、大的表面积以及能够在原子水平对其结构和功能进行调控设计等特点，进而为电催化氮还原成 NH_3 提供了契机[78]。

2020 年，新加坡南洋理工大学 Xing Yi Ling 团队使用沸石咪唑框架来修饰双金属电催化剂的 d 带电子结构，进而增强其对 N_2 的吸附亲和力和电催化氮还原反应性能，在室温下以超过 44% 的法拉第效率以及 $161\mu g \cdot mg^{-1} \cdot h^{-1}$ 的 NH_3 产率高效还原 N_2[79]。Ma 等通过铝三聚体和去质子化的 1,3,5- 苯三甲酸设计构筑了具有杂化超四面体的 MIL-100（Al）。该化合物能够在 $0.1mol \cdot L^{-1}$ 的 KOH 介质中将 N_2 转化为 NH_3，在 N_2 的超低电位下展现出优异的 N_2-NH_3 固定能力。对照组电催化实验结果表明：MIL-53（Al）和缺陷型 MIL-100（Al）的电催化活性均低于 MIL-100（Al），这意味着 MIL-100（Al）的独特骨架和铝节点在促进电化学 NH_3 生成方面具有协同效应（如图 5-28 所示）。此外，MIL-100（Al）具有的 N_2 吸附能力和析氢反应抑制性有助于提高电催化氮还原反应的高选择性。这项工作意味着在温和条件下，主族金属基 MOFs 有希望成为高效催化氮还原反应的电催化剂[80]。

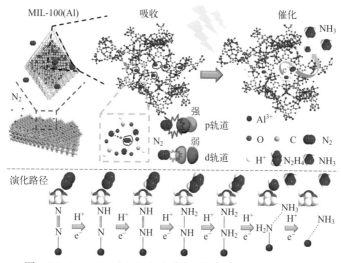

图 5-28　MIL-100（Al）的电催化氮气还原机理及演化路径

5.3.3　能量储存与转化

MOFs 作为一类新型结晶多孔材料得到深入研究和快速发展[81]，其超大的比表面积、可调控的孔隙率、均匀分散的活性位点以及金属节点和有机连接子的多样性，使其成为电化学能量存储和转换（electrochemical energy storage and conversion，EESC）的理想电极材料和前驱体[82]。作为新型储能材料，MOFs材料的独特结构赋予其很多潜在优势：许多有机配体和中心金属离子均具有电化学活性，可以贡献较高的比容量；高孔隙率和规则的孔道可以容纳嵌入离子，并有利于其固相传输；由配位键形成的高度延展的d-π共轭体系以及有机配体之间的π-π堆积作用可以显著提升电子电导率。本节将简要介绍MOFs材料在锂-硫电池以及超级电容器等方面的应用。

5.3.3.1 锂-硫电池

锂-硫电池（lithium sulfur batteries，Li-S batteries）因其极高的理论比容量（1675mAh·g⁻¹）和能量密度（2600Wh·kg⁻¹）以及低成本具有极佳的应用价值[83]。然而，锂-硫电池在充放电过程中，浓差极化以及电场力的综合作用使得部分多硫化物穿梭往正负极之间；多硫化物可能会在负极表面无序沉积并生成不导电的硫化锂，从而导致锂-硫电池循环寿命短、效率低。抑制上述现象（多硫化物的穿梭效应）是延长设备使用寿命，提高设备性能的关键[84]。为达到上述目的，MOFs通过调节活性金属位点以及复合多种材料，可以抑制多硫化物的穿梭以及锂枝晶的形成，提升锂-硫电池的综合性能。

在MOFs中引入不同的金属离子能够显著改变了MOFs的固有性质。例如具有丰富的路易斯酸性活性位点的双金属和多金属MOFs作为锂-硫电池的正极易与多硫化物阴离子配位，显著抑制多硫化物的穿梭效应，从而提高MOFs电化学性能。扬州大学庞欢课题组通过一锅法制备了一系列锰基多金属MOFs（双金属和三金属MIL-100）纳米八面体[85]。在保留原有拓扑结构的同时，可以调整加入金属元素的种类和比例。此外，这些锰基多金属MIL-100纳米八面体被用作升华硫的载体经过熔融扩散法制备锂-硫电池的阴极。电化学测试结果显示：在所有已报道的MIL-100@S复合阴极材料中，MnNi-MIL-100@S阴极表现出极佳的锂-硫电池性能，具有最高的比容量（1579.8mAh·g⁻¹），循环200次后的可逆容量仍保持在708.8mAh·g⁻¹。储能材料的晶体形状和尺寸同样影响着能量转换过程。该研究成果阐明了形状与比容量之间的关系，以及MOFs颗粒大小对循环稳定性的影响，对储能领域微米级/纳米级MOFs的普遍合成和深入研究具有重要指导意义（如图5-29所示）。

5.3.3.2 超级电容器

超级电容器是介于传统电容器和充电电池之间的一种环境友好、无可替代的新型储能和节能装置，具有快速充放电、功率密度高、循环寿命长等特点[86]。根据能量存储机理，超级电容器可分为双电层电容器（electrical double-layer capac-itor，EDLC）和赝电容器（pseudocapacitors，PCs）。EDLC 具有良好的导电性，但通常具有固有的低电容。PC 通常表现出出色的电容，但导电性差。因此，开发兼具 EDLC 和 PC 优点的新型电极材料是影响和决定超级电容器性能的关键；相关工作引发国内外科研工作者和工业界的研究热潮，开发电极材料成为重大的挑战性课题之一[87]。目前采用共轭有机配体以及金属活性单元构建的导电型MOFs 制备新型电极材料，此类 MOFs 能够显著提高超级电容器的电导率及能量密度[88]。

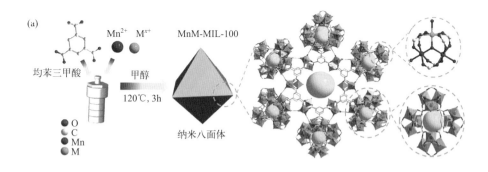

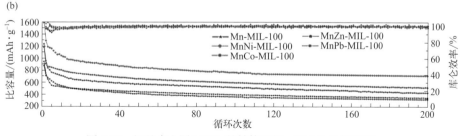

图 5-29　锰基多金属 MOFs 的结构及锂 - 硫电池性能研究

（a）锰基多金属 MOFs 合成方法与结构；（b）多金属锰基 MIL-100 纳米八面体作为

锂 - 硫电池的阴极的可循环性

高电导率和大孔隙率赋予导电型 MOFs 较大的离子容量，有利于提高 EDLC电容，并且氧化还原活性有机连接子和金属中心的可变价态都有利于赝电容。天津大学陈龙和上海科技大学马延航等在铜 - 双（二羟基）配位几何结构中使用 D_2 对称的氧化还原活性配体，制备了一种新的基于共轭儿茶酸铜（Ⅱ）的金属有机框架（即 Cu-DBC）[89]。π-d 共轭框架表现出典型的半导体行为，在室温下具有约 $1.0S \cdot m^{-1}$ 的高电导率。得益于良好的电导率和出色的氧化还原可逆性，Cu-DBC 电极具有优异的电容器性能，在 $0.2A \cdot g^{-1}$ 的电流密度下，质量比电容高达 479F·g^{-1}。此外，Cu-DBC 的对称固态超级电容器具有高面积比电容（879mF·cm^{-2}）和体积比电容（22F·cm^{-3}），以及良好的倍率能力。基于 Cu-DBC 的超级电容器受益于赝电容和 EDLC 电荷存储机制，因此不仅具有高面积和体积比电容，而且还具有高功率和能量密度，优于大多数报道的基于 MOFs 的超级电容器。

由于 MOFs 结构的多样性和可设计性、高孔隙率、高比表面积和易于功能化等特点，近年来已被广泛应用于能源、医药和催化等领域。目前，科研工作者正聚焦于设计构筑具有功能导向的新型 MOFs 结构。本章中，首先概述了 MOFs 的定义和优点，随后将 MOFs 的构建单元划分为无机构建单元和有机分子构建单元，分别介绍了单金属节点、金属簇合物、1D 链状、2D 层状等构建单元在设计构筑 MOFs 时的应用。最后，详细总结了 MOFs 材料在各领域的广泛应用，包括气体的储存与分离、催化、能量储存与转化等。

虽然目前 MOFs 材料的设计合成及在多个领域的应用研究已经取得了重要进展，但距离精准合成结构和功能特定的 MOFs 材料，并将其实际应用仍有一定差距，以下问题仍需进一步探索和解决：

在新结构定向设计合成方面，在现有分子和多维构建单元的基础上，开发新型构建单元包括目前尚未报道的 3D 无机构建单元，制备具有开放孔道、多功能中心以及稳定性的 MOFs 材料是目前的研究重点和难点，可以结合计算机辅助设计以及高通量的合成方法，基于网格化学的理论指导以及量化计算的能量最优化，实现具有特定结构和功能 MOFs 材料的精准合成，推动 MOFs 材料的快速开发和筛选。

在气体储存与分离方面，构筑结构稳定、易回收和低成本的 MOFs 基吸附剂对于其用于气体储存与分离具有较大的挑战性，大多数 MOFs 的主要缺点是对水或空气敏感，热稳定性差，这限制了它们的应用，即使它们具有优越的吸附分离性能。此外，开放普适性的合成调控策略，通过尺寸筛分效应以及引入多种功能位点提升气体的吸附热以及对于特定气体的选择性吸附也是目前亟待突破的难点。

在催化方面，部分 MOFs 材料中的有机和无机组分在催化反应过程中不够稳定，进而在催化反应过程中分解，因此设计合成高稳定性的 MOFs 成为当前研究重点，尤其是在高温、高压以及强酸碱性等实际生产条件下稳定的 MOFs 材料。在提倡绿色发展的当今社会，合成廉价金属构建的 MOFs 材料不仅能够降低生产成本，而且能够与可持续发展理念相契合[66]。最后，对于 MOFs 催化反应的机理研究还不够深入，这与实际反应的复杂性有关。主要涉及 MOFs 与助催化剂之间的电子转移、构效关系、溶液与催化剂之间的相互作用等。深入解析这些反应机理可能需要借助新型的表征技术和更准确的理论模型，这将为开发更高效、更稳定的 MOFs 催化剂奠定坚实的基础[90]。

　　在能源储存与转化方面，如何克服 MOFs 材料和 MOFs 复合材料稳定性差的缺点，以满足 EESC 器件的实际使用要求是亟待解决的问题，特别是亟需开发能应用于强电解质和较高电位等苛刻条件下的电化学 EESC 器件。此外，MOFs 材料的开发还远远不够，其他晶态多孔材料如沸石和共价有机框架通常采用的设计合成策略，可以为开发具有卓越存储能力的新型 MOFs 材料提供借鉴和参考。随着更先进原位表征技术的发展和对 MOFs 材料用于 EESC 过程的深入理解，具有理想电化学性能的 MOFs 材料有望在不久的将来用于实际 EESC 器件中。

参考文献

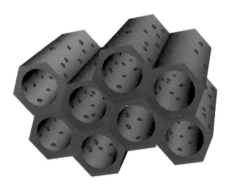

第6章
介孔无机材料

根据国际纯粹与应用化学联合会（IUPAC）的规定[1]，孔径尺寸介于 2 ～ 50nm 之间的一类多孔材料被定义为介孔材料（mesoporous material）。因其高比表面积、大吸附容量、可调孔道结构和多样的骨架结构而被广泛应用于吸附与分离、大分子催化、储能、传感和生物化学等多个领域。介孔材料的合成与研究始于无机材料，自从 1992 年美国美孚（Mobil）公司的科学家首次报道介孔氧化硅分子筛 M41S（MCM-41、MCM-48、MCM-50）系列以来，研究人员采用超分子为模板合成了具有不同组成、多样孔道结构、可调孔径尺寸以及具有特殊性质的介孔无机材料[2,3]。自此，介孔无机材料成为一个跨化学、材料、物理以及生物等多学科交叉的国际研究热点。

经过约三十年的研究发展，介孔无机材料的骨架组成也从早期的氧化硅、硅铝酸盐扩展到碳材料[4]、金属氧化物[5]以及金属非氧化物如金属碳化物[6]、硫化物[7]和氮化物[8]等。目前也有很多研究工作将多组分复合，对介孔无机材料进行修饰或者负载催化活性中心，从而赋予介观骨架独特的功能性，更加拓宽了介孔无机材料在多领域的应用范围。

（1）介孔无机材料的结构和特点

通过众多科研工作者的努力，介孔无机材料在宏观形貌、孔径大小、骨架构成等方面得到了长足的发展。截至目前，已报道的介观结构包括二维以及三维的孔道结构，图 6-1 是几种典型的介观结构示意图。

二维主要有层状 lamellar（HOM-6 等[9]）和六方结构 p6mm（MCM-41、SBA-15、CMK-3、FDU-15 等[10-14]）。三维具有更丰富的孔道结构，如 AMS-1[15]具有三维六方 p63/mmc 结构，SBA-1[15]和 AMS-2[16]等属于立方 Pm$\bar{3}$n，AMS-10[17]和 HOM-7[9]属于三维 Pn$\bar{3}$m。三维立方结构还包括体心立方结构 Im$\bar{3}$m（SBA-16、HOM-1、FDU-16 等[9,12,13]）、面心立方结构 Fm$\bar{3}$m（HOM-10、AMS-4、KIT-5、

FDU-1、FDU-12、FDU-18 等 [15,18-22]）和 Fd$\bar{3}$m（AMS-8、FDU-17 等 [15,23]）、立方双连续结构 Ia$\bar{3}$d（MCM-48、KIT-6、AMS-6、FDU-5、FDU-14 等 [2,3.12,15, 24-26]）。

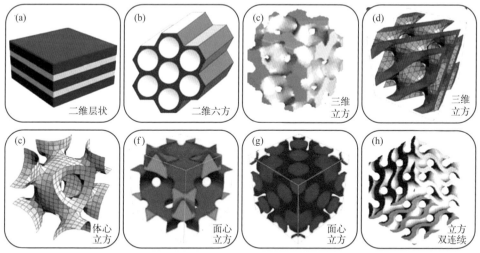

图 6-1　几种典型的介孔无机材料介观结构 [27,28]

　　随着介孔无机材料在各个实际领域中得到应用，除了其本身的介观结构、骨架组成以外，不同的应用领域还对材料有着特定的形貌要求。例如，色谱填料通常使用球形二氧化硅，而光学器件则需要使用二维薄膜材料，因此对于介孔无机材料形貌结构的调控就显得尤为重要。到目前为止，已经开发出薄膜 [29]、纤维状 [30]、棒状 [31]、单片 [32]、球状 [33]、单晶 [34] 等多维度形貌结构的介孔无机材料，如图 6-2 所示。

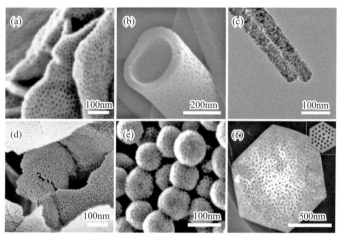

图 6-2　各种形貌的介孔无机材料 [29-34]

由此可见，介孔无机材料具备孔径可控、骨架组成可调、形貌及孔道结构多样的特点，大的比表面积可以促进高效的传质速率、增加界面反应活性位点，在催化应用方面可作为具有纳米约束效应的纳米催化反应器，在电池领域可提供足够的空间容纳电池中电极的体积变化，可以通过制备多组分、多结构的介孔无机材料来满足不同应用领域的要求。

（2）介孔无机材料的发展历程

最初，人们在脱铝沸石中发现了介孔，在这过程中由于结构缺陷的产生形成了一些介孔，其孔径大小和数量与脱铝条件有关，很难控制，通过这种脱铝过程得到的材料是一种典型的无序介孔无机材料[35]。1992 年，美国 Mobil 公司的研究人员 Kresge 和 Beck 等利用烷基季铵盐阳离子表面活性剂和无机硅物种进行组装合成了 M41S 系列氧化硅（铝）基有序介孔分子筛，包括 MCM-41、MCM-48 和 MCM-50。并首次提出了"模板"的概念，成功开启了有序介孔无机材料合成的新篇章[23]。这一发现将传统微孔分子筛的孔径大小从微孔扩展到了介孔范围，使得以前很多在沸石分子筛中不能进行的吸附、分离或大分子催化成为可能，并为后续介孔无机材料的合成提供了新的思路。

1998 年，赵东元院士[10,11]成功地利用聚醚类三嵌段共聚物（$EO_nPO_mEO_n$）合成出一系列具有较大孔径（5 ~ 30nm）、高介观有序度、高稳定性的氧化硅介孔材料，该合成策略操作简单，重复性令人满意。至此，有序介孔无机材料得到了广大科研工作者的极大关注，成为研究热点之一。

随着介孔无机材料约三十年的发展，一大批孔径可调、组成可变、形貌多样、孔道形状不一，且孔道排列方式多样化的新型介孔无机材料被制备出来。从最初的纯二氧化硅介孔分子筛到各种非硅骨架的介孔材料，从具有单一功能的介孔无机材料，到各种复合介孔无机材料，广泛涉及了各种光、电、磁、生物医药、传感和纳米工程等功能材料，成为新兴的蓬勃发展的热点研究领域之一。

6.1
介孔无机材料的合成方法

自 1992 年，硅基介孔材料被报道以来，经过近 30 年的研究，介孔材料得到了长足的发展，对于介孔材料的合成及其机理的研究也逐渐深入。相比较于通过纳米颗粒堆积而产生的缝隙（堆积孔），介孔材料更加在意的是有序孔道结构。介孔材料的合成通俗讲就是"造孔"，而"造孔"的关键便是选取合适的"造孔剂"，也可称之为模板剂，根据模板剂的种类和数量，可以将介孔材料的合成方法分为：硬模板法、软模板法和多模板法。随着研究的深入，更多的合成机理被发掘，包括界面组装法，或者单胶束的合成路径，其均可以归纳为软模板法或者多模板法。因此，介孔材料的合成方法将从以下三个方面予以讨论。

6.1.1　硬模板法

硬模板法，也被称为纳米浇注法，1998 年由 Göltner 等首次提出[36]，该方法一般使用现成的有序介孔材料、无机纳米粒子及其聚集体作为模板。如图 6-3 所示，利用"硬"模板法来合成介孔材料的过程主要包含以下几个步骤：①模板的准备：目标材料的介观结构是硬模板的反相，因此，硬模板需具备良好开放性的孔道，以便前驱体溶液被有效灌入，更重要的是，硬模板应与目标介孔材料存在显著的物理或化学性质差异，以便在保留目标结构的同时而其本身被顺利除去。②前驱体的引入：目标材料的前驱体溶液与模板剂之间需要有良好的相互作用，在毛细作用力等一些驱动力的作用下，以便前驱体溶液能够很好地进入到模板

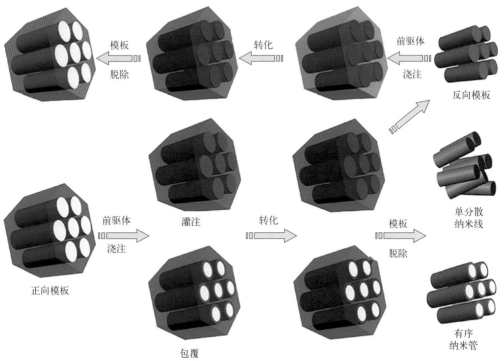

图 6-3　"硬"模板法合成介孔材料或者单分散纳米线[37]

剂的孔道中，然后将溶剂挥发掉，形成致密的填充，同时，应尽量避免填充疏松导致模板脱除后的结构坍塌，此过程往往是制备成功的关键点。③前驱体的转化：将前驱体通过一系列后处理转化为目标材料，如水解、氮化等过程。例如，在合成金属氮化物时，一般需要让其前驱体充分水解，并在氨气下进行高温氮化处理。④模板剂的脱除：一般通过化学刻蚀或者焙烧的方式将所使用的硬模板剂除去，即可得到最终的产物。

通过该方法制备的介孔材料，其孔道结构和孔径尺寸的控制仅仅只能通过调控硬模板的介孔结构来实现。该方法普适性较强，可以用来制备碳化物、氮化物和硫化物等介孔材料[38-40]，甚至是单晶材料。但是，硬模板法显著的缺点是操作过程过于烦琐，费时费力，不宜大规模制备。

6.1.2 软模板法

不同于硬模板法，软模板法通常使用有机物作为模板，是目前合成介孔材料的主流方法。软模板主要包含以下三类：阴离子表面活性剂（羧酸盐、硫酸盐、磺酸盐等），阳离子表面活性剂［十六烷基三甲基溴化铵（CTAB）、十六烷基三甲基氯化铵（CTAC）等］，两亲性嵌段共聚物高分子（P123、F127等）。此外，根据制备过程的操作不同，还可将"软"模板法分为溶液相法和溶剂挥发诱导自组装（evaporation induced self-assembly，EISA）两种方法。

在早期，溶液相法主要用来合成介孔氧化硅材料，即在各向异性的溶液中，硅前驱体与模板剂发生相互作用，模板剂因溶液的各向异性诱导前驱体进行共组装并以沉淀的方式析出[42]。后来，该方法也成功拓展至介孔碳、金属氧化物等材料的制备[43,44]。一般的合成步骤如下：将模板剂溶解于溶剂中，然后加入目标材料的前驱体进行水解、缩聚及交联反应，并通过控制反应温度、pH值和搅拌速度等诱导前驱体在发生化学反应的同时与模板剂进行共组装从而形成有序的介观结构，并随着反应的进行从溶液中析出，再经过前驱体的转化、模板剂的去除等过程得到最终介孔材料。另外，在体系中引入第二相形成乳液体系，形成乳液界面的同时调节溶液的表面张力，也可以利用油相液滴内外环境的差异，同时调控胶束的组装过程，获得具有不同形貌的各向异性或者各向同性的介孔材料。在此体系中，孔径尺寸和孔道结构的控制可以通过调节溶液体系来实现，比如，反应温度、pH值和产物的后处理过程；或者调节油相小分子的种类和用量（三甲基苯、环己烷、苯、甲苯等），但是这种方法往往会对于介孔的有序度有一定的影响。比如，赵东元院士课题组就采用溶液相的方法合成了高氮含量的介孔碳材料[41]如图6-4所示。

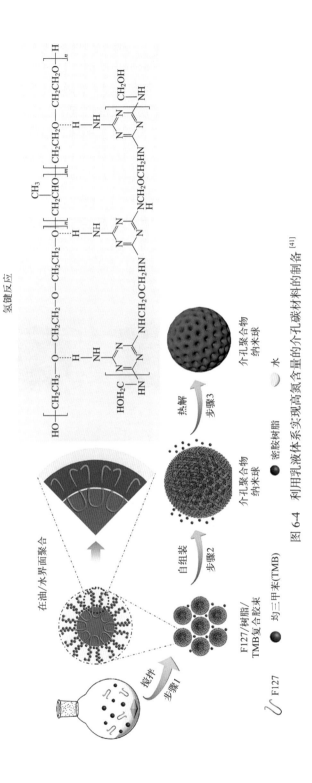

图 6-4　利用乳液体系实现高氮含量的介孔碳材料的制备[41]

　　EISA 的方法是由 Brinker 与 Stucky 等分别提出并发展的，利用溶剂挥发诱导模板剂和前驱体自组装来合成介孔材料[46,47]。在溶剂挥发过程中，前驱体分子与嵌段共聚物通过非共价作用进行共组装形成有序结构。目前，介孔碳、金属氧化物及多种功能材料都可用该方法制备。合成过程（如图 6-5 所示）一般如下：先将介孔材料的前驱体和模板剂共同溶解于易挥发的溶剂（乙醇、THF 等）中形成均相的溶液，之后利用溶剂的挥发驱动模板剂和前驱体自组装形成有机 - 无机或者有机 - 有机胶束，达到临界胶束浓度之后，胶束相互组装形成溶致性液晶相，待溶剂挥发干，再在高温下进一步固化交联得到具有介观结构的复合物，最后通过萃取或者焙烧除去模板剂即可得到目标介孔材料。而在此体系中，孔参数和软模板剂的结构性质息息相关，孔壁厚度一般和模板剂亲水端链段的长度有关，而孔径由模板剂疏水端的链段长度所决定。此外，通过调节嵌段共聚物的亲、疏水端的链段长度比例，浓度和前驱体分子的加入量可以调节材料的介孔结构，包括球形、条形孔、双连续孔和多级孔。

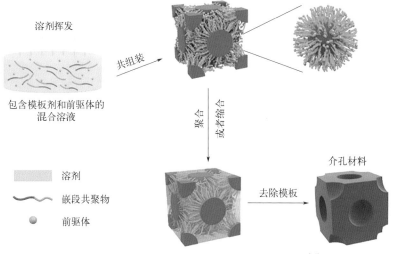

图 6-5　由嵌段共聚物通过 EISA 制备介孔材料[45]

6.1.3　多模板法

　　多模板法一般是指结合软模板和辅助模板的一种方法，而这里辅助模板的作用常常是用来提供胶束组装的界面，所以，这种方法也常被称为界面组装方法。辅助模板或者界面常常包括零维的纳米球、一维的碳纳米管、二维的石墨烯、三维的蛋白石结构等[48-50]，而软模板和上文所提及的软模板法中的模板剂一致，在该方法中，辅助模板用来控制材料的介观或者形貌结构，软模板用来制造介孔材料的孔道结构，因此，这种方法也可以归纳为软模板法。一般情况下，合成过程（如图6-6所示）如下：将软模板和目标材料前驱体配制成均相溶液，并将辅助模板分散于该溶液中，在辅助模板的限域作用下，发生协同组装，随后同样经过高温交联处理得到具有一定介观结构的复合物，再除去使用的辅助模板和软模板，即可得到拥有反相结构的介孔材料（如多级孔或者空心球介孔材料）。

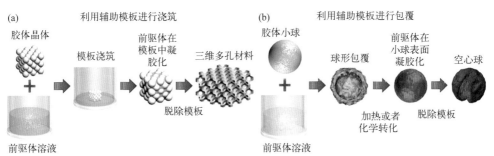

图6-6　采用多模板法合成介孔材料[51]，辅助模板结合溶液灌注合成多级孔结构（a），包裹法合成介孔空心球（b）

欲成功使用多模板法合成目标介孔材料，需注意以下几点：(a) 溶剂的选择：确保选择的溶剂不仅可以使软模板和前驱体顺利发生共组装过程，而且应与辅助模板具有良好的亲和性，如此才不会破坏辅助模板的化学组成和物理结构；(b) 在确保合成体系完成后，溶剂可以顺利地从辅助模板内在结构中挥发，以促进软模板和前驱体进行共组装；(c) 所选用的辅助模板应和目标产物之间存在一定的物理化学性质差异，以保证在除去模板的过程中不会破坏目标产物的介观结构。多模板法是软模板和硬模板的结合，使用该方法合成的材料不仅具有有序的介孔结构，而且还具有特殊的形貌特征，是目前较为有潜力的合成方法之一。

6.2

介孔无机材料的合成进展

经过科研工作者几十年来的不懈努力，介孔无机材料的合成研究得到了飞速发展。时至今日，随着新合成技术的接连出现，介孔材料的组成从最初单一的硅（铝）酸盐不断扩展，已包括氧化硅、碳、金属氧化物、金属非氧化物、金属单质等。在本章中，将重点介绍介孔无机材料的合成进展，并根据其组成差异，分类详细讨论。

6.2.1 介孔氧化硅材料

介孔氧化硅材料是研究最早应用最广泛的介孔材料。目前，各种硅源水解和交联的反应过程都被研究得很透彻，阳离子、阴离子和非离子表面活性剂都可以作为软模板用于介孔氧化硅的合成。

商品化的模板剂不仅价格低廉还能够批量化生产，因此最早被用于介孔氧化硅材料的合成。采用具有良好水溶性的单头或者多头长链季铵盐等阳离子模板剂合成出了 MCM-41[2]、MCM-48[3]、SBA-3[52] 等介孔氧化硅材料。AMS-n[53] 系列介孔氧化硅材料则采用带有较长碳氢链和亲水基团的羧酸盐阴离子模板剂制备而得。相较于阳离子和阴离子表面活性剂，非离子表面活性剂，如商业化的三嵌段共聚物［聚环氧乙烷（PEO）- 聚环氧丙烷（PPO）-PEO］在介孔氧化硅材料的合成中得到了更多的关注，所合成的具有代表性的介孔氧化硅材料有：SBA-15[10]、KIT-6[54]、FDU-12[55] 等。商业化的表面活性剂虽然在介孔氧化硅材料的合成上取得了重大进展，但是用其制备的材料孔径较小，孔壁较薄，不利于其在大分子领域和高温环境下的应用。因此，开发具有较长亲疏水端链长的表面活性剂用于构建大孔径、高稳定性的介孔材料显得至关重要。

嵌段共聚物因具备可调控的亲、疏水端而被视为用于大孔径介孔氧化硅合成的最具潜力的模板剂。典型的有以 PEO 为亲水端，聚苯乙烯（PS）、聚丁二烯（1,4）（PB）、聚甲基丙烯酸甲酯（PMMA）等为疏水端的两嵌段共聚物。比如，Deng 等[18]首先利用原子转移自由基聚合（ATRP）法制备了大分子量的嵌段共聚物 PEO$_{125}$-b-PS$_{230}$，并以其为模板剂，四乙氧基硅烷（TEOS）为硅源，THF 为溶剂，通过 EISA 和热固化过程得到复合介观样品，随后该样品在酸性环境下以 100℃水热三天。水热的目的主要是促进硅骨架进一步交联，并且在此过程中硅骨架会产生裂痕方便除去模板剂。然后在 600℃下高温焙烧除去模板剂成功制备出一种具有开放孔道结构的大孔径氧化硅（Si-FDU-18-H），如图 6-7（a）～（d）所示，孔径高达 30.8 nm。水热前后的光学照片分别呈现灰色和白色，如图 6-7（e）和（f）所示，证明水热过程产生的硅骨架裂缝利于模板剂的完全脱除，没有积碳现象。这种孔道相互连通的大孔径氧化硅更有利于传质过程，促进反应进行，应用潜力巨大。

嵌段共聚物聚合程度对介孔氧化硅的结构同样具有显著影响。Bloch 等[56] 将 PEO 嵌段的分子量固定为 5000，探索了 PS 端长度对介孔氧化硅孔径的影响。如图 6-8（a）～（c）所示，当 PS 的分子量由 2000 增加至 12000 时，介孔氧化硅孔径由 5nm 增加至 18nm，证明 PS 嵌段越长，所得孔径越大。此外，PEO 嵌段的长度同样会对孔径有细微的影响。当 PEO 嵌段的分子量固定为 10000 时，将 PS 嵌段的聚合度由 28 逐渐提升到 115 后，介孔材料的孔径则会由 9nm 增加至

22nm, 如图 6-8 (d) ~ (g) 所示。

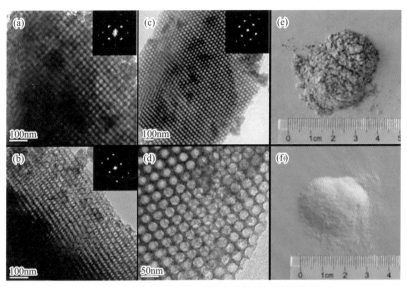

图 6-7 Si-FDU-18-H 在不同处理条件下的形貌特征

(a) ~ (d) Si-FDU-18-H 的 TEM 图; (e)、(f) 未水热、水热样品空气中焙烧后的光学照片

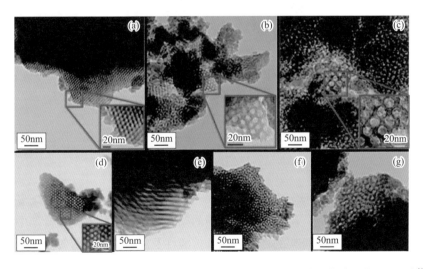

图 6-8 使用具有不同 PS 分子量的 PEO-*b*-PS 作为模板剂所得介孔氧化硅的 TEM 图 [56]

(a) PEO_{114}-*b*-PS_{19}; (b) PEO_{114}-*b*-PS_{48}; (c) PEO_{114}-*b*-PS_{115}; (d) PEO_{232}-*b*-PS_{28};

(e) PEO_{232}-*b*-PS_{72}; (f) PEO_{232}-*b*-PS_{96}; (g) PEO_{232}-*b*-PS_{115}

采用 EISA 法制备出来的介孔材料一般呈现片状形貌, 且难以大规模制备。因此, 以自制的嵌段共聚物为模板剂, 探索产物形貌可控且能够大批量生产的新

型介孔材料合成方法已成为一个研究热点。

近来，Wei 等[56,57] 开发了一种不同于 EISA 法的全新有序介孔氧化硅合成方法，并将其命名为溶剂挥发诱集组装法（EIAA 法），如图 6-9 所示。该体系以 PEO-*b*-PMMA 为模板剂，TEOS 为硅源，THF 和水为共溶剂。形成均相溶液后，通过搅拌液相体系中的溶剂缓慢挥发。随着良溶剂 THF 的不断挥发，不良溶剂水将诱导嵌段共聚物 PEO-*b*-PMMA 聚集成球状胶束，并进一步与不断水解的氧化硅寡聚体在 THF 与水的液 / 液界面共组装形成有机 - 无机复合胶束，随着 THF 的不断挥发，复合胶束相互堆叠形成三维有序介孔氧化硅。

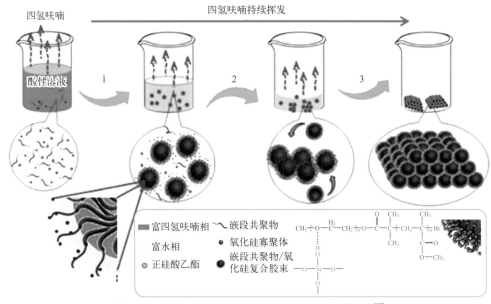

图 6-9　EIAA 法制备有序大孔径介孔氧化硅的机理[57]

氧化硅骨架自身化学活性较弱，因此限制了介孔氧化硅材料在众多领域中的应用。针对这一问题，科研人员将不同的杂原子引入介孔氧化硅骨架中进行改性，可以选择性地增强骨架的稳定性、调控酸性及离子交换能力等。比较经典的例子是，在 MCM-41 和 MCM-48 的骨架中引入 Al 原子可以显著提高水热稳定性。又因 Al 的缺电子状态造成体系电荷的不平衡，使氧化硅转变为酸性材料。水热稳定性的提高显然可以提升非均相催化剂的循环使用性能，而酸性位点是催化反应中一种常见的活性位点。除 Al 外，其他的杂原子如 B、Ti、V、Cr、Mn、Fe、Co、Ce、Zr、Nb、W、Mo、Eu、P、Zn、Ga 等目前都已被成功地引入到了介孔氧化硅骨架中。

6.2.2　介孔碳材料

介孔碳材料是继介孔氧化硅材料之后，介孔无机材料领域的又一重磅材料。高比表面积、高通透性、高孔隙率、优良的导电性、高化学稳定性等诸多特性使它在储能、环境和催化等领域都具有远大应用前景。

介孔碳材料早期以软模板法合成的有序介孔氧化硅材料为硬模板进行合成。韩国的 Ryoo 课题组在 1999 年首次报道了通过硬模板法制备有序介孔碳材料[58]。制备过程为：使用 MCM-48 作为硬模板，将其浸渍到碳前驱体（蔗糖）及硫酸催化剂溶液中进行灌注，然后在惰性气氛下进行高温（1100℃）炭化，再使用氢氟酸或氢氧化钠去除 MCM-41，成功制备出有序介孔碳材料 CMK-1。介孔氧化硅硬模板的选择范围十分宽泛，例如 SBA-1、SBA-15、MSU-H 以及 FDU-5 等都可用作硬模板，制备介孔碳材料[14,59]。除硬模板选择丰富外，碳源的选择也种类众多。主要的前驱体有蔗糖[60]、糠醇[61]、酚醛树脂[62]、聚丙烯腈[63] 以及二乙烯基苯[64] 等。碳源主要有以下几条选择标准：尺寸够小可以进入孔道，并且具备良好的孔壁润湿性和较低的炭化收缩。一般来说硬模板法得到的有序介孔碳材料有着和氧化硅硬模板相似的孔结构空间群，但是拓扑结构相反。

硬模板法虽然可以高效合成介孔碳材料，但是它的合成步骤烦琐、合成费用高昂，这导致硬模板法的大规模合成与实际应用受到了限制。受有机 - 无机共组装方法制备介孔氧化硅材料的启发，科研工作者开始尝试有机 - 有机共组装（软模板）法合成介孔碳材料。Liang 课题组[65] 于 2004 年率先报道了有序介孔碳材料的软模板法合成。作者以嵌段共聚物 PS-P4VP 为模板剂，间苯二酚和甲醛为碳源，首先模板剂 PS-P4VP（聚 4- 乙烯基吡啶）和间苯二酚通过氢键共组装得到有序结构，然后经甲醛熏蒸处理，使间苯二酚与甲醛固化交联，形成三维网状结构，最后通过炭化脱除模板剂过程成功制备出孔径为 35nm 的有序介孔碳材料，如图 6-10 所示。紧接着，2005 年，Zhao 课题组[12,13] 做出了另一个重大突破。他们采用商业化的三嵌段共聚物 F127 为模板剂、预合成的甲阶酚醛树脂（resol，分子量＜ 500）为碳前驱体，经过 EISA 过程以及炭化处理，得到三种具有 $Ia\bar{3}d$（FDU-14）、p6mm（FDU-15）和 $Im\bar{3}m$（FDU-16）不同结构的有序介孔碳材料，如图 6-11 所示。这些研究开创了有序介孔碳合成的新纪元。

除了基于有机溶剂体系的 EISA 方法外，Zhao 课题组[66] 随后在水相体系中同样成功地合成了有序介孔碳材料。分别以 F127 和 P123 为模板剂，与 resol 在水相中自组装，得到了 FDU-14、FDU-15 和 FDU-16 三种有序介孔碳材料。

探索合成具有体相结构特征的介孔碳材料外，科学工作者也通过不同策略的软模板法制备了多种结构的介孔碳球。例如，Tang 等[67] 在四氧呋喃 / 乙醇 / 水的混合体系中，采用多巴胺（DA）作为碳的前驱体，大分子的两嵌段共聚物 PEO-*b*-PS 为软模板，在碱性条件下协同自组装成功制备出了单分散的介孔纳米碳球，如图 6-12 所示。该介孔纳米碳球尺寸均一，孔径较大，而且可以通过调节 PS 端的链长调控孔径。Fang 等 [33] 在很低浓度的反应条件下，以水热的方法合成出了体心立方（Im$\bar{3}$m）结构的均一介孔纳米碳球，且尺寸大小可调。

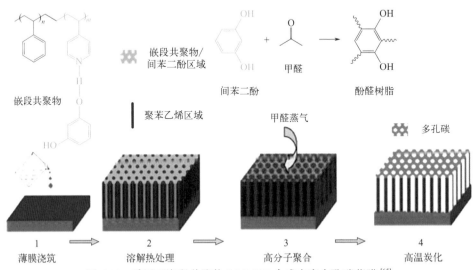

图 6-10 采用两嵌段共聚物 PS-P4VP 合成有序介孔碳薄膜 [65]

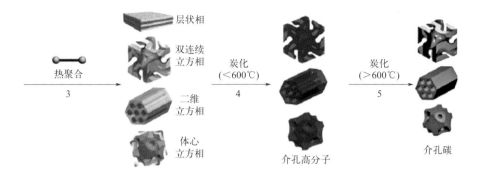

图 6-11　采用 EISA 方法合成具有不同介观结构的有序介孔碳 [12]

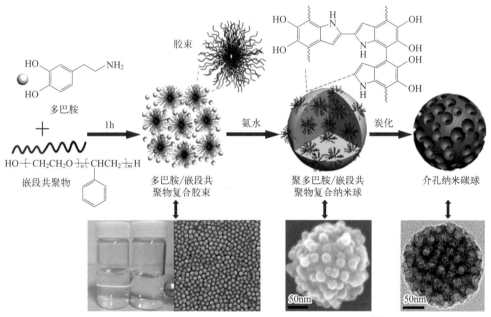

图 6-12　PEO-*b*-PS 为软模板合成氮掺杂的介孔碳球 [67]

6.2.3　介孔金属氧化物材料

金属氧化物种类众多，且每种金属氧化物都具有独特的物理、化学性质，因此被广泛地应用于能源、环境、催化、生物等领域。将介孔引入到金属氧化物中能够进一步提升其性能，因此介孔金属氧化物的合成吸引了众多研究人员的热情。介孔金属氧化物同样可以通过硬模板法和软模板法合成。硬模板法的合成过程十分烦琐，且常用于模板脱除的 HF 对人体具有很大的危险性。因此，在此主要对软模板法进行详细的介绍。

　　介孔金属氧化物与介孔氧化硅的软模板法合成理念相类似。然而，金属离子的配位数更高，导致前驱体的化学性质更加活泼，极其容易水解，并且前驱体与表面活性剂之间的相互作用也较难控制。因此，介孔金属氧化物一般选择 EISA 法进行合成，而非溶液相法。在 EISA 法合成过程中，通过添加有机溶剂和能够抑制水解的化合物等方式来减慢金属前驱体的水解速度，实现模板剂和金属前驱体有序的自组装，再将样品进行熟化、焙烧处理就可得到对应的介孔金属氧化物。比如，1995 年 Antonelli 等[68,69]通过配位导向法，首次制备出了有序介孔二氧化钛和五氧化二铌，但是该方法对反应体系的温度、pH 值等条件要求很高，合成难度较大。2003 年，Tian 等[70]开发出一套对有序介孔金属氧化物合成具有普适指导意义的"酸碱对"理论。即以金属有机盐为"碱"，金属氯化盐为"酸"，以"酸"和"碱"配对所生成的稳定溶胶为前驱体，可控制备出了高度有序的介孔金属氧化物材料。通过对多种金属前驱体进行系统研究，总结出来一套完整的金属无机源配对关系，如图 6-13 所示。在该理论指导下不仅可以制备出单一成分的介孔金属氧化物，而且可以制备出多组分共存的介孔金属氧化物，对后续介孔金属氧化物的研究具有重大指导意义。

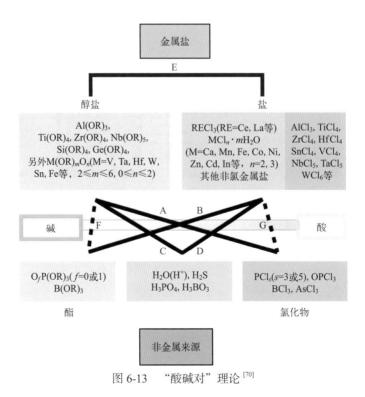

图 6-13　　"酸碱对"理论[70]

商业化模板剂（F127、P123 等）的热稳定性较差，其在高温结晶且金属氧化物骨架未完全晶化时发生分解，导致所制备的材料的有序度降低甚至骨架的坍塌。不仅如此，商业化模板剂的亲、疏水端的链长有限，无法将介孔金属氧化物材料的孔径进一步扩大。因此，一系列新型的嵌段共聚物被合成出来，用于合成具有结晶骨架与大孔径的介孔金属氧化物。

Zhang 等[71]以 PEO-*b*-PS 为模板剂，异丙醇钛（TIPO）为钛源，THF 为溶剂，并添加乙酰丙酮（AcAc）为辅助剂，通过 EISA 的方法首先制备出 PEO-*b*-PS 和钛源的有序组装复合物，最后经焙烧处理，得到了孔径为 16nm 的有序介孔氧化钛材料。辅助剂 AcAc 可以显著地抑制异丙醇钛的水解，增强前驱体与模板剂的相互作用，使有序介观结构得以顺利形成。Zhu 等[72]人以同样的方法合成出了孔径为 15nm 的高结晶度有序介孔氧化钨，其合成机理如图 6-14 所示。

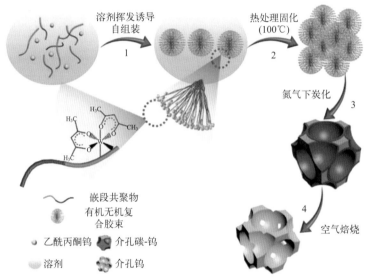

图 6-14　以 PEO-*b*-PS 为模板剂通过配体辅助自组装法合成有序介孔 WO$_3$[72]

除采用 PEO-PS 为模板剂外，Ortel 等[73]以大分子量的三嵌段共聚物 PEO-PB-PEO 为模板剂制备出了孔径约为 16nm 的有序介孔氧化铱（IrO$_2$）。他们发现氧化铱的结晶度随着焙烧温度升高而上升，但是其比表面积、晶胞参数、薄膜的厚度、碳含量和有序性等均降低，如图 6-15 所示。

得到有序介孔结构之后，科研工作者进一步对介孔金属氧化物的形貌进行调控，Liu 等[74]利用改良的 EIAA 的方法，成功制备得到形貌均匀的具有周期性介孔结构的介孔氧化钛微球，如图 6-16 所示。

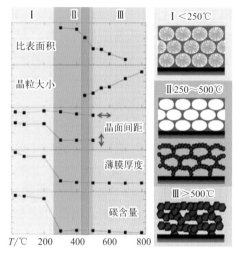

图 6-15　焙烧温度对介孔 IrO_2 各类性质的影响 [112]

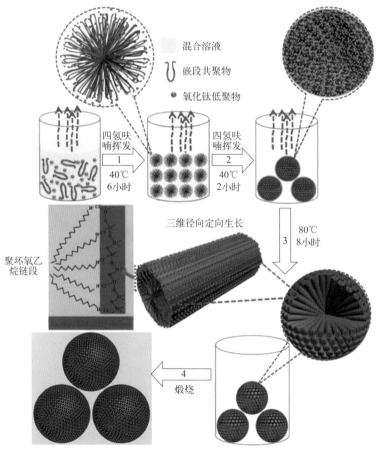

图 6-16　溶剂挥发诱导聚集组装法制备具有周期性介孔结构的介孔氧化钛微球 [74]

6.2.4　介孔金属硫化物材料

金属硫化物是一类性能优良的半导体材料，在多个领域，如荧光、光电转换、传感等方面均有着优越的性能。因此，介孔金属硫化物的合成引起人们的广泛关注。

目前，介孔金属硫化物的合成以硬模板法为主。Gao 等[75]选用高度有序的 SBA-15 为硬模板，$Cd(NO_3)_2$ 与 2-巯基乙醇的反应产物（$Cd_{10}Si_6C_{32}H_{80}N_4O_{28}$）为前驱体，经过纳米浇铸、梯度热处理、模板脱出等步骤，最终合成出具有有序结构且骨架高度晶化的介孔 CdS。Shi 等[76]利用纳米浇铸与高温还原硫化相结合的方法制备介孔金属硫化物。该策略以 SBA-15 和 KIT-6 为硬模板，P123 为模板剂，磷钨酸（PTA）和磷钼酸（PMA）为金属前驱体。首先，将前驱体和有机模板的混合液灌注到氧化硅模板的孔道内。随后通过水热处理金属氧化物在孔道内形成，然后通入 H_2S 气体与其进行气固相反应，生成金属硫化物。最后除去硬模板，得到有序介孔 WS_2 和 MoS_2。

软模板法已经被广泛用于硅基、碳基、金属氧化物基等介孔材料的合成。然而，软模板法合成介孔金属硫化物依然极具挑战。首先，金属离子与硫离子间具有极高的反应活性，两者在反应体系中将迅速沉淀，以致前驱体无法有效地与表面活性剂分子进行协同组装。其次，软模板法所合成的介孔金属硫化物材料往往在脱除结构导向剂后会出现结构塌陷，不能真正得到有序介孔材料。迄今为止，软模板法制备金属硫化物的报道依然较为少见。Braun 等[77]利用两亲性的低聚环氧乙烷油醚作为结构导向剂，通过沉淀反应合成了具有二维六方介观结构的有序介孔 CdS 材料。在 Cd 源和表面活性剂共同形成的有序液晶相中通入硫化氢气体，使得 CdS 得以沉淀析出。随后他们又将此方法推广到合成具有层状介观结构和六方介观结构的 ZnS 和 $CdZnS_2$ 中，孔径约为 7 ~ 10nm[78]。

6.2.5　介孔金属单质材料

介孔金属单质同样可以通过软模板法或硬模板法来合成。Attard 等[79]最早利用准液晶模板法成功制备出介孔金属 Pt 材料。具体步骤如下：首先将金属前驱物引入到液晶模板中，然后将金属前驱物还原为金属单质，最后利用溶剂萃取除去有机模板，成功合成具有较高比表面积的介孔金属 Pt 材料。此外用软模板法还可以合成 Sn[80]、Pd[81]、Co[82]、Rh[83]、Pt-Ru[84]、Pt-Pd[84]等有序介孔金属单质或者复合金属。利用硬模板法合成介孔金属单质材料的例子也有很多，如 Ryoo 等[85-87]以 MCM-48 和 SBA-15 为模板，同样得到了有序介孔 Pt、Pd、Os 材料。

6.2.6　其他介孔无机材料

除了上文所介绍的介孔氧化硅、碳、金属氧化物、金属硫化物、金属单质材料外，其他组分介孔材料，如介孔高分子[88]、介孔陶瓷[89]和介孔磷酸盐[90]等材料同样被人们广泛重视。这类材料在光学、催化、传感和能源等高新领域都有着广泛的应用前景。这类材料的合成主要还是依靠软/硬模板法来实现的，具体内容这里就不详细展开介绍了。

6.3
介孔无机材料的应用

相较一般的体相材料而言，介孔无机材料具有更高的比表面积、更大的孔体积、大而可调的孔径、规整的介观结构等独特优势，这使其自诞生起便受到材料界广泛关注并迅速成为跨学科领域研究热点之一。近年来，一系列形貌可调、孔径和孔结构可控、化学组分多样的功能介孔无机材料被成功制备，其在吸附、催化、储能、传感、太阳能电池和生物等领域展现出巨大的应用潜力。下面就其代表性的应用做简单介绍。

6.3.1　吸附

就传统吸附剂而言，活性炭和硅胶是最被广泛使用的。然而，传统材料具备不规则的微孔结构，对性能有很大的限制。介孔材料具有高的比表面积、可调的孔结构、大的孔体积和易于修饰的孔表面等优点，在吸附领域表现出了巨大前景。

近年来，介孔材料作为吸附剂在去除水中有毒物质方面被广泛研究。例如，介孔 SiO_2 可吸附大量有毒重金属。介孔碳也可作为去除有机污染物的高效吸附剂（如，对叔甲基硫氨酸氯化物的吸附量可高达约 $800mg \cdot g^{-1}$），其对多种重金属离子也表现出了优异的结合能力（$> 1.0mmol \cdot g^{-1}$）[91]。高孔隙率赋予材料优异的吸附性能，然后如果能在此基础上进一步改性介孔材料，使其具有新特性，如磁性，可大大扩展使用范围。如 Deng 等开发了一种以 Fe_3O_4 为核，介孔 SiO_2 为壳的超顺磁性微球。该微球具有高磁化率、大比表面积、高孔容以及均一的介孔结构，可高效快速地去除微囊藻素[92]。此外，也可以通过在碳基质有机 - 有机自组装过程中引入磁性纳米颗粒来制备磁性有序介孔碳材料，利用磁力诱导即可完成对碳吸附剂的分离和再利用。

在人类发展的过程中，温室气体（尤其是 CO_2）的大量排放造成了一系列的环境问题。捕获和转换 CO_2 成为减缓全球变暖趋势最可行的方法之一。功能介孔材料在 CO_2 吸附领域发挥着重要作用[93]。从提升吸附动力学的角度而言，消除吸附材料的内外扩散是关键所在。介孔材料的介观结构以及多级孔结构均可以有效加速气体扩散和传质过程，从而进一步提高吸附能力。早期对 CO_2 吸附的相关研究主要集中在介孔硅基材料上。过去的几年中，非硅基的介孔材料，包括碳[94]、氮化碳[95] 和金属氧化物[96] 等也已经被系统地开发出来。其中，介孔碳材料因其大的比表面积和丰富的表面官能团而成为最有发展前景的 CO_2 吸附材料之一[94,97]。例如，Kong 等利用软模板策略开发了一种活性有序介孔碳，其具有超高的比表面积（2903$m^2 \cdot g^{-1}$）和介孔体积（3.40$cm^3 \cdot g^{-1}$）[98]。其中，利用聚乙烯亚胺活化后的有序介孔碳对 CO_2 的吸附能力远高于活化前。为了进一步提升介孔碳材料的吸附能力，对介孔碳采用杂原子掺杂或纳米颗粒负载的方法进行功能化处理是目前研究的热点。例如，Wu 等通过将 CaO 纳米晶引入介孔碳基质中，开发出一种介孔 CaO/C 复合材料[97]。该材料对 CO_2 的吸附容量高达 7$mmol \cdot g^{-1}$，且对 N_2 中的 CO_2 也表现出良好的吸附选择性。Wei 等以双氰胺为氮源，通过 EISA 法合成了一种氮掺杂有序介孔碳[94]。得益于大比表面积和高氮含量（质量分数为 13.1%）的优异特性，该材料在 298K 和 1bar 条件下表现出 3.2$mmol \cdot g^{-1}$ 的 CO_2 捕获能力。从扩散动力学角度来看，人们迫切需要一种高度连通的多级孔材料来加速气体传输。考虑到这一点，Lu 团队设计了一种基于苯并噁嗪化学的新型自组装方法，构建了一种含氮的具有多级孔（大、介和微孔）结构的成型块碳材料[99]。独特的结构使该碳材料表现出出众的 CO_2 捕获能力以及高的选择性。在 1bar 条件下，其平衡容量在 275K 时为 3.3 ~ 4.9$mmol \cdot g^{-1}$，在 298K 时为 2.6 ~ 3.3$mmol \cdot g^{-1}$。

6.3.2　催化

相较于沸石催化剂（孔径 < 2nm），介孔材料的孔径（2 ~ 50nm）更大，可为大分子反应底物提供充足的空间，有利于消除传质限制。同时，开放的孔道以及高的比表面积也大大增加了催化活性位点的暴露。此外，介孔的限域效应可对催化反应的活性和选择性产生不同影响。因此，介孔材料被认为是一种理想的催化剂或催化剂载体。

6.3.2.1　光催化

为应对能源和环境领域日益严峻的挑战，光催化作为最有前景的策略之一而受到人们的高度关注。光催化剂在光催化过程中起着决定性的作用。多种半导体纳米材料已被开发为光催化剂，并实现了超过 1% 的太阳能转氢效率[100]。这些光催化剂可吸收太阳能以驱动催化反应，从而实现太阳能的高效利用。将介孔结构引入光催化剂中可使其传质增强，活性位点暴露更多，进而显著提高光催化性能[101]。介孔 TiO_2 为一种典型的光催化剂，它具有储量丰富、环境友好、化学稳定性好、成本低、晶态多样、光学性能优异等特性[102]。例如，Zhou 等利用 EISA 法结合乙二胺环化工艺合成了一种有序介孔黑色 TiO_2 作为光催化剂[103]。该材料具有二维六方介观结构、大的孔体积（$0.24cm^3 \cdot g^{-1}$）、均匀的孔径（约 9.6nm）和高度结晶的锐钛矿骨架。当用作析氢反应光催化剂（Pt 和甲醇分别作为辅助催化剂和牺牲试剂）时，其析氢速率高达 $136.2\mu mol \cdot h^{-1}$。这些结果表明，多孔结构能提供高的比表面积促进 H_2 向 TiO_2 活性位点的扩散，从而有效提高催化剂析氢能力。

6.3.2.2 电催化

电催化技术在清洁能源的利用过程中发挥着重要作用，是低碳经济的关键。一些重要的电催化反应在电化学体系中占主导地位，包括氧还原反应（ORR）、析氧反应（OER）和析氢反应（HER）等。各种先进的电催化剂的利用可有效解决以上电化学反应动力学迟缓的问题。其中，介孔电催化剂高度开放的孔结构可实现快速的质量/电荷传输并提供丰富的表面活性位点[104]。同时，制备介孔结构可以提高催化剂的利用率，降低成本。Yamauchi 团队首次成功制备了具有互连介孔的 Pt 纳米球，通过溴离子的选择性吸附，获得了具有丰富活性位点的高活性电催化剂。其半波电位为 0.88V（除特别说明，所有参考电位均参比于可逆氢电极电位），比 Pt/C-20%（0.84V）和 Pt 黑（0.78V）的电位更高。同时，该材料具有良好的结构和热稳定性，具有实际应用前景。

为了从根本上解决贵金属催化剂成本高的问题，设计合成非贵金属催化剂迫在眉睫。有序介孔碳材料由于其大孔径和高比表面积，已被大量应用于催化电化学反应[105]。同时，通过杂原子掺杂或活性位点负载的方式可以改变介孔碳材料表面的化学吸附和转化方式，有效提高电化学催化性能。例如，一种通过将单原子 Co 位点嵌入分级有序的 N 掺杂多孔碳中制备的电催化剂，其具有高孔隙率和良好的导电性[106]。均匀分布的单原子 Co 活性位点协同结构优势使该催化剂对 ORR 和 HER 展现了优异的双功能电催化活性和稳定性。此外，包括金属氧化物[107]、金属硫化物[108]、金属氮化物[109]、金属碳化物[110]及其复合材料[111]在内的一系列非贵金属介孔电催化剂也受到广泛研究并展现出优异的性能。

6.3.2.3 其他催化

介孔材料因具备较大且可调节的孔尺寸有利于减弱传质限制而在酸催化、碱催化、精细化学品催化等传统催化领域中也发挥着重要作用。

介孔碳基材料作为催化剂载体展现了巨大的应用潜力，尤其引人关注。但碳基或 SiO_2 基介孔材料作为催化剂载体是相对惰性的，并不能很有效地催化反应的进行。在框架中掺杂活性氧化物（如 TiO_2、CeO_2 等）或其他修饰元素（如 N、S 等）是解决这一问题的有力手段。例如，Wan 等报道了一种有序介孔硅碳纳米复合材料负载 Pd 的催化剂，在水相芳基氯化物偶联反应中表现出了优异的性能［图 6-17 中（a），（b）］[112]。氯苯和苯乙烯的 Heck 偶联反应中使用该催化剂，100℃时反式二苯乙烯可获得高达 60% 的产率。在水相 Ullmann 偶联反应中，不借助任何相转移催化剂，30℃时联苯的产率高达 46%。利用介孔硅碳骨架作为 Pd 纳米粒子的载体，可限制金属的浸出和聚集，催化剂性能结构稳定，反应中的金属浸出微乎其微，可重复使用 20 次以上。相比于长程介孔可能限制客体分子的迁移，纳米球中短程介孔更有利于反应物质的输运。图 6-17 中（c）和（d）为通过液/液界面组装获得的孔径约 6nm 的均匀树枝状的负载 Pd 纳米颗粒（约 1.2nm）的介孔 SiO_2 纳米球（MSNSs）[113]。该催化剂对溴苯与苯硼酸的 Suzuki-Miyaura 偶联反应具有良好的催化性能，12h 内产物收率可达99% 以上。

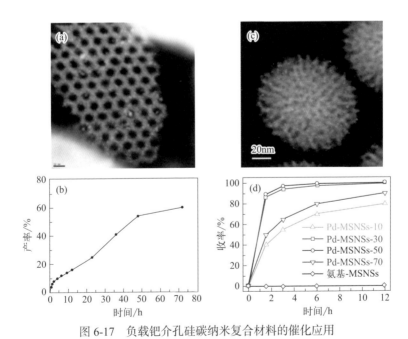

图 6-17 负载钯介孔硅碳纳米复合材料的催化应用

（a）Pd/MSC 的 HAADF-TEM 图像；（b）氯苯的 Heck 偶联反应时间 - 产率图；（c）Pd-MSNSs-30 的

HAADF-STEM 图像；（d）溴苯与苯硼酸的 Suzuki-Miyaura 偶联反应中不同催化剂的收率曲线 [113]

6.3.3　储能

随着社会发展科技进步，人类对能源的使用需求量不断上升。但是目前传统不可再生的化石能源被大量消耗的同时造成了严重的环境问题。近年来，开发清洁能源并有效储存成为一个紧迫的科学难题。其中，可充放电电池和超级电容器高效又廉价，被广泛应用。介孔无机材料具有高比表面积、可控孔结构、有序孔道骨架结构等优点，在能源储存和转化领域扮演着重要角色。

6.3.3.1　可充放电电池

锂离子电池因其比容量高、循环稳定性好等优点，已经被广泛地应用于手机、电动车辆等智能设备中[114]。通过锂离子在正负极材料间的穿梭，可以将能量储存和释放出来。在充放电过程中，电极材料间或内部的锂离子快速传输是电池获得高能量密度和倍率性能的关键。

介孔材料相互连通的孔道和纳米级别的孔壁及孔径尺寸，能够促进电解液传输，便于大量的锂离子在界面上嵌入/脱出。另外，介孔材料可作为缓冲层有效缓解充放电过程中的体积变化，在多次循环中能够保持良好的结构，有利于电池稳定性和安全性的提升。例如，Fang 等通过单组分界面组装构建了二维介孔石墨烯纳米片，由于超薄的片层厚度和开放的介孔，锂离子可在碳层中快速嵌入和脱出，如图 6-18（a）～（c）[115] 所示。因此，该材料展现出高的初始比容量（在 100mA·g^{-1} 时为 3535mAh·g^{-1}）、优异的倍率性能（在 5A·g^{-1} 时为 255mAh·g^{-1}）和循环性能（在 100mA·g^{-1} 时为 770mAh·g^{-1}）。Liu 等合成了石墨涂层包覆的介孔 TiO_2 空心球（H-TiO_2/GC），如图 6-18（d）～（f）[115] 所示。介孔结构可大大提高材料稳定性和电化学循环稳定性。100 次循环后，在电流密度为 100mA·g^{-1} 的情况下，可保持约 178mAh·g^{-1} 的高比容量。即使电流密度增加到 1A·g^{-1}，循环 1000 次后比容量仍可保持在 137mAh·g^{-1}。此外，减小孔壁纳米晶的尺寸也可以提高电池性能。Wang 等通过分子设计策略制备了具有超小纳米晶框架的有序介孔 $Li_4Ti_5O_{12}$，如图 6-18（g）～（i）[116] 所示。与体相材料相比，该材料显示了优异的倍率性能（30C 下 143mAh·g^{-1}）和循环性能（每圈容量衰减＜0.005%）。这些性能的提升可以归因于介孔结构和纳米晶中的快速离子/电子传输。同时，锂离子嵌入和脱出过程中，电极材料体积变化较小，有利于其循环稳定性的增强。

钠离子电池和钾离子电池都具有与锂离子电池相似的摇椅式工作机理。但由于钠离子和钾离子尺寸大，离子质量高，因此离子扩散动力学更慢，体积膨胀更显著。高比表面积和相互连通的介孔可促进电解质快速传输，进而提升电化学反应速率并提供充足的储钠/钾空间。Guo 等构建了一种短程有序介孔碳（OMCs），其具有高的比表面积（约 1089m^2·g^{-1}）和均匀的孔径（约 6.5nm）[117]。高比表面积可以提供更多的活性位点与离子作用，同时大的介孔尺寸、小的孔距可以提升介观结构内部钾离子的运输速率。由于这些优点，该OMCs在电流密度为0.05A·g⁻¹时比容量可达257.4mAh·g⁻¹，在1.0A·g⁻¹的高电流密度下循环1000次后依旧具有优越的可逆比容量146.5mAh·g⁻¹。单层二维介孔TiO₂纳米片作为钠离子电池的负极材料具有高的放电比容量、优异的倍率性能和卓越的循环稳定性，这归功于其独特的结构特点[32]。碳可以进一步改善和优化TiO₂的导电性和化学稳定性。因此，在单层二维介孔TiO₂纳米片的两侧包覆单层介孔碳的一种"三明治"结构介孔碳@TiO₂@介孔碳复合材料被成功合成，其相较于纯介孔TiO₂纳米片展现了更优越的性能。在2A·g⁻¹的条件下，循环4000圈后容量可保持76.6%，在10A·g⁻¹的条件下，超长循环20000圈后容量依旧可以保持76.8%。

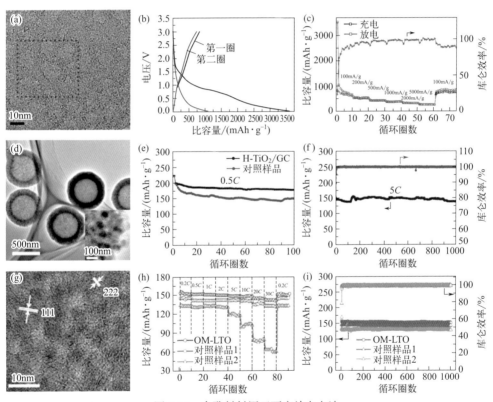

图6-18　介孔材料用于可充放电电池

（a）二维介孔石墨烯纳米片的SEM图像；（b）第一和第二圈恒流充放电曲线和（c）不同电流密度下的倍率性能；

（d）石墨碳包覆介孔TiO₂空心球（H-TiO₂/GC）的TEM和HRTEM图像（插图）[115]；（e）H-TiO₂/GC和对照样品在电流密度为0.5C时的循环性能；（f）H-TiO₂/GC在5C的电流密度下的长循环性能和库仑效率[115]；

（g）通过分子设计策略得到的有序介孔Li₄Ti₅O₁₂（OM-LTO）HRTEM图像；（h）OM-LTO和对照样品的倍率性能和（i）循环性能[116]

此外，介孔无机材料在锂-硫电池、锂-空气电池、锌离子电池等新兴的电化学储能技术中也展现出了巨大的应用潜力。如在锂-硫电池中，介孔碳可作为一种优异的储硫材料，其大的孔容可以提供足够的空间有效缓解循环过程中硫的体积变化，同时多孔结构可物理限制多硫化物的流失。

6.3.3.2 超级电容器

相较于电池，超级电容器具有高功率密度、长循环寿命、快速充放电等优点。根据其储能机理可以分为两类：一种是基于电极/电解液界面离子吸附形成的双电层电容，以惰性碳电极材料为代表；另一种是基于快速氧化还原反应的法拉第赝电容，以导电聚合物和金属氧化物为代表。双电层电容器的有效比表面积是存储电能的关键。赝电容过程中，所包含离子在电极和电解液间需快速地进行法拉第反应。因此，介孔材料电极适当的孔径和孔结构使其具有高比表面积和丰富赝电容活性位点，进而达到高电量存储、快速的传质和电子转移过程。Wang 等通过纳米灌注法以 SBA-15 为模板制备出了反相有序介孔 Co_3O_4，将其应用到超级电容器中，在 $2mol \cdot L^{-1}$ KOH 中展现出高达 $370F \cdot g^{-1}$ 的比电容[118]。除此之外，多组分复合的电极材料可以将两种储能机理结合从而存储更多能量。如 Dong 等制备了碳复合的有序介孔 MnO_2，比纯 MnO_2 表现出更优异的性能[119]。

6.3.4 传感

气体传感器在对气体分子（如 H_2、CO、NO、H_2S、NO_2 等）的检测中起着至关重要的作用，目前已被广泛应用于环境监测、医药、工业生产、食品安全等领域中。其中，半导体材料的敏感基元决定了应用广泛的化学电阻式气体传感器的性能。因此，提高半导体功能材料的气体传输效率和导电性对于发展高稳定性、选择性和灵敏度的气体传感器至关重要。具有高结晶度、介孔尺寸均一和高比表面积等的介孔材料为气体检测提供了理想平台。各种介孔金属氧化物已被广泛开发并应用于气体传感器中，如 In_2O_3、WO_3、CoO_x、ZrO_2、Fe_2O_3、SnO_2、NiO 和 ZnO。Deng 团队开发了一种晶体介孔 WO_3，其具有有序的介孔（直径约为 10.9nm）和高比表面积（约 $121m^2 \cdot g^{-1}$）[120]。该介孔 WO_3 作为气敏材料，即使在超低浓度的 H_2S（$0.25mL/m^3$）中也表现出了良好的性能，包括快速的响应时间（2s）和恢复时间（38s）。WO_3 传感材料中有序的介孔结构有效促进了 H_2S 气体的扩散，同时，高结晶度骨架也保证了载流子从表面到体相内的快速运输。

介孔半导体材料的功能化是进一步提高气体传感器灵敏度和选择性的一种

有力方法，如杂原子 / 纳米粒子的掺杂和多组分复合。各种杂化介孔半导体材料（如 Pt/WO$_3$、ZnO/Co$_3$O$_4$、WO$_3$/NiO、Pd/In$_2$O$_3$、N/TiO$_2$、SiO$_2$/WO$_3$、Au/WO$_3$、Au/SiO$_2$/WO$_3$）已被成功设计开发。例如，Ma 等在利用 EISA 法合成介孔 WO$_3$ 材料的过程中引入均匀分散的 Pt 纳米颗粒从而获得了优异的气敏材料。Pt/WO$_3$ 杂化产物具有面心立方介孔结构、大孔径（约 13nm）、高比表面积（112 ～ 128m^2 · g^{-1}）和大孔体积（0.21 ～ 0.32cm^3 · g^{-1}）。有趣的是，Pt 纳米粒子的引入不仅可以通过强金属 - 载体相互作用［气体分子（CO）- 催化剂（Pt）- 载体（WO$_3$）］显著提高介孔 WO$_3$ 的表面催化性能，而且还可以改善 WO$_3$ 载体缺陷，增加其表面氧（如 O^{2-}、O$^-$）含量[121]。Ren 等构建了一种三维多层交叉的金属氧化物半导体纳米线阵列[122]。该新型硅掺杂 ε-WO$_3$ 基丙酮传感器具有高灵敏度（检测限：10.0μL/m^3）、高选择性、响应 / 恢复速度快、稳定性好等特点，如图 6-19（a）～（d）所示。然而，目前介孔传感材料大部分只能检测单一气体，有很大的局限性，远远不能满足气敏器件日益增长的应用需求。因此，设计对多种气体灵敏的介孔传感材料是突破现有传感器局限性的关键。最近，Wang 等报道了一种具有非对称介孔结构和不同活性位点（—NH$_2$ 和—COOH 基团）的 Janus 介孔碳 / 硅薄膜[123]，该材料可同时检测多种气体，如图 6-19（e）～（g）所示，且均表现出非常出色的性能，包括超快响应时间（H$_2$S 为 2s，NH$_3$ 为 10s）、超低检测限（H$_2$S 为 0.01mL/m^3，NH$_3$ 为 0.1mL/m^3）、优越的稳定性和高选择性。

6.3.5　太阳能电池

随着不可再生能源大量消耗，太阳能电池在现代社会中彰显出巨大的潜力。太阳能可以通过光伏效应转化为电能，然后被储存起来供进一步使用。这是一种清洁且可持续的能量转换和储存过程。随着太阳能电池技术的发展，染料敏化太阳能电池和钙钛矿太阳能电池因其环保、能量转换效率高以及工艺简单等优点被认为是最具发展潜力的第三代太阳能电池。功能介孔材料的高比表面积、独特的电子和光学性能使其成为染料化学吸附和有机金属卤化物钙钛矿物理吸附的理想载体。

在典型的染料敏化太阳能电池中，功能介孔材料通常包含两个主要部分：半导体层和催化剂层。一般选用 TiO$_2$、ZnO、NiO 等介孔金属氧化物作为半导体层，沉积在导电衬底上作为光负极。介观结构的半导体层具有高比表面积，因此光活性染料可以通过化学键被大量有效地吸附。由于载流子只会在光活性染料的单分子层上产生，染料的有效吸附有利于光生载流子的收集。此外，介孔材料（碳及其复合材料）也可以沉积在导电基板上作为电解质还原的催化剂。

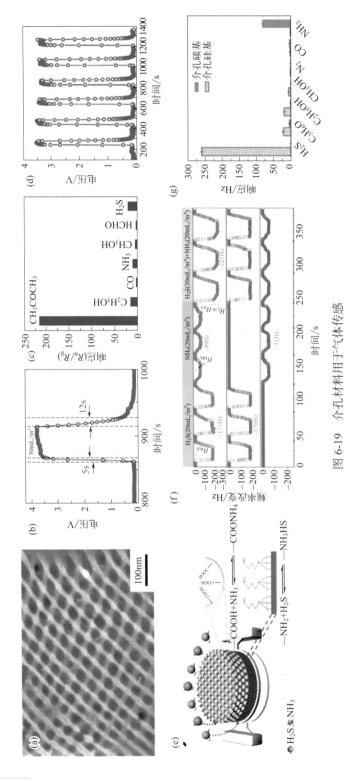

图6-19 介孔材料用于气体传感

(a) Si掺杂的ε-WO₃基传感器的FESEM图像；(b) 300℃条件下传感器对50mL/m³丙酮的响应-恢复曲线；(c) 300℃条件下传感器对50mL/m³不同气体的响应-恢复曲线；(d) 传感器对50mL/m³丙酮的重复响应-恢复曲线[122]；(e) 富含—NH₂和—COOH基团的Janus介孔碳/硅薄膜的气体传感器装置；(f) Janus介孔碳/硅薄膜（橙色）、介孔硅薄膜（蓝色）基传感器对20mL/m³NH₃、20mL/m³H₂S以及混合气体NH₃、（20π/m³）和H₂S（20mL/m³）的响应（绿色）、介孔碳薄膜（橙色）、介孔硅薄膜-恢复曲线；（g）介孔碳和氨基官能化介孔SiO₂薄膜传感器对50mL/m³干扰气体的响应[123]

有机金属卤化物钙钛矿作为太阳能电池的吸光材料和空穴传输材料已得到广泛应用。钙钛矿太阳能电池由于其优异的光吸收能力、长程的电荷和空穴跃迁路径以及较低的非辐射载流子复合率，使光伏电池的性能从 2009 年的 3.8% 提高到 2021 年的 25.5%，取得了显著进展[124]。钙钛矿太阳能电池的器件根据结构的不同可以分为两大类：介孔结构和平面结构。前者的工作机制与染料敏化太阳能电池相似，钙钛矿吸收剂被填充到介孔衬底（如 TiO_2 和 Al_2O_3）中。

6.3.6　生物

介孔材料孔径范围（2 ~ 50nm）与生物大分子（酶、蛋白质、核酸等）的尺寸相匹配，在过去的几十年间，这种独特的结构优势使功能介孔材料引起了生物医学领域的广泛兴趣。特别是，介孔 SiO_2 纳米颗粒（MSNs）由于具有良好的生物相容性、成熟的合成方法和易于表面功能化等诸多优点，因此被认为是诊疗疾病最有前途的载体材料。到目前为止，许多功能介孔材料已被开发应用于生物医学的不同领域中，如药物递送、生物成像和物理治疗等。

纳米颗粒表面的理化性质会显著影响其与生物界面间的相互作用，对吸附、给药、抑菌等至关重要。具有独特表面结构的介孔材料会与生物界面产生新的交互作用。由于 MSNs 表面具有大量的羟基，通过氢键嫁接功能基团可大大提升其对蛋白质的吸附能力。Wang 等将不同生物酶负载在具有双级孔结构的 MSNs 上进而合成了一种 SiO_2/ 酶复合材料[125]。该材料具有极高的酶负载量、大大增强的酶活性以及酶稳定性。受冠状病毒形态结构的启发，一种具有触须状粗糙表面的类病毒 MSNs 被成功制备。冠状病毒样触须可有效增强其与细胞的黏附性，其相较于光滑表面的介孔和实心 SiO_2 纳米球展现出更快的细胞摄取速率（< 5min），如图 6-20 所示[126]。

介孔材料还可以应用在药物的包埋和缓释领域。蛋白等生物药物可以在材料的孔道中内载或固定，并通过修饰介孔材料具有的官能团控制药物的释放，提高药效的持久性。并且，利用生物导向作用，可以准确地击中靶位点（如癌细胞），精准发挥药物的疗效。Yu 等报道了一种基于 MSNs 的多功能给药体系[127]。他们制备了相对较小的 MSNs（63nm），并与叶酸（FA）进行偶联。FA 是一种理想的肿瘤靶向配体，可选择性地靶向癌细胞。利用 FA 功能化 MSNs 中的纳米孔进一步包埋姜黄素（cur）。结果表明，该给药体系能够显著促进 cur 在细胞内传递，提高其对 MCF-7 乳腺癌细胞的抵抗作用。

功能性介孔材料也被开发作为生物成像中的一种优质载体。高比表面积可用于负载不同的荧光分子。作为开创性的一项工作，Wiesner 等通过一步法合成了具有单一孔径的超小聚乙二醇化的 MSNs，用于稳定近红外染料 cy 5.5，这就是临床试验中被人熟知的"康奈尔圆点"[128]。MSNs 适当的透光度可保持分子染料的强荧光特性，同时介孔的约束效应也大大提高了分子染料的成像能力。Sailor等发现，当将吲哚菁绿（ICG）装入刚性介孔纳米颗粒（如多孔 Si、SiO$_3$ 和 Ca$_3$SiO$_5$）中时，其光声效应可被放大 17 倍[129]。这归结于介孔基质的导热性差，从而有效防止光敏的 ICG 被光漂白或热降解。

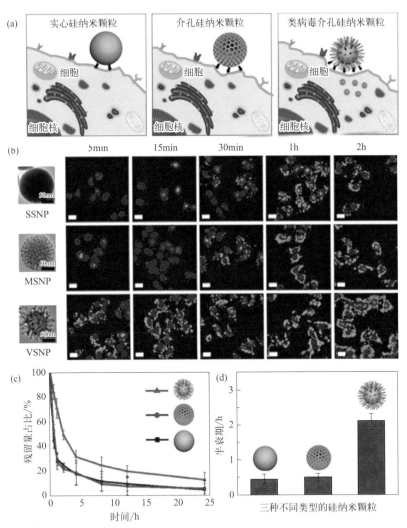

图 6-20　负载不同生物酶的双级孔结构 SiO$_2$/酶复合材料

（a）三种 SiO$_2$ 纳米颗粒的细胞吸收；（b）共聚焦激光扫描显微镜（CLSM）下与三种纳米颗粒共同孵育不同时间后的 HeLa 细胞；（c）尾静脉注射三种纳米颗粒后随时间变化的血液水平曲线（血液中残留量占注射剂量百分比）；（d）三种纳米颗粒的血液循环半衰期（$t_{1/2}$）。所有比例尺均为 10μm[126]

　　本章首先综述了介孔无机材料的可控合成方法，包括硬模板法、软模板法以及多模板法。基于上述方法，研究人员合成了从氧化硅、碳到金属氧化物及非氧化物等多种组分的介孔无机材料。随后叙述了不同组分构成下材料的合成机理及研究进展，并汇总了介孔无机材料在吸附、催化、储能、传感、生物等方面的应用。介孔无机材料的研究方兴未艾，其高比表面积可以提供大量的反应活性中心，有利于与界面作用相关的过程。而均匀的大孔道可作为多功能存储器及单分散的纳米反应器，更适合大分子参与的吸附、分离、药物传输和催化反应过程。纳米尺度的有序结构所带来的表面效应和尺寸效应，使一些功能化介孔无机材料在传感器、电池和纳米器件中大放异彩。

　　由于这些独特的优势，介孔无机材料成为材料研究领域的热点之一。然而，要实现介孔无机材料的全部潜力，还需要克服一些研究挑战。为了合成具有可控成分、形貌结构和孔径的介孔材料，还需要开发更方便、更通用的合成方法，以大规模、低成本合成设计精良的介孔无机材料。相比于合成研究，介孔无机材料应用的研究相对滞后，迄今为止，介孔金属氧化物、磷酸盐和碳等材料已被制备和表征，但应用潜力仍有待深入发掘。因此，今后对这些材料的催化、传感、吸附等方面的深入探索为进一步研究这些材料提供了良好的契机。综上所述，具有长远发展前景的介孔无机材料未来将继续在能源、环境、生物、化工等领域的发展中发挥不可或缺的作用。

第 7 章
多孔硅材料

多孔硅材料是一种以纳米硅原子簇为骨架的海绵状结构的新型功能材料，可以通过电化学阳极腐蚀或化学腐蚀单晶硅而形成。按照孔径尺寸，多孔硅从小到大可划分为微孔（孔径＜ 2nm）、介孔（孔径在 2 ～ 50nm）和大孔（孔径＞ 50nm）。自从 1956 年，多孔硅在贝尔实验室被意外发现以来，其因高度可控的形貌、可调的纳米孔道结构、巨大的比表面积以及多样化的表面化学等特点一直受到包括电学、光学、生物传感、药物递送在内的诸多领域的热切关注。这一部分，主要从材料的制备、结构和应用等方面来进一步介绍多孔单质硅、介孔二氧化硅以及介孔有机硅等材料。

7.1
多孔单质硅材料

多孔单质硅材料可以通过还原法制得，同时还可以通过物理腐蚀、化学腐蚀、球磨法、化学气相沉积法、溶胶 - 凝胶法等进行表面改性。

7.1.1 多孔单质硅的制备

7.1.1.1 多孔单质硅的还原方法

为了保持多孔单质硅的结构完整性，研究人员采用了多种不同的方法，如常见的镁热还原法[1]、刻蚀法[2]、球磨法[3]、CVD 法等[4]。其中，由于镁热还原法对温度的要求较低，成为最有前途的方法之一[5]。然而，这种工艺在制备 Si 纳米结构时不能完全将二氧化硅还原为单质硅，仍有少部分未还原的二氧化硅被保留。因此，该制备方法需要进行一定的改进。Wu 等[6]利用具有垂直网络的介孔二氧化硅为原材料，通过逐层组装和随后的原位镁热还原法，构建了一种新型三维多孔 Si@G 结构。在镁还原的条件下，镁气体更容易与二氧化硅充分发生反应，从而将二氧化硅完全还原为单质硅（见图 7-1）。

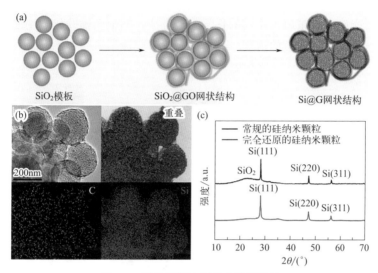

图 7-1　镁热还原法制备硅纳米结构

（a）Si@G 网络的制备方案；（b）C（黄色）、Si（紫色）的 TEM-EDX 元素映射及其重叠；

（c）常规和完全还原 Si 纳米颗粒的 XRD 图谱 [6]

对于多孔单质硅的制备，除了镁热还原法以外，其他的还原过程就像碳热反应一样，需要高于 2000℃的高温 [7]。类似地，对于从低成本资源（包括农业资源、废物源和其他灰尘污物）中提取硅，镁热还原过程也起着重要作用。例如，有研究者将熔融盐镁热还原和炭化法相结合，利用二氧化硅和多巴胺为前驱体，成功制备了碳包覆的树莓状空心硅纳米球 [8]。这种碳包覆硅纳米球结构具有如下优点：（a）利用多孔结构可以减小较大的应力和体积变化；（b）特殊的空心结构能够有效增加离子／电子传输效率；（c）碳涂层能够大大提高导电性，并起到缓冲和支撑的作用，吸收体积变化的应力。

7.1.1.2　多孔单质硅的改性方法

（1）物理腐蚀

碳涂层对固体电解质界面（solid electrolyte interphase，SEI）膜的形成有非常重要的影响。通过硅纳米结构表面改性来调节 SEI 膜性质，从而调节材料电化学性质 [9]。Wang 等 [10] 采用电感耦合等离子体（ICP）刻蚀法设计合成了 Si 纳米碳复合材料，并详细地探究了碳涂层对 SEI 膜形成的重要作用。通过简单的自组装工艺制备了二维富氮碳/硅（NRC/Si）复合材料，纳米 Si-NH$_2$ 通过刻蚀沉积工艺制备这种复合材料。这种复合材料具有更好的循环和速率性能，可以缓解体积膨胀和固体电解质界面膜形成的问题。

（2）化学腐蚀

许多研究论文也报道了不同的化学刻蚀方法，如金属辅助化学刻蚀法[11]，即通过电偶置换反应完成金属沉积，然后进行化学刻蚀［见图 7-2（a）］。

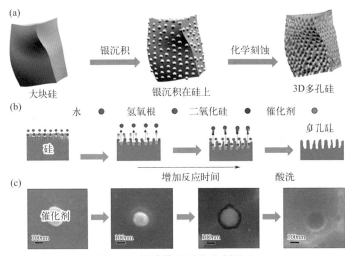

图 7-2　铁素体辅助化学刻蚀法

（a）微孔 Si 粉体的制备方案，其中包括 Ag 沉积在大块 Si 上和沉积 Ag 的化学刻蚀[11]；

（b）多孔单质硅的形成过程；（c）Si 晶圆的形成[12]

除了贵金属辅助化学刻蚀法以外，铁素体辅助化学刻蚀法也能够构筑多孔单质硅结构，如图 7-2（b）和（c）所示[12]。在此过程中，铁素体催化乙二醇与 Si 颗粒反应，形成多孔单质硅。该复合材料具有高导电性和多孔结构等优点。这种结构能够有效地缓解电极材料的体积膨胀，从而提高其容量和循环稳定性。纳米结构多孔单质硅作为锂离子电池的负极材料，在提高锂离子电池的容量和使用寿命方面具有很大的优势。采用金属辅助化学刻蚀技术，能够以商用 Si 为原料，直接合成多孔 Si 电极。该方法不仅简单且经济，同时也能提高电极材料的容量和循环稳定性。在一项研究中，采用电化学刻蚀法制备了大介孔硅海绵（MSS）[13]，即硅的薄晶壁被直径约为 50nm 的大气孔包围，具有较好的结构稳定性。

（3）球磨法

球磨法价格低廉，步骤简单，被广泛应用于多孔单质硅的制作。以商用磷、硅和石墨为反应物，采用两步球磨法可以制备磷掺杂硅/石墨（PSG）复合材料[14]，该材料表现出优秀的电化学性能。通过两步高能机械铣削（HEMM）制备微米级碳涂层硅基复合材料（$Si-NiSi_2-Al_2O_3$@C），这种复合材料为多级结构，包含 $Si-NiSi_2$ 晶体、非晶态 Al_2O_3 和一层碳。由于 $NiSi_2$ 的存在提供了较高的电子导电性，可以提高复合材料的电化学性能。这种结构设计的电极在 200 次循环后具有约 750mAh·g^{-1} 的可逆容量和 81.5% 的容量保持率。在另一项研究[15]中，采用高能球磨工艺可以制备晶粒尺寸约为 10nm 的硅粉。

与未球磨的硅粉相比，球磨处理后的硅粉具有更快速的锂离子传输路径，从而表现出更好的性能优势。利用此方法，并结合冶金硅价格低（每吨约 1000 美元）的优点，可以制备出低成本的多孔单质硅电极材料。利用扫描透射电子显微镜（STEM）断层扫描技术对多孔单质硅的纳米结构进行了表征，STEM 揭示了 Si 在不同制备条件下的多孔结构特性。这样的材料用作锂离子电池（LIBs）负极，在 400mA·g^{-1} 和 2000mA·g^{-1} 的电流密度下都显示出较高的容量及优异的循环稳定性。同理，研究者采用球磨法制备了纳米硅包埋金属有机框架（MOFs）复合材料[16]，MOFs 网络可以帮助解决体积膨胀的问题，金属均匀分布的多孔碳网有利于锂离子通过多孔通道的快速传输，这种复合结构提供了 1050mAh·g^{-1} 的稳定比容量和高达 500 次循环的优良循环稳定性。

（4）化学气相沉积法

化学气相沉积法（chemical vapor deposition，CVD）可以用于制备高质量的薄膜材料，也可以用于制备不同形貌的单晶、非晶和多晶材料，主要应用于半导体工业[17]。比如，利用等离子体增强化学气相沉积法（PECVD）在多孔碳表面直接沉积硅纳米颗粒（SiNP），如图 7-3（a）所示[18]。该方法制备得到的硅纳米颗粒/碳复合材料可以直接用作 LIBs 负极材料，不需要额外添加任何黏合剂或其他添加剂，从而能够保持硅纳米颗粒的多孔性质及其厚度。同时，由于等离子体增强过程，纳米粒子层具有自排列，从而产生纳米和微纳米粒子，丰富材料的孔结构，有利于缓解锂离子插入过程中的体积膨胀。

然而，硅纳米线在生长过程中，容易在其下方形成微硅岛而导致粉化问题。为了解决这一问题，研究者提出使用氧化铝（AAO）模板来设计合成高质量的硅纳米线材料[19]。虽然 Si 的理论容量高于商用碳材料，但 Si 负极在循环过程中体积膨胀较大。为了克服这个难题，有研究者提出利用机械铣削方法来构筑硅纳米层嵌入石墨/碳（SGC）结构，如图 7-3（b）所示，这种结构设计在第一个循环中表现出较高的库仑效率。采用 CVD 进行结构设计，即 SGC 法。从截面图，见图 7-3（a），可以看到石墨结构具有许多孔洞，在这些孔洞中，Si 在内外都被涂层。

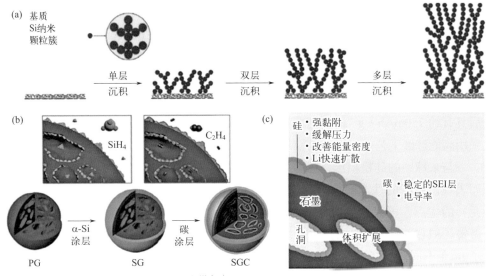

图 7-3　化学气相沉积法制备硅纳米结构

（a）包含 SGC 混合结构细节的截面方案 [18]；（b）CVD 制备 SGC 方案；

（c）Si 纳米颗粒工艺方向沉积制备电极的工艺方案

（5）溶胶-凝胶法

溶胶-凝胶法是制备具有特殊形貌和官能团的介孔二氧化硅最合适的方法之一。通过调控表面活性剂的性质（如种类、官能团性质等），可以控制 Si 纳米材料的形貌及尺寸大小。比如，利用 Stöber 反应，通过简单的溶胶-凝胶工艺可以制备出具有优异 LIBs 性能的 SiO_x/C 微球 [20]。典型的纳米二氧化硅制备以正硅酸四乙酯（TEOS）为前驱体，如图 7-4（a）和（b）所示，十六烷基三甲基溴化铵（CTAB）为造孔剂。

采用 CTAB 作为模板可以进行介孔二氧化硅的均匀涂覆 [21]。这种结构在硅芯和碳壳之间产生了空隙，因此在循环过程中有足够的空间来容纳较大的体积膨胀。然后将具有晶体结构的 TiO_2 涂覆在 Si 纳米颗粒上制备复合材料（Si@C@TiO_2），如图 7-4（c）所示，这种核-双壳纳米结构有利于中空内部孔隙和 TiO_2 层的生成。同时，内部介孔层被限制在 TiO_2 外壳和硅芯之间，不仅为离子和电子的传输提供了途径，也限制了 Li 合金化和脱合金过程中体积的变化，而在外层 TiO_2 壳可以提高结构的完整性。由于多孔结构具有尺寸选择的渗透性，因此有助于防止电解质与硅芯的相互作用。这种核-双壳纳米结构也展示出良好的比容量（1010mAh·g^{-1}）、循环稳定性（710 圈）及库仑效率（＞98%）。另外，采用溶胶-凝胶法也可以在商用硅纳米颗粒上包覆非晶态二氧化钛，制备核-壳硅纳米结构（Si@α-TiO_2），如图 7-4（d）所示 [22]。这种策略不仅提供了优良的电化学性能，也提高了其安全性。除此之外，非晶态 TiO$_2$ 外壳具有更好的屏蔽性能，能够提高电极材料的循环稳定性。另外，有研究者利用溶胶 - 凝胶工艺，让苯基桥联介孔有机硅（PBMOs）[23]，制备硅氧碳纳米球（ASD-SiOC），在其中碳和硅呈现原子水平均匀分布，见图 7-4（e）。这种均匀的原子分布可以从 EDS 线扫描进一步确认，见图 7-4（f）。

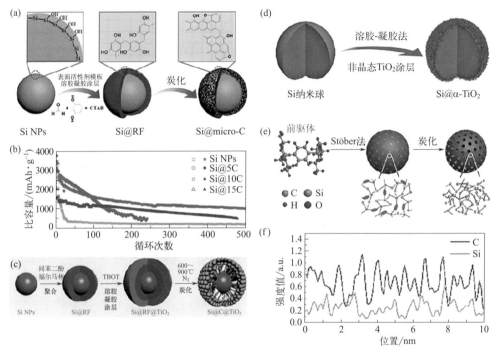

图 7-4　溶胶 - 凝胶法制备硅纳米结构

（a）表面活性剂模板溶胶 - 凝胶法制备酚醛树脂基碳包覆商用纳米 Si 的方案；（b）LIB 的长期循环性能[20]；

（c）溶胶 - 凝胶两步法制备 Si@C@TiO$_2$ 的方案[21]；（d）非晶态 TiO$_2$ 包覆 Si 核壳纳米粒子的制备方案[22]；

（e）ASD-SiOC 纳米复合材料的制备方案；（f）Si 和 C 的 EDS 谱线映射[23]

7.1.2　多孔单质硅复合材料

为了提高多孔单质硅的电化学性能，目前科研工作的重点是将多孔单质硅与金属或碳材料复合。多孔硅复合化思想的提出始于二十世纪九十年代，早期的多孔单质硅复合大多采用物理球磨的方式将硅粉与其他组分进行混合[24]，这种混合方式形成的复合材料中不同组分之间的结合力相对较弱。之后，研究者们通过化学键合的方式构筑复合材料，这种方法构筑的复合材料中内部不同组分之间的结合力较强，能够在电化学循环过程中保持更高的稳定性。除了复合方式的改进，核壳包覆结构的设计也逐渐被提出，这为后期精细多级结构的设计提供了思路。

7.1.2.1 硅/金属复合物

多孔单质硅与金属的复合材料可以分为两种情况：一是与惰性金属（如 Ni、Fe）复合[25]，惰性金属由于与锂离子不反应，仅起到支撑、缓解体积膨胀和提高材料电导率的作用；二是与活性金属（Sn、Mg）复合[26]，该类金属本身具有嵌锂活性，可以与锂离子发生反应，但是与硅的充放电电位不同，在电化学循环中同时发生两种嵌锂反应，材料的体积膨胀在不同电位下进行，大大减少了内应力，从而避免结构被破坏。同时在硅/金属复合物外包覆碳材料，能够有效弥补复合材料导电性不足的问题，大大提高循环性能。

近年来，多孔单质硅合金化合物的设计呈现更加多元化的趋势，核壳结构、多孔结构都被引入来改善合金化合物的性能。Kim 等[27]通过镁热还原的方法将包覆了氧化石墨烯的 $Fe_3O_4@Si$ 核壳结构还原为 $FeSi_2@Si@$ 石墨烯两层包覆结构，非活性的 $FeSi_2$ 层用来缓解体积膨胀，石墨烯用于提供导电层。这种结构的初始可逆比容量为 $2806mAh \cdot g^{-1}$，在 $100mA \cdot g^{-1}$ 的电流密度下循环 100 圈后仍有 $510mAh \cdot g^{-1}$ 的比容量。

7.1.2.2 硅/金属氧化物复合材料

金属氧化物可以通过内部的 O 与 Si 形成 Si—O 键，有效地抑制硅的体积膨胀。通常硅与金属氧化物的复合采用核壳结构，金属氧化物作为壳，硅作为核，这样可以避免硅与电解液直接接触。与此同时，金属氧化物壳起到了人工 SEI 层的作用。

氧化铝因其高的离子电导率而引起科研工作者的广泛关注。Piper 等[28]采用分子层沉积技术（MLD）在纳米硅颗粒外沉积了一层氧化铝层（AlGL），在 100 圈循环之后，比容量仍能保持 $900mAh \cdot g^{-1}$。研究表明，在液体电解质中，AlGL 具有很高的稳定性，因此可作为钝化剂保护活性物质。此外，AlGL 具有很强的韧性和强度，起到支撑作用，有助于维持紧密连接的导电网络，提高离子/电子电导率。这种力学和电化学性能的良好结合使得 AlGL 表面改性大大提高了纳米 Si 电极的性能。

在寻找合适的金属氧化物包覆材料时，研究人员发现具有强力学性能的坚硬的壳层材料可以有效地减少副反应并缓解体积膨胀。二氧化钛是一种具有吸引力的包覆金属氧化物。这是由于二氧化钛具有以下几个优势：（a）优异的热稳定性；（b）安全的储锂性能；（c）锂化时的体积变化小到可以忽略不计；（d）锂化之后的二氧化钛具有良好的导电性。Fang 等[29]报道了二氧化钛包覆多孔单质硅的结构，见图 7-5（a）。多孔的结构为体积膨胀提供了足够的空间，坚硬的二氧化钛壳能够有效地防止单质硅与电解液接触。在电化学性能测试中，在 0.1C 的电流密度下，循环 100 圈之后，可逆比容量仍能保持在 804mAh·g^{-1}。硅纳米颗粒与二氧化钛壳之间的协同作用对提高电化学性能具有重要意义。

Yang[30] 在金属氧化物的包覆方面也做了一些研究。通过溶胶 - 凝胶的方法合成出无定形 TiO_2 包裹的硅纳米颗粒，在 LIBs 负极材料的测试中表现出良好的充放电性能和安全性能，见图 7-5（b）和（c）。研究发现，无定形 TiO_2 层比结晶的 TiO_2 层表现出更好的缓冲弹性，在多次循环之后可以保持负极材料结构的完整性，具备高安全储锂性能。进一步地，通过表面"软硬界面层"的引入，在硅纳米颗粒和刚性 TiO_2 硬层中间引入疏松多孔的碳软层，多孔碳软层的引入一方面可以有效增加导电性，另一方面为体积膨胀提供足够的空间，而刚性 TiO_2 硬层能够很好地保持结构的完整性，见图 7-5（d）。Si@C@TiO_2 双层包覆的纳米复合电极材料显示出优异的储锂性能，在 0.42A·g^{-1} 的电流密度下循环 710 圈之后仍然有 1010mAh·g^{-1} 的比容量。

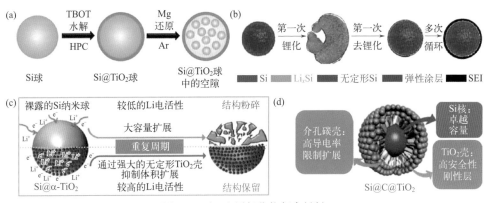

图 7-5　硅 / 金属氧化物复合材料

（a）Si@TiO_2 复合负极材料的合成 [29]；（b）Si@ 无定形 TiO_2 复合负极材料的脱嵌锂；（c）无包覆结构的

单质硅（上半部分）与有包覆结构的循环前后的对比 [30]；（d）Si@C@TiO_2 双层包覆结构

7.1.2.3　硅 / 碳复合材料

作为目前最常见的负极材料，石墨具有优秀的电化学性能。非常好的循环稳定性与较低的能量密度，恰好与硅的高比容量和低库仑效率互补，让石墨成为硅的理想复合材料。石墨负极在锂离子的嵌入 / 脱出过程中，其体积变化一般可以忽略或小于 10%，可以保持电极 / 电解质界面的稳定性，提高电极的长期循环寿命。此外，碳材料还具有优异的导电性、良好的化学稳定性和较高的机械强度。碳基体与硅基负极材料的结合，不仅可以增强硅材料电子和离子的传递，而且可以有效地缓解硅的整体体积膨胀，从而保持界面的完整性，有助于保持良好的循环稳定性。基于此，大量的科研工作者致力于硅／碳复合负极材料的研发，众多性能优异的硅／碳复合负极材料被报道。Zhang 等从组分维度变化和维度杂化方式的角度对硅／碳复合负极材料进行了分类归纳和系统梳理，见图 7-6[31]。从这幅示意图可以看出，围绕高性能硅负极材料，研究者在构建硅／碳复合负极材料方面开展了大量研究工作，种类繁多、形貌尺寸各异的硅／碳复合材料被提出。同时，硅／碳复合材料近年来也朝向更加精细化和复杂化的方向发展。核壳、蛋黄壳等精细结构被报道出来，电化学循环性能也得到很大的提升。

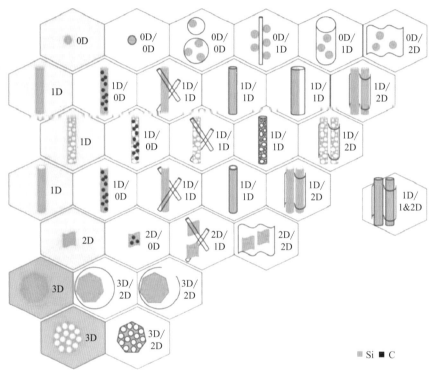

图 7-6　不同硅／碳复合储锂材料的维度杂化 [31]

7.1.2.4　硅／导电聚合物复合材料

在多孔单质硅表面包覆导电聚合物也是当前热门的改性方法。聚苯胺和聚吡咯由于独特的结构和形貌，以及随 pH 值、温度变化可调的性质，被用于与硅材料复合。Du 等合成包覆聚吡咯的中空多孔单质硅纳米球，对其进行电化学测试，发现包覆了聚吡咯的硅纳米颗粒在 $1.0A \cdot g^{-1}$ 的电流密度下，可以稳定循环 250 圈，比容量仍能保持在 $2000mAh \cdot g^{-1}$ 以上 [32]。优异的电化学性能归因于中空多孔单质硅的结构和聚吡咯表面包覆的协同效应。Wu 等 [33] 用植酸为交联剂，通过原位聚合的方法合成了 Si/PANI 复合物，得到了硅纳米颗粒嵌入在多孔导电水凝胶交联网络内的独特结构。这种独特的负极材料表现出异常优异的电化学性能，在 6A·g^{-1} 的电流密度下，能够稳定循环 5000 圈，容量保持率为 90%。并且，这种方法不需要黏结剂，易于大规模制造。最近，Niu 等[34] 以铝硅合金为前驱体，通过溶胶 - 凝胶法和刻蚀法制备了具有球笼结构的导电高分子 PPy 包覆的多孔微米硅材料，PPy 包覆层的厚度小于 5nm，但有效提高了材料的导电性，球笼结构可以有效缓解体积膨胀问题。电化学性能测试发现，该电极材料的首圈库仑效率为 78.2%，电荷转移电阻仅为 50Ω 左右，在高达 4.4mg·cm^{-2} 的负载量下，循环 400 圈之后，其比容量为 1660mAh·g^{-1}，库仑效率高达 99.4%，表明该 PPy 包覆的多孔微米硅材料作为电极具有巨大的商业应用潜力。

7.2
介孔二氧化硅材料

在各种无机纳米材料中，介孔二氧化硅纳米颗粒（mesoporous silica nanoparticles，MSNs）因其高的比表面积和孔体积、可调节的大小和形状、易于表面功能化以及丰富的表面化学性能、胶体稳定性和高分散性等物理化学性质而引起了研究人员的广泛关注。MSNs 的多孔结构具有可调性，因此在催化、聚合填料、吸附、光学器件和生物医学等各个领域中具有广泛应用，例如生物成像、生物催化剂、生物传感、组织工程以及靶向和控制药物 / 蛋白质 / 基因传递系统等[35]。

20 世纪 90 年代初，美国美孚公司的科学家 Kresge 及其同事首次报道了介孔二氧化硅材料，他们将二氧化硅前驱体与表面活性剂分子结合，形成有序的介孔二氧化硅材料，并将这些分层晶体分子筛命名为介孔二氧化硅材料。所用的表面活性剂模板类型可大致分为三大类：阳离子（十六烷基三甲基氯化铵 CTAC 和十六烷基三甲基溴化铵 CTAB）、阴离子（磷酸、N- 肉豆蔻酰基 - 丙氨酸、十二烷基硫酸钠、磺酸和烷基羧酸）和非离子［基于聚乙烯氧化物（PEO）和聚丙烯氧化物（PPO）的嵌段共聚物 Pluronic F123、F127 和 Brij 30］表面活性剂。这些模板产生了各种有序的体系结构：M41 系列，MCM（Mobil Composition of Matter）-41（2D 六边形，p6mm）、MCM-48（3D 立方，la3d）和 MCM-50（板层状，p2）；阴离子表面活性剂模板化介孔二氧化硅（AMS）系列；加州大学圣巴巴拉分校的非晶（SBA）系列；新加坡生物工程和纳米技术研究所（IBN）系列；以及韩国科学技术研究院（KAIST）系列。自诞生以来，各种类型的 MSNs 已受到研究人员的广泛关注，并已成为前景广阔的传输载体。如表 7-1 所示，总结了介孔二氧化硅材料的分类和特点。

表 7-1　介孔二氧化硅材料的分类和特点

名称	制备条件		产物结构	备注
	模板剂	合成环境		
MCM-41	$C_nH_{2n+1}N(CH_3)_3$	碱性	p6mm	1. 使用不同的模板剂可能得到具有相同结构的产物。 2. 使用同一种模板剂在不同的条件下可能得到具有不同结构的产物。 3. 很多条件同时影响产物结构，如浓度、温度、体系的 p 值、表面活性剂的堆积参数等。
SBA-3	$C_nH_{2n+1}N(CH_3)_3$	酸性		
SBA-15	$EO_{20}PO_{70}EO_{20}$	酸性		
MCM-48	$C_nH_{2n+1}N(CH_3)_3$	碱性	Ia3d	
MCM-50	$C_nH_{2n+1}N(CH_3)_3$	碱性	p2	
SBA-16	$EO_{106}PO_{70}EO_{106}$	酸性	Im3m	
SBA-1	$C_nH_{2n+1}N(C_2H_5)_3$	酸性	Pm3n	
SBA-6	$C_{18}H_{37}OC_6H_4OC_4H_8N(CH_3)_2C_3H_6N(CH_3)_3$	碱性		
SBA-2	$C_nH_{2n+1}N(CH_3)_2(CH_2)_3N(CH_3)_3$	酸（碱）性	P6_3/mmc&Fm3m	
SBA-12	$C_{18}H_{37}(CH_2CH_2O)_{10}$	酸性		
FDU-1	$EO_{39}BO_{47}EO_{39}$	酸性		
HMS	$C_nH_{2n+1}NH_2$	中性	蠕虫状的洞	
MSU	$C_nH_{2n+1}(EO)_m$	中性		
KIT-1	$C_nH_{2n+1}N(CH_3)_3$ 及其盐	碱性		

目前，常见的介孔二氧化硅纳米材料为 MCM-41。通常，MCM-41 为六边形，孔径为 2.5 ~ 6nm。它是药物开发中使用较多的材料之一。研究者通过改变起始前体和反应条件，合成了其他具有介孔性质的材料。图 7-7 呈现的是不同类型的介孔二氧化硅纳米粒子（MSNs）的模型，通过更改前提和条件合成的 MCM-48 具有立方排列，而 MCM-50 具有薄片状排列。

MSNs 材料具有优异的材料吸附特性、孔道结构有序性、孔径分布单一性和可调控性、介孔形状多样性，使其在吸附分离、工业催化、生物医学、环境保护等领域具有极为重要的作用 [36]。MSNs 较高的比表面积和较大的孔体积，使其可以作为药物载体或催化载体应用于医学和催化领域；孔径呈单一分布，并且调控范围宽，使其可以作为可控反应器制备半导体材料；独特的孔壁结构和微观形貌，使其在光学和电学领域有非常好的应用前景；热稳定性和水热稳定性良好，同时表面附有大量硅羟基，可以进行表面化学改性，使其成为一种很有前途的新型复合载体 [37]。

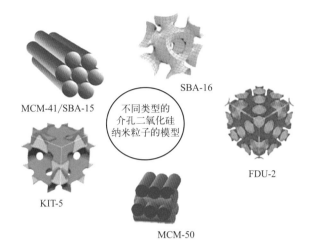

图 7-7　不同类型的介孔二氧化硅纳米粒子（MSNs）的模型

7.2.1　介孔二氧化硅的制备

一般来说，MSNs 是通过表面活性剂模板法合成的，主要采用表面活性剂
［如十六烷基三甲基溴化铵（CTAB）］作为结构导向剂，四乙氧基硅烷（TEOS）
作为二氧化硅源。最初，表面活性剂分子在碱性介质中以圆柱形胶束的形式有
机自组装，当其浓度高于临界胶束浓度（CMC）时，这些胶束形成六角形堆
积。此外，TESO 通过带负电荷的硅烷（Si—O⁻）和带正电荷的—N⁺(CH₃)₃ 胶束
填料之间的静电相互作用，导致了成核和定向生长，从而驱动有机组分进入有
序的二氧化硅结构。需要注意的是，表面活性剂需要通过高温煅烧或用适当的
溶液进行低腐蚀性萃取来去除暴露介孔通道。目前，单分散 MCM-41 的合成主
要通过 Stöber 方法实现，制得的 MCM-41 在性能方面具有其他多孔材料无法比
拟的优势。通过调节合成条件，如溶液组成、二氧化硅前驱体 / 表面活性剂浓
度和反应温度，可以定制 MCM-41 的结构特征，包括材料形状、粒径、比表面
积（＞ 700m²/g）、孔径（2 ～ 10nm）和孔容（＞ 1cm³/g）。这种结构的灵活性赋
予 MCM-41 在各种生物医学应用中具有丰富的优势性能。SBA-15 纳米材料与
MCM-41 具有相似的六方孔结构和一维平行通道。MCM-41 采用非离子型聚合物
模板（如两亲性三嵌段共聚物）作为有机结构导向剂，以 TEOS、四甲基氧基硅
烷和四丙氧基硅烷为硅源，在酸性溶液中合成。SBA-15 的形态在很大程度上
取决于位于无机二氧化硅和有机聚合物模板界面上的表面曲率能。极性助溶
剂、助表面活性剂和无机盐的加入可使局部表面曲率能降低，有利于生成高
曲率的 SBA-15。此外，与 MCM-41 类似，对合成条件的修改可以改变材料的
孔径和表面积等。与 MCM-41 相比，SBA-15 表现出结构上的差异。SBA-15 较

厚的孔壁（3.1～6.4nm）具有较高的机械稳定性和水热稳定性，此外，宽孔径（5～30nm）和高比表面积（400～900m²/g）的优点使 SBA-15 在分离、催化和药物输送等各个领域的应用前景广阔。

7.2.1.1　软模板法

利用结构相对较"软"的有机分子或超分子（如表面活性剂或者生物大分子等）作为模板合成 MSNs 材料的方法称为软模板法。不同种类的两亲性表面活性剂，比如阳离子表面活性剂（带有长链烷基的季铵盐等）、非离子表面活性剂（嵌段共聚物等）和阴离子表面活性剂都可以用于合成各种介观结构的 MSNs 材料。另外，不同种类表面活性剂之间的复配，也可以用于合成不同结构的 MSNs 材料。

利用阳离子表面活性剂为模板剂导向合成 MSNs 材料时，带正电的模板剂与带负电的无机物种（比如正硅酸乙酯水解得到的硅物种）之间有很强的电荷相互作用，因此很容易得到有序的复合材料。例如，在一定的配比下，在碱性水溶液中室温混合搅拌较短时间即可得到有序的 MCM-41 材料，生成的氧化硅骨架也很稳定，不需要经过高温水热过程。利用嵌段共聚物为模板剂导向合成 MSNs 材料时，模板剂与硅物种之间相互作用（氢键相互作用等）比较弱，因此需要改变反应体系的酸碱性、升高反应温度或者加入无机盐以控制组装过程形成有序的复合物，并且一般需要经过高温高压的水热处理，以得到高度有序、骨架稳定的 MSNs 材料。而利用阴离子表面活性剂为模板剂导向合成 MSNs 材料时，需要加入结构助剂以得到 MSNs 材料。

软模板法合成 MSNs 材料的过程大多在水溶液中进行，另外一个重要的合成方法是在挥发性溶剂中利用溶剂挥发诱导自组装的方法。在这个过程中，随着溶剂的不断挥发，体系中表面活性剂和前驱体的浓度增大而诱导形成复合液晶相。干燥过程中前驱体交联固化形成稳定的骨架结构，最终得到 MSNs 材料。这种方法对前驱体的溶胶 - 凝胶过程、前驱体和模板剂之间的相互作用要求比较低，适用于水相中前驱体的水解缩聚过程较难控制的 MSNs 材料的合成。

7.2.1.2　硬模板法

硬模板法利用预先合成的介孔材料（介孔硅、介孔碳等）作为模板，通过前驱体在孔道空间的灌注和交联得到复合材料，除去模板后可以得到反相的 MSNs 材料，由于这种合成方法用到的模板一般具有刚性骨架，因此得名。硬模板法合成不涉及模板剂与前驱体的组装过程，因此适合制备溶胶 - 凝胶过程很难控制的物质的有序介孔结构。硬模板法也被称为纳米浇铸法（nano-casting）。具有不同介观结构的模板经过纳米浇铸过程，可以得到具有相应反相介观结构的复制材料。利用得到的反相 MSNs 材料作为模板，也可以通过再一次的硬模板法重新得到正相材料。前驱体的装载是纳米浇铸合成方法中的关键步骤，一般通过湿法浸渍把溶解在适当溶剂中的前驱体或者液体状态的前驱体通过毛细作用力填充到模板的介孔孔道中。而在纳米浇铸合成过程中需要考虑介孔表面性质和溶剂的影响，以及前驱体转化过程中气体小分子的脱除和体积改变的影响。

7.2.2　介孔二氧化硅的改性

7.2.2.1　表面修饰

事实上，MSNs 在不同领域的应用潜力巨大，因为它们具有优势的亲水表面，其中含有丰富的羟基，可以通过在外部和内部多孔表面上引入官能团进行广泛调节。首先，用超分子体系包覆微球表面，可以通过控制孔入口的打开或关闭来保证客体分子的安全，防止客体分子过早释放。除了治疗药物释放的安全性外，它们还增加了特定生物分子（如核酸和酶）的生理半衰期。其次，硅质框架的生物降解性只能通过在涂层材料中涂层刺激响应成分来实现。再次，具有多种屏障的涂层，例如具有各种表面功能的聚合物，显著地为附着靶向配体提供了足够的空间，从而使治疗货物能够在所需的作用部位特异性释放。最后，纳米载体表面化学性能的改变有助于克服特定的生理障碍，如巨噬细胞摄取，除了提高治疗药物携带纳米颗粒的细胞内化效率外，还有助于实现更安全的生物医学[38]。

硅酸盐表面的功能化：在对微球表面进行改性之前，需要非常了解表面羟基在介孔框架上的多功能性，包括内部和外部，以及对微球表面进行功能化的必要性，因为这些都突出了微球作为选择性吸附剂、催化剂、生物传感器和其他各种生物医学设备的潜力。此外，它给了我们明确的范围，以调整整体颗粒形态的合成有机 - 无机杂化。可用的表面亲水基团可以通过共价、共轭或静电相互作用在介孔二氧化硅表面上方便地固定许多有机官能团，从而促进了介孔结构的多功能性并实现了对这些介孔结构的机械化特性的控制。功能基团的共价偶联可以通过在二氧化硅源的缩合过程中引入有机硅烷来实现，在制造微孔微球时或通过接枝方法来实现。

在 MSNs 表面包覆聚合物是一种较为常见的改性手法。除了提供结构多样性和不同的功能外，聚合物还可以通过改变其传递模式来改善锂离子运输性能。科研人员已经付出了巨大的努力，通过涂覆几种聚合物来制造多用途的 MSNs 表面。一些例子包括海藻酸盐、壳聚糖、聚乙二醇（PEG）、PFcMA、Pluronic P123、吡啶二硫盐酸盐（PDS）、PEI-PEG 共聚物和聚（2-乙烯基吡啶）。

7.2.2.2　框架修改

凝聚二氧化硅物种的超分子排列为制备有序的先进介孔二氧化硅材料创造了巨大的空间。除了在相当程度上兼容外，这些稳定的硅质体系与适当的基质已经将研究人员的研究重点转移到通过浸染几种替代品〔如有机基团（PMOs）和金属物种（M-MSNs）〕来修饰高度稳定的硅质框架，以获得各种有利的属性，例如在生物流体中的可降解性、提高客体分子的包封效率和创建新的硅质壁。这些修饰为材料在生物传感、催化、微电子、蛋白质分离、药物输送、生物成像和其他治疗应用等各种应用中开辟了新的机会。

周期性介孔有机硅（periodic mesoporous organosilicas，PMOs）是一类创新的介孔材料，它可以将均匀分布的有机和无机组分杂化，形成共价键合的介孔骨架。其中有机部分对介孔二氧化硅结构产生了巨大的影响，改善了 MSNs 的功能和形态特征，提供了新的蓬勃发展的可能性，并探索了新的应用。PMOs 在催化、纳米结构合成中的合成模板、吸附、色谱、酶固定、蛋白质分离和药物传递等方面都有前景。PMOs 基质通常是通过有机桥接硅烷的水解和缩聚反应来设计的，而不像传统的 MSNs 是通过自组装辅助的溶胶-凝胶过程来单独利用二氧化硅前驱体〔TEOS/四甲基氧基硅烷（TMOS）〕制备的。自 Ozin 于 1999 年开始制造 PMOs 以来，已经在制造尺寸减小的 PMOs 方面做出了一些努力。一开始，人们对使用有限基团（如硅质框架中含有甲基、乙基、乙烯基和苯桥接基团的低分子量有机硅烷前驱体）生成 PMOs 产生了浓厚的兴趣。此外，通过改变有机硅氧烷部分，如乙烯、噻吩、联苯、二乙烯基苯、2,2′-联吡啶和双咪唑等，在 20～500nm 的大尺寸范围内合成了各种形状（蠕虫状到球形）的 PMOs 框架。PMOs 最主要和最吸引人的结构属性是在有机硅烷缩聚过程中其孔壁的分子重排，同时方便地容纳介孔框架中的有机桥基。这些基团的排列有利于介孔框架的调节能力和物理化学性质的增强。更常见的是，在苯存在的情况下，孔壁以"晶体状"的片状排列，以及其他疏水桥接[39]。

尽管纯二氧化硅具有热稳定性和机械稳定性，但其中性和无定形特性限制了 MSNs 在分子吸附和催化等多功能领域的应用[40-47]。近年来，由于其额外的特性，在各种应用中提供了巨大的潜力，人们已经做出了巨大的努力，通过将金属物种浸渍在硅质框架中来改变 MSNs 框架[48]。首次将铝通过简单的缩聚方法掺入到硅质框架中，这产生了巨大的优势[49]，例如增加了表面酸度和氧化铝对 MSNs 的化学功能，从而增强了催化性能[50]。

沿着这条路线，许多其他金属物种被掺杂在介孔框架中，如 Co、Fe、Cu 和 Ni，使得 MSNs 可用于各种应用[51-52]中。在硅质骨架中掺入金属通常会导致硅烷醇基团的浓度降低，这可能会导致吸附在介孔中的客体分子的负载被剥夺[53]。然而，在优化合成条件时，反应物浓度，特别是金属与二氧化硅浓度的比例，必须重点关注[54]。在反应物浓度较大的情况下，它可能导致介孔框架的扭曲，从而导致不规则形状的无序硅质框架和相应金属氧化物形式的金属分离[55]。

进一步的考虑包括孔隙的排列，同时重新排列硅质框架中的金属种类[56]。但是，它必须具有大体积的深孔隙，以在容纳客体分子的同时基本上克服孔隙的变窄，这可能会影响其负载效率[57]。

7.3

介孔有机硅材料

1999 年，Inagaki[58]、Ozin[59] 和 Stein[60] 团队，各自独立开发了一种新型的有机无机纳米复合材料，称为 "周期性介孔有机硅（periodic mesoporous organosilicons，PMOs）"。以含有有机桥联基团的倍半硅氧烷为硅源，完全取代有机硅氧烷和无机硅物种前驱体，在模板剂的作用下，经水解缩聚反应合成周期性介孔有机硅材料（PMOs），见图 7-8。这开辟了在分子尺度上设计并控制材料表面性质和骨架结构的合成新方法。Inagaki 团队使用十八烷基三甲基铵表面活性剂生产并研究了乙基桥联（—CH_2—CH_2—）PMOs 材料。通过调整表面活性剂的浓度，得到了孔径分别为 2.7nm 和 3.1nm 的 2D 及 3D 六边形孔阵列的结构。Ozin 等利用

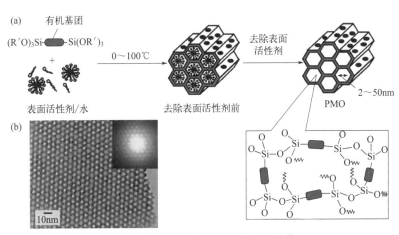

图 7-8　介孔有机硅的合成策略及形貌

（a）由有机桥联倍半硅氧烷前驱体合成周期性介孔有机二氧化硅；（b）介孔乙烷 - 二氧化硅的周期性孔结构的 TEM 图像[59]

CTAB 制备了乙烯桥联 PMOs，而 Stein 等则通过有机基团的首次合成后修饰得到了乙烯和乙烯桥联（—CH≡CH—）PMOs，将乙烯部分转化为二溴乙烯。2002 年，Inagaki 等[61] 报告了亚苯基桥联（—C$_6$H$_4$—）PMOs 材料中的晶体结构，见图 7-9 中的分子模拟。在 2010 年，Ozin 等[62] 对这类材料的功能进行了综述，并将这一类材料命名为 PMOs。

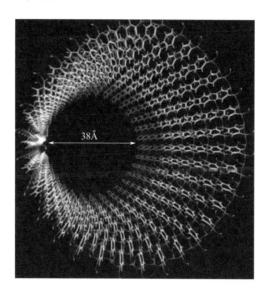

图 7-9　亚苯基桥联 PMOs 材料中的晶体结构的分子模拟[61]

7.3.1　介孔有机硅的制备

PMOs 是一种由有机官能团与硅氧烷通过共价键连接的桥联型无机 - 有机介孔材料，不同于硅氧键构建的介孔二氧化硅纳米粒子（MSNs），其有机官能团均匀地分布在整个骨架结构中。PMOs 具有一些与 MSNs 相似的特点：①长程有序的介孔结构；②孔径尺寸的可调节性；③可通过硅化学对材料的外表面和孔道内表面进行修饰；④良好的生物相容性。然而，有机官能团的引入为 PMOs 带来了不同于 MSNs 的独特的化学性质：①改变 PMOs 骨架中有机基团的种类能够使 PMOs 更有针对性地应用于不同的场景。例如：集成特定的酸碱性有机基团能够制备合适的酸碱催化剂；集成对酸碱反应、光化学反应、电化学反应、氧化还原反应等敏感的有机基团可以实现特定条件下可降解 PMOs 材料的合成。②通过对 PMOs 骨架中的有机基团含量和分布的调控，能够调整 PMOs 的亲疏水性，实现如高药物装载能力等的优异性能。③可以通过有机化学反应修饰 PMOs 中的有机片段。图 7-10 展示了具有代表性的倍半硅氧烷前驱体。

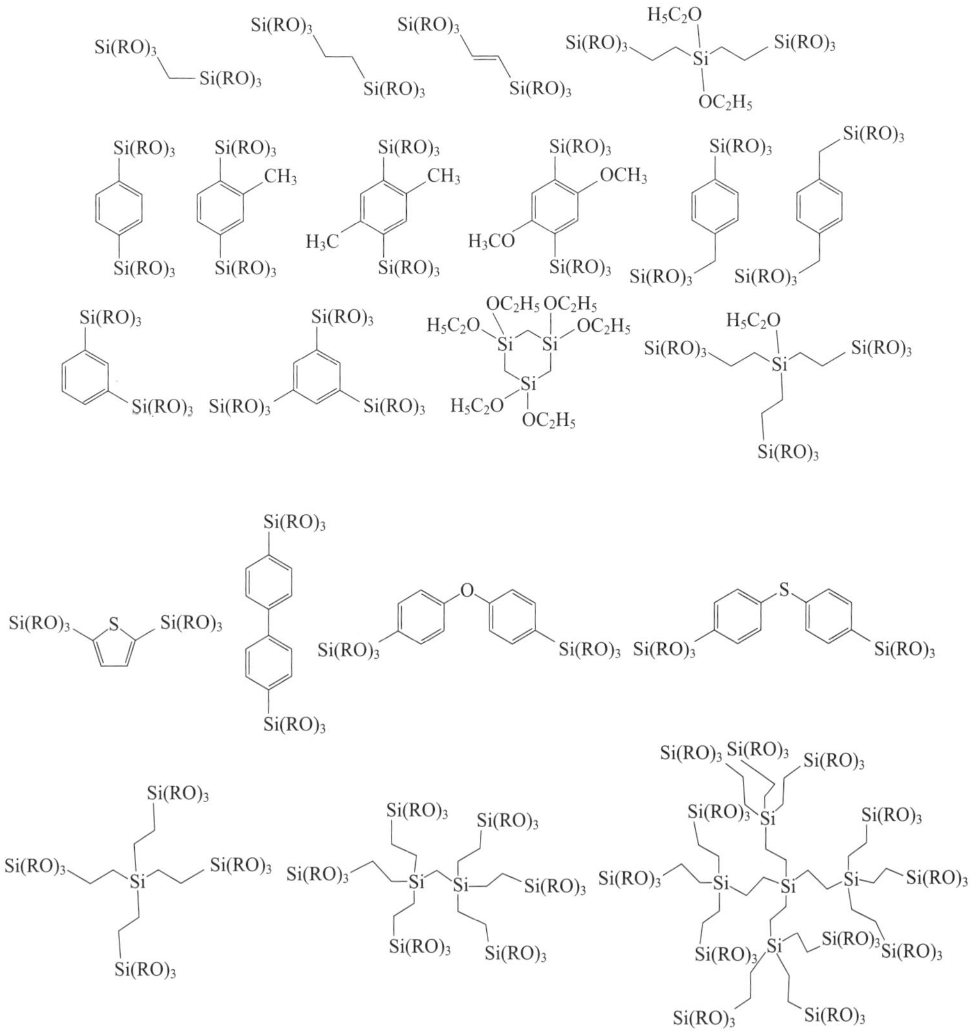

图 7-10　用于周期性 MSNs 材料的代表性倍半硅氧烷前驱体[63]

7.3.1.1　软模板法

与通过接枝或共缩聚的方法合成的有机功能化介孔材料不同，PMOs 中的有机基团已成为结构网络的一部分，因此，对桥联倍半硅氧烷前驱体结构的改变能够实现材料性质的改变。合成 PMOs 的方法主要有软模板法和硬模板法两种，软模板法合成更容易构筑材料的结构，且合成设备简单。软模板法利用分子间或分子内的弱相互作用以形成具有明显结构界面和一定空间结构特征的簇集体，利用这种簇集体特有的结构界面使材料呈现特定趋向的分布，从而获得期望的具有特殊功能的材料，不同表面活性剂的选择对最终合成的材料的结构和性能会产生至关重要的影响。

最初发现的 PMOs 材料是使用离子型表面活性剂为模板合成的。阳离子型表面活性剂在酸性或碱性条件下，阴阳离子通过库仑力的作用形成自组装离子对并经历一个液晶相，经水解缩合，最后脱除表面活性剂模板，即可得到均一孔径和有序规则的 PMOs。Nakajima 等[64]在碱性条件下以十八烷基三甲基氯化铵（OTAC）为模板成功合成了一种高度有序且长程有序的孔形状为二维六边形的乙烯基介孔硅酸盐材料。Sayari 等[65]研究了使用 BTME［1,2-双(三甲氧基硅烷)乙烷］作为二氧化硅前驱体合成 PMOs 时离子型表面活性剂中烷基链长度对合成材料结构和孔隙率等因素的影响，发现产物的孔径随着表面活性剂烷基链长度的增长而变大，以十六烷基三甲基氯化铵（CTAC）为模板合成的乙烷 -PMOs 呈现出立体结构，而用其他表面活性剂合成的材料则是二维六边形孔结构。

常见的非离子表面活性剂如 P123、P127、Brij56（十六烷基聚氧乙烯醚）等，同样可以用作合成 PMOs 的模板。对于这类表面活性剂，在酸性环境下，通过 $S^0H^+X^-I^+$ 模板方法合成，而在中性环境下则以 N^0I^0 为途径，利用前驱体和表面活性剂之间的氢键作用力形成（N^0 为非离子表面活性剂，I^0 为中性硅源前驱体部分）。在这个过程中表面活性剂的浓度增加，并转化成液晶相中间态，无机组分也通过自组装作用聚集，前驱体同样会经历一个液晶相中间态，并最终形成一定结构的材料。目前，越来越多的研究集中于提高 PMOs 的孔尺寸以实现优异的催化和吸附等性能。在碱性条件下，使用离子型铵盐表面活性剂能够合成孔径在 2～5nm 内的 PMOs，而在酸性条件[66]下，用如 P123、P127 等非离子表面活性剂作模板，能够合成出孔径更大的 PMOs。2001 年 Fröba 等[67]，首次将 BTME 用作前驱体，P123 用作模板，合成了具有较高表面积和较大孔径的 PMOs。Guo 等[68]首次将 F127 用作模板，加入 K_2SO_4，合成了具有三维立体对称结构和大孔径介孔的乙基 -PMOs，这种 PMOs 能够表现出长程有序性。K_2SO_4 等无机盐的加入能够对前驱体桥联倍半硅氧烷和表面活性剂之间的自组装起到增强作用。Inagaki 等[69]采用苯基桥联的倍半硅氧烷（BTEB），第一次合成了大孔径介孔的苯基 -PMOs。十六烷基聚氧乙烯醚（Brij56）具有价格低廉、无毒、易降解等优点，以其为模板合成的 PMOs 同样具有规则的介孔、较窄的孔径分布以及优于 P123 的比表面积。此外，实验中发现催化剂中酸的浓度大小对最终材料介孔尺寸大小的影响不大[70]。Burleigh 等[71]以 Brij56 为表面活性剂，利用两种桥联倍半硅氧烷的共缩聚反应，合成了一种同时以乙基和苯基为桥联基团的 PMOs 材料。通过调节两种前驱体的比例实现了均一孔尺寸和高度有序的六边形材料的合成。

7.3.1.2　硬模板法

作为制备 PMOs 软模板（如 FC-4）的替代，已经出现了使用硬模板（如二氧化硅或金属氧化物）的情况，用于合成 PMOs 的硬模板法非常简单且应用广泛。一般包括三个步骤：①合成硬模板；②涂覆于 PMO 表面；③去除硬模板。硬模板法在获得空心结构方面具有独特的优势，例如，空隙的大小和形状可以通过聚合物珠、二氧化硅、碳、定义明确的金属或金属氧化物纳米颗粒等硬模板精确控制。

Ha 等[72] 首次报道了用聚苯乙烯（PS）乳胶作为硬模板合成乙烷桥联中空 PMO 纳米球。通过溶胶 - 凝胶共组装工艺将 1,2- 双（三甲氧基硅烷）乙烷（BTME）和阳离子表面活性剂 CTAB 的介孔结构有机二氧化硅 / 表面活性剂层涂覆在 PS 核表面，用四氢呋喃（THF）溶解 PS 核以形成中空结构。获得的 PMO 显示出 956m^2 · g^{-1} 的高比表面积和 2.4nm 的均匀孔径。其合成过程如图 7-11 所示。Wang 等[73] 使用 α-Fe$_2$O$_3$ 纳米颗粒代替 PS 胶体用作制备中空 PMO 纳米球的硬模板。与 PS 相比，α-Fe$_2$O$_3$ 核很容易被 HCl 溶液腐蚀，此外 α-Fe$_2$O$_3$ 核具有更好的热稳定性，在高反应温度下，PMO 壳的交联度可以大大提高。

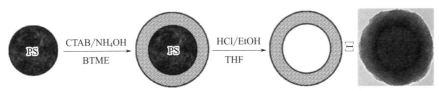

图 7-11　以聚苯乙烯乳胶为硬模板合成 PMOs 的流程[72]

7.3.2　介孔有机硅的改性

PMOs 材料具有有序的介孔结构、高的有机基团引入量、分布均一的孔道结构和可调的物理化学性质，因而在吸附、分离、催化等领域有着广阔的发展前景。而在这些方面的应用都一定程度上依赖于 PMOs 材料的宏观形貌。因此对于 PMOs 材料形貌的控制是 PMOs 材料合成领域的重要方向。目前合成的 PMOs 材料的形貌有球形、棒状、纳米管状、薄膜状等。

7.3.2.1　球形 PMOs 材料

球形 PMOs 材料是最为常见的一种 PMOs 纳米颗粒，包含中空结构、蛋黄结构和大孔结构等。Qiao 等[74] 用含有不同官能团（—SH、—NH$_2$、—CH、—C≡C、—C$_6$H$_5$）的硅烷偶联剂与乙基桥联的倍半硅氧烷前驱体在含氟铵盐（FC-4）和 CTAB 作为共表面活性剂作用下共缩聚，合成了具有中空结构的球形 PMOs，见图 7-12。颗粒的尺寸可以在 100～400nm 范围内进行调控，通过调整 FC-4 和 CTAB 的比例，可以在不改变材料介孔有序性的前提下，能够实现 PMOs

的孔壁厚度的调整。这种双模板法制备有序介孔结构的凹球状 PMOs 的技术未来有望应用于纳米催化剂、生物传感器、微电子技术、基因分离等领域。Teng 等[75]利用简单的一步水热处理的合成了中空的 PMOs 纳米球。这种方法的便利性使其有利于大规模生产，对中空 PMOs 纳米球的研究和应用起到了推动作用。

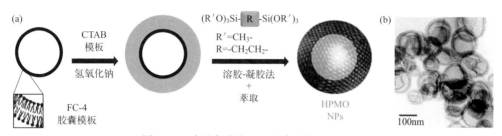

图 7-12　球形介孔有机硅的合成策略及形貌

（a）用于制备 HPMO NPs 的 FC-4 胶囊和 CTAB 双模板策略；

（b）所得纳米材料的透射电子显微镜（TEM）图像[74]

　　蛋黄壳结构的球形 PMOs 是介于中空和实心结构之间的一种特殊结构，由核、空腔以及介孔壳层组成。其特殊的结构能够为化学反应和药物运输等提供环境，此外其核与壳都能够被修饰，存在实现功能化应用的潜力。Liu 等[76]利用液体 - 界面间组装法合成了蛋黄 - 蛋壳结构 PMOs 纳米球。利用在液相溶液中形成的 FC-4 囊泡来包裹核颗粒结构，随后在该结构的表面沉积有机硅 /CTAB 混合中间相，等待有机硅长成，随后去除 FC-4 模板即可得到蛋黄壳结构，这种方法被称为"bottom-up"法[77]。此外，通过逆向途径同样可以制得蛋黄壳结构的PMOs，这种以一个中空的 PMOs 壳为基础，在其内部生长所需的核的方法被命名为"ship-in-bottle"法。利用该方法可以有效控制制备的 PMOs 纳米颗粒的大小、空腔尺寸以及壳层厚度[78]。Chen 等分别利用以上两种方法合成了 UCNP@PMOs 颗粒。通过"bottom-up"法，先制备出 UCNP@SiO_2@PMOs 模板，之后通过蚀刻去除中间的 SiO_2 部分，得到蛋黄壳结构的 UCNP@PMOs 颗粒［图 7-13（a）］。换一种方法，"ship-in-bottle"法则是先制备出中间外壳，并在小球中间的空隙处真空下填充前驱体，钙化后得到蛋黄壳结构［图 7-13（b）］。两种方法都能成功制得蛋黄壳结构。

7.3.2.2　棒状 PMOs 材料

　　Lu 等[79]于 2005 年首次报道了尺寸为 200nm×（1000 ～ 2000nm）的乙烯基桥联 PMOs 纳米棒。他们以 P123 为模板得到了具有 8nm 孔径的六角孔结构的PMOs 纳米棒。而 Croissant 等[80]利用 CTAB 在水溶液中合成了单分散的亚乙烯基桥联的 PMOs 纳米棒（450nm×200nm），此外还合成了多种有机基团掺杂的长径比可调的 PMOs 纳米棒，见图 7-14。

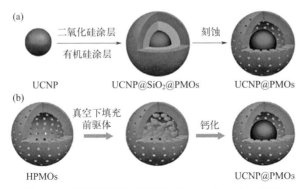

图 7-13　蛋黄壳结构（UCNP@PMOs）的合成过程

（a）"bottom-up"的方法 [77]；（b）"ship-in-bottle"的方法 [78]

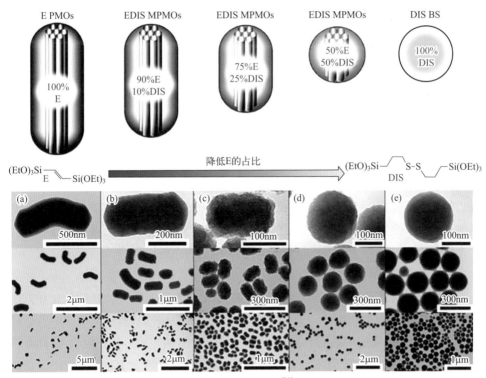

图 7-14　亚乙烯基桥联的 PMOs 棒状材料尺寸的控制 [80]，不同长径比的亚乙烯基 - 双（丙基）

二硫化物（E）和双（丙基）二硫化物（DIS）双桥联的 PMOs 纳米棒的 TEM 图片

（a）E 的占比为 100%；（b）E 的占比为 90%；（c）E 的占比为 75%；

（d）E 的占比为 50%；（e）E 的占比为 0%

7.3.2.3　纳米管状 PMOs 材料

纳米管状材料具有很多优秀的物理化学特性，因此有关 PMOs 纳米管的研究同样引起了人们的关注。Liu 等[81] 在酸性条件下利用 P123 合成了直径为 6nm，管壁厚度为 3nm，长度在 100 ～ 600nm 之间可调的乙烯基、亚苯基桥联的 PMOs 纳米管。

7.3.2.4　薄膜状 PMOs 材料

薄膜状的 PMOs 材料具有高的有机基团含量、小的极化作用和相对较低的介电常数 k 值，是一种优秀的绝缘材料，在生物涂层、半导体和芯片产业等领域都有广泛的应用。

Lu 等[82] 利用挥发诱导自组装的方法合成了乙烯基 PMOs 薄膜，并通过调整 BTEE 和 TEOS 的比例获得了一系列的乙烯基 PMOs 薄膜。发现随着有机基团（BTEE）含量的增加，介电常数 k 值呈现减小的趋势，最低可至 1.98。Ozin 等[83] 在玻璃板上滴加含有前驱体和模板剂的液晶相，从而合成了乙烷、乙烯、噻吩和亚苯基的 PMOs 薄膜，并发现这些 PMOs 薄膜的孔道垂直于薄膜表面。

7.3.2.5　核壳 PMOs 材料

核壳结构是由两个或多个不同材料层组成的一类粒子[84]，其中一个形成内部核心，另一个形成外层或外壳[85]。这种类型的设计提供了调整复合材料的机会，该复合材料能够表现出单独核和壳材料无法实现的特性和性能。核心可以是液体、固体或气体，外壳通常是固体，可以使用有机或无机材料制造，具体取决于设计标准和目标应用[85]。根据核和壳材料的组合，核壳微粒可分为四类，如无机 / 有机、有机 / 无机、有机 / 有机和无机 / 无机核壳微粒。调整核和壳的材料会影响核壳微粒的功能以及生物、化学、磁性和光学性质。作为一种理想的构型，两亲性核壳结构提供了多种功能通过调节核和壳的性质得到[86]，有助于实现快速传质和有效利用活性位点。

PMOs 材料具有固有的两亲性和高孔隙率，这为开发其在钛硅酸盐介导方面的应用提供了巨大的机会[87]。此外，PMOs 与无机硅酸盐具有优异的相容性，使其有望弥补钛硅酸盐中高固有活性和缓慢传质之间的差距。Wei 等[88] 以具有内在活性的介孔钛硅酸盐为核心，初步构建了具有两亲性 PMO 壳的杂化催化剂（TS@PMO）以实现高效油 - 水两相氧化，见图 7-15（a）。通过有机前体对 TS 中硅酸盐组分的非原位刻蚀效应，活性 Ti 位点在表层富集并增加密度，实现了活性位点的充分暴露和高可达性。有利的两亲性和可渗透性 PMO 壳提供了对两相反应物的强亲和力，并允许其快速扩散。在这种情况下，TS@PMO 成功地结合了强化传质和有效利用活性位点的优点。

Haghighat 等[89]通过沉淀法合成了 γ-Fe$_2$O$_3$ 纳米颗粒并在其表面合成了苯基 PMO，通过吸附 NaHSO$_4$ 最终制备了核壳亚苯基桥联周期性介孔有机硅（γ-Fe$_2$O$_3$@ph-PMO-NaHSO$_4$），见图 7-15（b）。这种新型核壳介孔有机硅材料用作催化剂可以有效促进生物活性化合物三唑基喹唑啉酮/嘧啶衍生物的合成效率，此外其环境友好、反应时间短、催化剂的可重复使用性以及产物的简单快速分离优势同样值得关注。

Yang 等[90]采用有机硅烷辅助刻蚀的方法在碱性条件下通过 CTAB 定向组装 BTEE 进行中空 PMO 层的涂覆，得到了 N-Ru$_1$/Fe$_3$O$_4$@void@asPMO，最后在 N$_2$ 气氛下煅烧以去除表面活性剂，最终得到 N-Ru$_1$/Fe$_3$O$_4$@void@PMO，见图 7-15（c）。通过构建 N-Ru$_1$/Fe$_3$O$_4$ 核与中空 PMO 壳的复合核壳结构，建立了一种新型高性能金属氧化物单原子催化剂的概念。

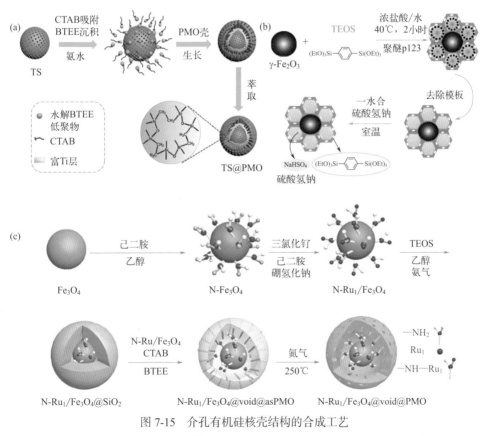

图 7-15　介孔有机硅核壳结构的合成工艺

（a）TS@PMO 核壳结构合成工艺[88]；（b）γ-Fe$_2$O$_3$@ph-PMO-NaHSO$_4$ 核壳结构合成工艺[89]；
（c）N-Ru$_1$/Fe$_3$O$_4$@void@PMO 的合成[90]

7.4

多孔硅材料的应用

多孔硅具有比表面积大、发光性能良好等特点，目前对于多孔硅的研究已经涉及能源储存、药物递送、生物传感、光催化等领域。

7.4.1　能源储存

多孔硅的孔隙结构能有效缓解硅在嵌锂时体积膨胀率高的问题，因此，近年来在储能领域的研究愈发受到关注。

与石墨相比，硅作为负极材料具有的很高理论比容量为 $4200mAh \cdot g^{-1}$。尽管 Si 的比容量很高，但作为负极材料的硅材料在充放电过程中存在体积膨胀（高达 400%）的主要问题，这导致负极开裂、电接触损失、固体电解质界面（SEI）膜不稳定，最终容量快速衰减。此外，Si 的低固有电导率（$1.56×10^{-3}S \cdot m^{-1}$）和锂扩散率也限制了其电化学性能。人们注意到，与大块硅作为负极材料相比，硅的微纳米结构具有良好的电化学性能。通过引入硅的纳米结构得到硅微/纳米结构、纳米线、中空结构和多孔硅[91]。直径为 150～200nm 的球形纳米硅颗粒被用作大块硅负极材料，在电流密度为 $0.2A \cdot g^{-1}$ 时，其比容量高于 $500mAh \cdot g^{-1}$，可循环 100 次。

采用牺牲模板法制备的多壳层空心二氧化硅微球（MHSM）作为电池负极材料，在电流密度为 $0.1A \cdot g^{-1}$ 的情况下，经过 500 次循环后可获得 $750mAh \cdot g^{-1}$ 的高比容量[92]。MHSM 具有良好的循环稳定性，因为其多孔结构使锂离子和负极材料之间的反应更加容易，并缩短了反应路径。进一步，通过镁热还原合成了三维（3D）大孔硅，以提高 Si 负极的结构稳定性、容量和循环寿命，见图 7-16。

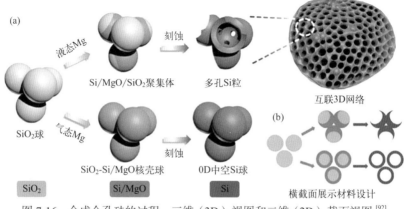

图 7-16　合成介孔硅的过程，三维（3D）视图和二维（2D）截面视图[92]

作为负极材料的 3D 多孔硅具有高容量、优异的保留率和循环寿命。结构改造的硅负极材料与大块硅相比，负极材料的电化学性能有了明显的提高。大面积的纳米结构和较大的孔洞结构为锂离子的扩散提供了较大的表面积，控制了粉体的粉碎，补偿了电接触损耗。

多孔硅在一定程度上提高了电化学性能，但仍需对硅负极进行改性。通过在硅负极中添加导电添加剂和聚合物黏合剂，可以控制硅负极中因粉碎而产生的进一步电接触损失。导电添加剂在充放电过程中提供了电子路径，但在一些循环后，由于导电添加剂不能提供结合力，硅颗粒无法接触，影响其稳定性。为了克服这些问题，使用大量导电剂来提高 Si 负极的电子导电性和稳定性，以获得更长的循环寿命。

用交联剂硼酸钠制备羧甲基纤维素钠水杂化凝胶，并与硅负极材料结合。杂化凝胶与硅粒子共价结合，同时也起到缓冲硅粒子的作用[93]。带凝胶的硅负极在 600 次循环后表现出良好的容量和循环寿命，比容量为 $1211.5 \text{mAh} \cdot \text{g}^{-1}$，库仑效率为 88.95%。此外，为了提高 Si 负极的电化学性能和稳定性，采用天然的阿拉伯胶（GA）聚合物（纤维增强混凝土）来控制 Si 负极在充放电过程中的开裂，见图 7-17。

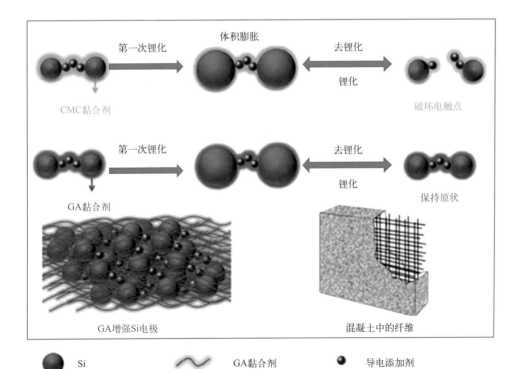

图 7-17　CMC 和 GA 黏合剂在充放电过程中体积变化的工作原理[93]

使用 GA 聚合物黏合剂的 Si 负极[94]，在电流密度为 1C 的条件下，比 CMC 黏合剂有更高的容量，经过 500 次循环，具有良好的循环寿命，电流密度为 1C 时，超过 1000 个循环。GA 中的糖蛋白链具有良好的力学性能，其表现就像混凝土中的纤维，而多糖由于羟基的存在而具有结合力，导电聚合物黏合剂显著提高了硅负极材料的电化学性能和结构完整性。

通过电解液与硅颗粒的直接相互作用，在负极硅颗粒上形成了连续充放电的固体电解质界面膜（SEI 膜）。硅颗粒上的 SEI 膜是锂离子进一步扩散的屏障，直接影响 Si 负极的循环寿命。通过在硅粒子上涂覆不同材料，可以控制 SEI 膜的快速衰减。不同材料的涂层在电解质与活性硅的直接接触之间提供了屏障，这导致电解质与电极材料之间的界面反应减少，并且涂层材料的力学性能抑制了结构的转变。为了稳定 SEI 膜，碳因其良好的电子和力学性能被广泛应用于硅粒子的涂层中。

碳涂层控制硅颗粒的粉碎，防止电解质与硅颗粒直接接触。通过留下内部空隙，未填充的 pSiMPs 被碳涂覆[95]，见图 7-18（a）。未填充的碳涂层 SiMPs 作为负极材料，具有高的负极比容量（1500mAh·g^{-1}）和优异的循环寿命。外部碳涂层防止电解质与硅颗粒直接接触，内部空隙在体积膨胀过程中为硅颗粒提供额外空间。采用氧掺杂碳分层介孔结构的 Si@mNOC 作为负极材料[96]，具有良好的容量和较长的循环寿命［图 7-18（b）］。在 Si@mNOC 中，空穴空间和介孔结构可以调节负极材料的体积膨胀，促进离子的输运，维持 SEI 膜稳定，提高负极材料的力学稳定性。氮氧掺杂改善了材料的电子导电性和电化学性能。

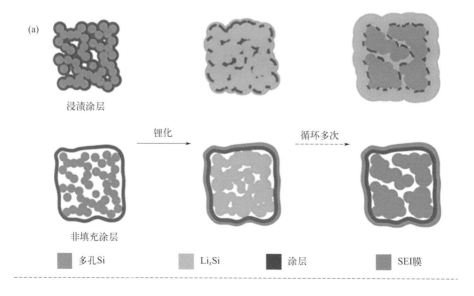

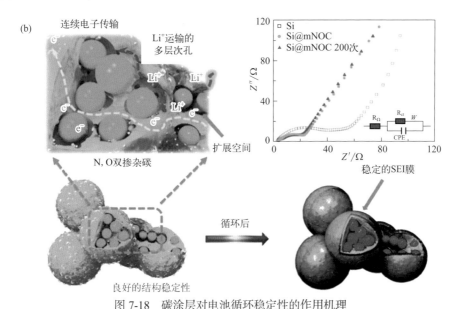

图 7-18　碳涂层对电池循环稳定性的作用机理

（a）涂覆过程，即循环过程中浸渍涂层和非填充涂层 SEI 膜的演化过程[95]；（b）循环后 Si@mNOC 上的导电性、稳定性和稳定 SEI 膜，Si@mNOC 循环过程中 SEI 膜和表面动力学的评价[96]

通过改性 SiNPs 结构和使用不同材料的双重涂层，硅负极材料的电化学性能得到了增强。为了提高锂离子电池中负极材料的电化学性能，制备了一系列具有蛋黄和核壳结构的碳和氧化钛涂层 Si[97]。第一，制备 Si@ 介孔碳蛋黄壳结构，在涂层内部提供额外的空隙。这种新型的蛋黄壳结构提高了倍率性能、循环寿命，具有良好的比容量和均匀稳定的 SEI 膜，表现出良好的电化学性能。第二，采用可控均匀的碳涂层（厚度为 2 ～ 25nm）包覆 SiNPs，形成核壳结构，这种同轴核壳结构增强了负极的稳定性，并在 500 个循环中表现出良好的比容量。第三，Si@C 通过简单的溶胶 - 凝胶法涂覆锗，形成 Si@C@Ge 核 - 卫星颗粒[98]，与未涂覆的 Si@C 相比，在 Si@C 上涂覆锗表现出较高的电化学动力学和良好的结构稳定性。第四，为提高初始库仑效率、锂存储安全性和结构完整性，采用溶胶 - 凝胶法将非晶态 TiO_2 包覆在 SiNPs 上制成核壳结构。由于 TiO_2 在电化学过程中表现出较低的锂扩散阻力，非晶态 TiO_2 外壳通过增加锂的动力学提供了较高的锂存储安全性，无定形 TiO_2 外壳在 SiNPs 上充当弹性带[99]，控制充放电过程中的体积变化，并通过抵抗电解质与活性硅的接触稳定 SEI 膜，从而提高了循环寿命。第五，通过两步溶胶 - 凝胶过程将单层碳和 TiO_2 包覆在 SiNPs 上（Si@C@TiO_2）。Si@C@TiO_2 复合材料作为负极材料解决了电导率低、锂化 / 剥离过程中的体积变化和 SEI 膜不稳定等问题。在 Si@C@TiO_2 复合材料中，通过在电化学过程中提供电子路径来增强导电性，TiO_2 通过提供力学性能来稳定负极的结构完整性，并通过阻止电解质与硅的直接接触来控制 SEI 膜。

7.4.2 药物递送

MSNs 是具有高比表面积、大孔隙率及表面易功能化的多孔材料，在药物递送系统中具有广泛的应用前景，如被用于改善水难溶性药物的溶解度、作为控制药物释放及基因递送的载体[100]。

7.4.2.1 改善药物溶解度

随着创新药物的不断开发，大部分候选新药表现出低溶解度。研究发现纳米技术可明显改善水难溶性药物的溶解度，即将药物制成纳米粒或是将药物载入纳米材料中。在各种纳米材料中，无机介孔二氧化硅因高孔隙率、大比表面积等优点，是一种理想的载体材料。介孔二氧化硅的硅醇基可与药物分子形成氢键，提高药物粉末的润湿性和分散性，使其从晶态转变为非晶态。与晶态相比，非晶态具有更高的自由能和更大的分子迁移率，且介孔内的空间位阻可以减缓或阻止非晶态药物的再结晶，从而改善药物的溶解度和提高药物的溶出速率。He 等发现紫杉醇的溶解度在装入 MSNs 后显著提高[101]，MTT 实验表明，与紫杉醇原料药相比，经介孔二氧化硅纳米粒装载的紫杉醇对 $HepG_2$ 细胞具有明显的细胞毒性[102]。Tzankov 等以 MCM-41 型介孔二氧化硅和中空型介孔二氧化硅（hollow mesoporous silica，HMS）为载体，装载难溶性药物格列美脲（Glimepiride，GLI，BCS，Ⅱ类）。XRD 结果显示，在 MCM-GLI 和 HMS-GLI 上，结晶度分别为 38% 和 20%，纯格列美脲样品的结晶度为 88%，表明格列美脲的某些结晶转变为非晶态存在于载体的孔隙中。体外释放试验表明，两种载体在 2h 内几乎完全释放，而纯格列美脲的溶出率仅为 30%[103]。研究表明，经修饰后的 MSNs 可进一步提高药物的溶解度，Meka 等将伏立诺他（vorinosta，VOR）分别装载入 MSN（MCM-41）、经氨基修饰的 MSN（MCM-41-NH_2）和经磷酸酯修饰的 MSN（MCM-41-PO_3），经修饰后的 MSN 溶解度明显增加，与游离药物相比，在 MCM-41-VOR、MCM-41-NH_2-VOR 和 MCM-41-PO_3-VOR 中的 VOR 溶解度分别提高了 2.6 倍、3.9 倍和 4.3 倍[104-105]，且对 Caco-2 人结肠癌细胞的渗透性也明显增强，特别是经氨基修饰的 MSN（MCM-41-NH_2-VOR），其通透性提高了 4 倍[106]。

7.4.2.2 控制药物释放

介孔二氧化硅表面存在大量的硅醇基团，可使用各种有机官能团、聚合物和靶向基团对其进行修饰改性，使其具备控制药物的吸附、释放或靶向功能[107]。其中，靶向型和刺激响应型 MSNs 是控制药物释放的常用方法[108]。

靶向型 MSNs 是通过使用叶酸、多肽、蛋白质 / 抗体、透明质酸等不同配体对介孔二氧化硅载体表面进行修饰，修饰后的载体与肿瘤细胞上的特异性受体结合，达到靶向治疗的目的。Zhang 等通过二硫键将透明质酸（hyaluronic acid，HA）修饰到 MSNs 表面，制备了 CD44 靶向的药物递送系统。因肿瘤细胞含有过度表达的 CD44 受体，这些受体可特异性识别 HA，从而促进 HA 功能化的 MSNs 内吞作用，使药物在肿瘤组织中内化，提高药物的抗肿瘤效果[109]。Wei 等制备了一种经聚多巴胺（polydopamine，PDA）和导向肽 CSNRDARRC（PEP）修饰的 MSNs，并负载阿霉素（doxorubicin，DOX），与未经修饰的 MSNs 相比，DOX-loaded MSNs@PDA-PEP 能够特异性识别膀胱癌 HT-1376 细胞，表现出良好的体外治疗效果[88]。Mandal 等通过酰胺反应将琥珀酸酐和具有靶向作用的 B220 抗体修饰到 MSNs 表面，并负载蒽环类柔红霉素，可有效地与小鼠 B220 阳性急性髓系白血病干细胞（AML LSCs）特异性结合，抑制病变细胞。此外，还可以将两种靶向剂（双靶向）修饰到同一纳米载体上，从而进一步提高其选择性。López 等制备了 Janus 型介孔二氧化硅颗粒（J-MSNs），其可以不对称地携带两个靶向分子，即叶酸（folic acid，FA）和三苯基膦（triphenylphosphine，TPP），其中 FA 可以靶向到叶酸受体，TPP 能够靶向到线粒体，FA 会增加 J-MSNs 在肿瘤细胞内的积累，随后会在 TPP 分子的引导作用下靠近线粒体[110]，从而实现双靶向的目的，双靶向策略可用于提高 MSNs 抗肿瘤的治疗效果，见图 7-19[111]。

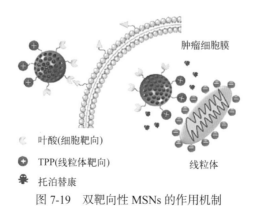

叶酸(细胞靶向)

TPP(线粒体靶向)

托泊替康

肿瘤细胞膜

线粒体

图 7-19　双靶向性 MSNs 的作用机制

刺激响应型 MSNs 是将 MSNs 和响应成分相结合形成一种复合载体材料，以实现光响应、磁响应、温度响应、氧化还原响应、pH 响应、酶响应和多重响应等控制药物递送，达到"智能"释放的效果。

由于光具有无创、分辨率高等特性，光响应是一种很有前途的外刺激触发控制药物释放策略。Chen 等[28]用螺吡喃与氟化硅烷修饰 MSNs，并负载抗癌药物喜树碱（camptothecin，CPT），在 365nm 紫外光照射下，螺吡喃由封闭态向开放态的构象转换导致表面润湿，使 CPT 从孔隙中释放出来。Li 等制备了一种集光热治疗于一体化的介孔二氧化硅包覆金纳米棒（AuNR@MSN）系统，该系统由磺化杯芳烃（SCA）作为控制开关，在近红外光照射下，可激发 AuNR 核等离子体加热，从而降低环柄结合亲和力，导致 SCA 环与柄分离，使纳米阀呈现打开的状态，释放出产物。肿瘤组织（pH 6.8）以及细胞内 / 溶酶体（pH 5.5）表现为比正常组织（pH 7.4）更强的酸性，Chang 等利用体内 pH 间的差异制备了一种由 PDA 修饰的 MSNs 载药系统，并负载药物地昔帕明（desipramine，DES），在 pH 6.0、pH 5.0 的弱酸性条件下，DES 在 24h 的释放量大致为 45%、70%。具有敏感还原性质的二硫键也可以用来构建化学刺激响应型 MSNs。Wang 等将聚乙二醇（polyethylene glycol，PEG）与 MSNs 通过二硫键连接，PEG 起到封堵药物的作用，当加入谷胱甘肽（glutathione，GSH）后，PEG 失活且二硫键断裂，药物从载体内释放出来。Rijt 等报道了一种以抗生物素蛋白分子作为封闭开关的 MMP9 酶响应控释系统，由于基质金属蛋白酶（尤其是 MMP2 和 MMP9）几乎在各种类型肿瘤细胞中都过度表达[112]，因此，MSNs-MMP9 能够在高度表达的 MMP9 肿瘤区域内被切割，从而释放出化疗药物[113]。此外，还可将不同单响应组分结合在一起形成双响应或多重响应，Paris 等制备了超声 - 热双响应体系，即将热响应聚合物 p（MEO2MA）-co-THPMA 接枝到 MSNs 上，此聚合物具有超声可裂解的疏水四氢吡喃基，热响应聚合物在低温下可以实现药物的装载，当达到生理温度时，聚合物收缩关闭孔隙入口，药物被保留在载体中，在超声作用下聚合物发生裂解且疏水性发生改变，其构象呈线状打开释放药物，从而实现控释药物的目的。

7.4.2.3　基因递送

介孔二氧化硅除了可以作为传统的药物载体外，还可作为基因转染的载体，从而达到基因治疗的目的。有效的基因传递在基因治疗中起着重要的作用，因为核酸几乎没有穿透细胞膜的能力，所以载体在基因传递中起着重要的作用。MSN 因表面可功能化、生物相容性良好、物理化学稳定性好等优点，可作为基因传递载体，从而提高细胞的吸收和转染效率。基因治疗所用的核酸主要包括小干扰 RNA（siRNA）、质粒 DNA（pDNA）和反义寡核苷酸（antisense oligonucleotides，ASOs）。MSNs 表面通常带有负电荷，这使得带相同负电荷的核酸负载率低。因此，通常通过氨基化和阳离子聚合物功能化等方法修饰 MSNs，使其携带正电荷，再通过静电引力作用促进基因的负载。Li 等制备了一种双响应型基因递送系统 CMSN-A，将二硫键和酰胺键同时修饰到氨基化的 MSNs 上，细胞摄取研究表明，CMSN-A 可以同时将 pDNA 和 siRNA 转染到不同类型的肿瘤细胞中。阳离子聚合物如聚乙烯亚胺（polyethyleneimine，PEI）、聚氨基胺（poly amino amine，PAMAM）、聚 L- 赖氨酸（poly L-lysine，PLL）、壳聚糖（chitosan，CS）等常用于修饰 MSNs，因阳离子聚合物所提供的正电荷，不仅可以与核酸高度结合，保护 DNA 不被酶降解，还能与带负电荷的细胞膜之间存在较强的静电引力作用，从而促进细胞对 MSNs 的吸收[114]。Zarei 制备了 PEI 包覆的磷脂化介孔二氧化硅（phospholipids mesoporous silica，PMSN）用于递送 DNA，转染研究结果表明，PMSN-PEI 是一种具有低细胞毒性的基因转染载体[115]。

7.4.3　生物传感

多孔硅材料具有巨大的比表面积和高的表面化学活性，且其表面状态的改变也会对多孔硅材料的性能产生很大的影响，这打破了单晶硅难以实现高效率发光的禁锢。不仅如此，多孔硅材料对 DNA 片段、抗原抗体、酶等生物分子还呈现出较好的相容性，且能与现有的集成电路硅工艺兼容，被广泛应用于生物传感的研究。

目前，多孔硅传感器主要有检测化学物质和生物物质的化学传感器和光学传感器两类。这里主要介绍多孔硅光学生物传感器。根据检测机制的不同，它又可以分为基于荧光标记的传感器和基于折射率变化的传感器。其中，基于折射率变化的传感器又包括表面光栅、Bragg 光栅、微腔和许多其他结构的多孔硅光学生物传感器。

（1）DNA 检测

Zhou 等采用基于多孔硅微腔（PSM）器件的 CdSe/ZnS 量子点，来实现对目标 DNA 的标记[116]。理论上，该操作方式可以在放大反应物折射率的基础上提高检测的灵敏度。但在实际检测过程中，反射光谱的共振峰的半峰高和半峰宽增大，灵敏度远低于理论值。同时量子点的加入增加了实验的复杂性，量子点的毒性及其与生物分子的非特异性结合会影响生物活性。为了进一步提高检测的灵敏度，Huang 等提出了一种由多孔硅和布拉格结构组合而成的新型生物检测器件，如图 7-20（a）所示，该器件允许生物分子直接进入多孔硅微腔层，从而大大改变了谐振峰，提高了灵敏度[117]。将所制备的具有微腔和布拉格结构的多孔硅器件功能化并与生物分子偶联，然后与基于石英玻璃的布拉格器件组装形成微腔。利用反射光谱仪检测不同浓度的靶 DNA 分子与探针 DNA 分子反应前后的缺陷峰红移，得到反应前后折射率的差值。在提高检测灵敏度的同时，也可以实现免费的标记和低成本的生物检测。

（2）抗原抗体检测

Lv 等[118]成功使用了 PSM 装置。首先将抗体固定在 PSM 装置上，再通过抗原与抗体的特异性反应对抗原进行检测。实验结果表明，PSM 生物传感器反射光谱的红移随抗原浓度的增加而增大。另外，在 Yang 等的研究中指出，无毒性的碳量子点（CQDs）的标记，可以实现 β-LG（β- 乳球蛋白）抗体对反应物折射率的放大，并且利用无光谱装置的角度光谱检测法检测不同浓度的 CQDs 标记的 β-LG 抗体与 β-LG 抗原之间的免疫反应引起的角度变化，见图 7-20（b）[119]。结果表明，该角度与免疫反应前后 β-LG 抗原浓度成线性关系。该法的 β-LG 检出限为 $0.73\mu g \cdot L^{-1}$，该方法可以快速、方便、低成本地检测 β-LG。

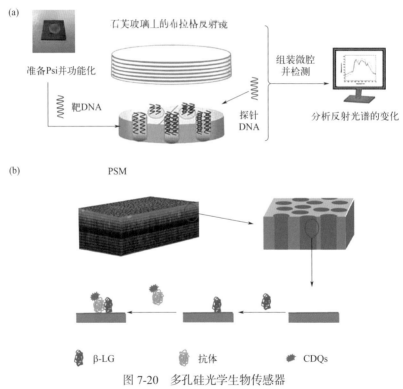

图 7-20　多孔硅光学生物传感器

（a）目标 DNA 被检测过程；（b）β-LG 抗体的 CQDs 标记及其免疫应答过程[119]

不仅如此，Zhang 等以多孔硅为衬底，蛋白溶菌酶（HEWL）抗原为生物分子探针检测 VHH（variable domain of heavy chain of HCAbs）纳米抗体的浓度。这项研究有助于检测小尺寸生物分子的免标记生物传感器的发展[2]。

（3）酶的固定与活化

多孔硅材料具有较高的比表面积、有序的孔结构、均一的孔径、可修饰的外表面及良好的热稳定性、机械稳定性和较低的毒性，这些独特的优势使得其成为最具潜力的酶固定化载体。同时，孔结构的存在为酶分子提供了良好的固定化环境以便最大限度地保证固定化酶的催化活性。

例如，肖宇等在研究载体对血红素类蛋白的固定化能力时，选择周期性介孔有机氧化硅材料作为酶固定化的载体[120]。Hartmann 小组利用多种有机硅源制备了具有笼状孔结构的系列介孔有机氧化硅材料，并以该系列材料为载体进行脂肪酶的固定化研究[121]。由于有机氧化硅载体具有独特的孔结构及较高疏水性，该系列材料体现了较高的蛋白担载量，同时与裸酶相比，固定化酶的活力最高可达500%。同理，Caruso 小组利用介孔二氧化硅的孔道担载溶菌酶、细胞色素 C 和过氧化氢酶，再经过聚合电解质的桥联作用，使其与担载的酶分子桥联在一起，最后利用 HF-NH$_4$F 缓冲溶液将二氧化硅模板除去，成功地制备了新颖的酶纳米粒子[122]。

7.4.4　其他应用

除此之外，多孔硅材料在生物成像和环境保护方面也有一定的应用。比如，Giuseppe Barillaro 团队[123] 利用介孔硅光子晶体纳米构造来制造透镜成分。将液态的聚二甲基硅氧烷预聚物浇铸到介孔硅薄膜上可以形成具有接触角的液滴，通过调控硅的纳米构造可以调控液滴的接触角，并形成轻质（质量为 10mg）无支撑透镜（焦距为 4.7mm）。这一制备方法的产率可以达到 95%，与此同时，成本也显著降低。作为概念验证，这一透镜 / 滤光片组件可以集成到智能手机中并对癌症细胞进行荧光成像。

PMOs 材料中均匀分布的有机基团及其无机骨架提供的良好的机械和水热稳定性，使其在废水处理中具有广阔的应用前景。Brian J. Melde 合成了大孔径的二乙苯基（DEB）桥联结构的 PMOs 材料，有望在有害混合物吸附中得到很好的应用[124]。Zhao 等采用 BTSPDS 和 TEOS 共缩聚，成功地在 PMOs 孔道表面修饰了二硫化物官能团，所得材料 DS-PMOs 比表面积约为 580m$^2 \cdot$ g^{-1}，表现出极好的热稳定性，而且对 Hg^{2+} 有很好的吸附能力[125]。

多孔硅是一种特殊结构的纳米材料，它具有纳米尺寸厚度的孔壁以及纳米尺寸的空旷孔道。近年来，多孔硅由于其生物相容性、良好的发光特性、优异的光热转换性能和电化学性能能量密度，在生命科学（如活体的疾病诊断和检测、光热疗）以及能量储存与转化（如锂离子电池、太阳能电池）等领域得到了广泛的关注和深入的研究。尤其在锂电池领域，由于多孔硅大的比表面积、极薄的孔壁以及足够大的孔道空间能够有效抑制电极短路以及缩短锂离子的传输路径，从而提升电池的功率密度和延长电池的使用寿命，因而特别受到青睐。

在本章中，主要从材料的制备、结构和应用等方面来介绍了多孔硅、介孔二氧化硅以及介孔有机硅等多孔硅材料。

本章的第一部分主要介绍了多孔单质硅材料的制备。目前已有多种多孔单质硅的制备方法，不同的制备方法与制备条件对多孔硅的结构、性能有较大影响。多孔单质硅材料可以通过还原法制得，同时还可以通过物理腐蚀、化学腐蚀、球磨法、化学气相沉积法、溶胶－凝胶法等进行表面改性。并且由于多孔单质硅具有较好的应用前景，往往与各种材料进行复合。文中介绍了多孔单质硅与金属、金属氧化物、碳、导电聚合物等材料复合，均表现出优秀的电化学性能。

在本章的第二部分介绍了介孔二氧化硅材料，该材料具有优异的吸附特性、孔道结构有序性、孔径分布单一性和可调控性、介孔形状多样性，使其在吸附分离、工业催化、生物医学、环境保护等领域具有极为重要的作用。在 MSNs 材料的控制合成中，最重要的是模板合成的概念和设计思路。而根据模板种类的不同，MSNs 材料的合成方法可大致分为软模板法和硬模板法。科研人员通过不同方法修饰介孔二氧化硅材料，研发出了多种核壳结构。

第三部分主要介绍了周期性介孔有机硅（PMOs）材料，这是一种由有机官能团与硅氧烷通过共价键连接得到的桥联型无机－有机介孔材料。不同于硅氧键构建的介孔二氧化硅纳米粒子（MSNs），其有机官能团均匀地分布在整个骨架结构中。PMOs 材料具有有序的介孔结构、高的有机基团引入量、分布均一的孔道结构和可调的物理化学性质，因而在吸附、分离、催化等领域有着广阔的发展前景。而在这些方面的应用都一定程度上依赖于 PMOs 材料的宏观形貌。因此对于 PMOs 材料形貌的控制是 PMOs 材料合成领域的重要方向。目前合成的PMOs 材料的形貌有球形、棒状、纳米管状、多面体状等。

第四部分介绍了多孔硅在各个领域的应用。在能源储存领域，由于硅材料巨大的理论比容量，目前已经成为下一代最具前景的负极材料备选之一。

在药物递送、生物传感等领域，具有高比表面积、大孔隙率及表面易功能化的多孔硅材料，常通过改变结构或表面状态来控制性能，用于改善水难溶性药物的溶解度，作为控制药物、靶向及基因递送的载体，具有广泛的应用前景。

参考文献

第 8 章
多孔碳材料

多孔材料（porous materials，PMs）由于具有孔径可调、高比表面积、大孔隙率、多变的化学组成、低质量密度和丰富的不同长度尺寸的相互连接的孔道结构等优异的化学和物理性质，在能量储存和转化、催化、气体吸附和分离以及环保等方面得到了广泛的应用。根据国际纯粹与应用化学联合会（IUPAC）的命名规则，将多孔材料分成了三类：孔径小于 2nm 为微孔材料；孔径在 2 ～ 50nm 之间为介孔材料；孔径大于 50nm 为大孔材料。多孔碳材料是多孔材料中的重要组成之一，1999 年 Ryoo 等第一次以介孔二氧化硅分子筛为模板，蔗糖为碳源，合成了高度有序的碳分子筛，自此多孔碳材料成为继多孔氧化硅材料后多孔材料领域的又一研究热点。直至今日，多孔碳材料（porous carbon materials，PCMs）具有多个种类以满足不同需求及应用，如石墨烯基、生物质衍生、有机衍生和碳化物衍生的。多孔碳具有高导电性、低质量密度、优异的热导率、高生物相容性以及在非氧化条件下良好的化学稳定性而极具吸引力，适用于多种应用。此外，碳原子通过不同的杂化轨道（sp、sp^2、sp^3）结合，可以产生各种所需的形态并拓展更广泛的应用。

8.1

多孔石墨烯

石墨烯（graphene，Gr）是指单原子层的碳原子通过 sp^2 杂化排列，在六角形的蜂窝晶格中形成的一种零间隙二维（2D）半金属材料[1,2]，具有良好的化学稳定性[3,4]、优异的导热系数（500W・m^{-1}・K^{-1}）[5]、较大的比表面积（2630m^2・g^{-1}）[6]、较强的机械强度[7]和显著的电子性能[8]。由于其独特的结构和性质，Gr 已逐渐成为最具吸引力的应用材料之一。然而，片层的 Gr 由于强烈

的 π-π 堆积和 Gr 片层间的范德华相互作用，在某些情况下容易形成不可逆的团聚体，甚至会重新堆积形成石墨，严重降低了其表面活性，并限制了跨平面的离子扩散动力学。同时，Gr 由于能带隙为零，通常表现为半金属性质，因此 Gr 制成的电子器件不具有开关行为，极大地限制了在电子及光伏器件领域的发展[9]。

多孔石墨烯（porous graphene，PG）是指在平面内具有纳米孔的二维单层或少量碳纳米片[10]。与易于聚集的 Gr 相比，PG 增大了层间的比表面积和可接近的垂直路径。大量的研究和计算表明，PG 中的孔是碳原子从 Gr 的晶格中移除或者转移到表面上而形成的一种空位缺陷[11]。孔结构赋予了 PG 一些独特的性质，既具有调变半导体的电子功能，纳米孔可以将半金属 Gr 变成半导体；又具有调控分子过滤膜的机械功能，使其从不渗透性变成最有效的分子筛膜。而且，纳米孔结构的引入，使得 PG 具有了更高的比表面积、丰富的传质通道、高的孔边缘活性、可调控的能带隙等特性。因此 PG 的出现引起了人们的广泛关注，被迅速应用于超级电容器、传感器、储氢材料、气体传输以及 DNA 分子检测等诸多领域[12,13]。

8.1.1 多孔石墨烯的制备

合成形貌、孔结构及比表面积可控的 PG 材料仍面临挑战。近年来，为了满足不同应用的需要，人们开发了合成各种形貌、结构和性能 PG 的方法。目前，开发了很多生产和控制纳米多孔石墨烯（nano porous graphene，NPG）晶格的方法[14]，包括电子束[15]、嵌段共聚物[16]和纳米球[17]、光刻、屏障引导化学气相沉积[18]、光催化氧化[19]、催化氢化[20]和化学蚀刻[21]等。制备 NPG 的技术方法主要包括自上而下和自下而上的两种合成策略。

（1）自上而下

近年来，科研工作者们利用光、电子束和氧等离子体蚀刻方法，通过对 Gr 片上缺陷的局部氧化或降解合成了各种 PG。例如，Akhavan[19]利用 ZnO 纳米棒尖端的氧化石墨烯（graphene oxide，GO）薄片的局部光降解制备了半导体 PG 纳米片。首先，将 GO 薄片通过物理方法附着到 ZnO 纳米棒的尖端，然后将 GO 和 ZnO 纳米棒的接触点在紫外光照射下进行降解，得到孔径为 200nm 的 PG。利用 ZnO 纳米棒的光催化性能所制备的 PG 纳米片比制备的 GO 纳米片拥有更弱的含氧碳键和更多的缺陷。图 8-1 显示了在垂直排列的 ZnO 纳米棒上组装的 GO 薄片经过光催化过程后的薄片。在薄片上清晰可见一些孔，表明光催化过程后会形成多孔薄片。这些多孔薄片的 AFM 的高度轮廓图显示，所制备的 PG 片的厚度（0.5nm）小于 GO 片的厚度（0.8nm）。这种厚度的减少是因为 ZnO 纳米棒光催化剂在光催化过程中将 GO 薄片的部分还原所致。所得到的 NPG 表现出 p 型半导体行为，而且 NPG 的孔径可以通过 ZnO 纳米棒的直径来调整。但由于纳米孔的密度较低，相邻孔隙之间的距离较大，该方法所合成的 NPG 材料未能打开带隙。Drndic[15] 和同事用透射电子显微镜控制聚焦电子束照射，对悬浮的多层 Gr 片进行高分辨率修饰，在 Gr 片中产生纳米尺度的孔隙。这种技术可以在几秒钟的时间尺度上实现各种特征，包括纳米尺度的孔隙、缝隙和稳定的间隙，并且不会随着时间演化。尽管悬浮 Gr 薄片非常薄，但可以大量去除 Gr 层以产生所需的特征几何形状，并且不会导致悬浮薄片结构的长期扭曲。从图 8-1（b）中看到，制备的所有纳米孔都有一个同心圆的环状结构，并从它们的边缘延伸出了几纳米。紫外线诱导氧化蚀刻是另一种用于将孔引入 Gr 膜的技术[22]。Scott Bunch 等[23] 用 H_2 对机械剥离的 Gr 加压，然后通过紫外线诱导的氧化蚀刻在 Gr 中引入孔结构制备了 NPG 材料。该技术非常简单，由于蚀刻过程足够缓慢，足以产生亚

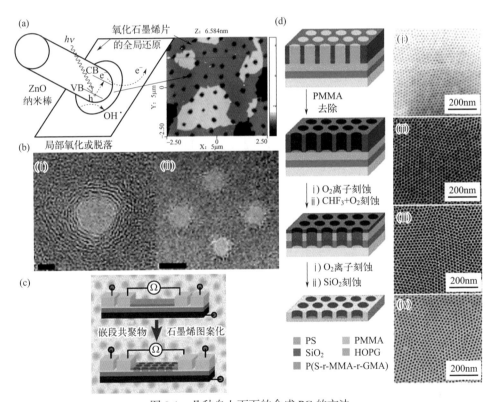

图 8-1　几种自上而下的合成 PG 的方法

（a）ZnO 纳米棒光催化降解制备 PG[19]；（b）悬浮 PG 片的透射电镜图像[15]；（c）使用嵌段共

聚物光刻技术制备 PG；（d）每个步骤的 SEM 图[24]

纳米大小的孔隙，所制备的 PG 可以用于选择性分子筛选。光催化、电子束和紫外线诱导氧化蚀刻技术在制备 NPG 方面的成功激发了许多对 NPG 基材料和器件的研究。然而，这些技术的产量有限，不能应用于大面积 Gr 薄片的造孔，嵌段共聚物光刻（block copolymer lithography，BCL）技术是一种可扩展的生产 NPG 的方法。Gopalan 等 [24] 用 > 1mm² 区域的双嵌段共聚物模板制备了具有亚 20 纳米特征的纳米孔 Gr 材料。为了克服 Gr 和石墨基底对溶剂和聚合物的润湿性较差的缺点，采用了 10nm 的 SiO₂ 中间层作为基底。在覆盖的嵌段共聚物薄膜中，使用无规共聚物层，诱导六边形填充垂直取向的圆柱形结构域，在 Gr 膜上成功蚀刻了六角形的孔阵列，相互连接的孔之间压缩形成了一个蜂窝结构。量子约束、无序和局域化效应调节了电子结构，在纳米化的材料中打开了一个 100eV 的有效能隙。这种调节 Gr 电子结构的可扩展策略有望促进 Gr 在电子、光电子和传感方面的应用。

（2）自下而上

NPG 既可以适用于高性能的半导体器件通道，又可以应用于原子级别的分子筛膜，它们性能的优劣一般依赖于原子水平上孔隙的周期性和重现性。自上而下策略制备的 NPG 材料在刻蚀过程中通常形成粗糙和无序的边缘，而 Gr 纳米孔的无序边缘增加了电子的散射，降低了 NPG 的载流子迁移率。由于在原子水平上的结构控制较难，因此利用自上而下的光刻方法等实现 Gr 中精确纳米孔的拓扑具有很大的挑战性 [23]。自下而上的方法是获得 PG 材料最常用的策略之一。自下而上是指基本结构单元在一定条件下自发形成有序结构的一种技术。在制备的过程中，基本结构单元在基于非共价键的相互作用下自发组织或聚集为一个稳定、具有一定规则几何外观的结构 [25]，目前已经开发了许多基于该策略的技术（图 8-2）。Arnold 等 [18] 首次报道了一种屏障引导化学气相沉积（barrier-guided chemical vapor deposition，BG-CVD）的自下而上的方法来合成 NPG。BG-CVD 的方法依赖于自终止的生长过程，而不是传统的化学蚀刻剂来修饰 Gr 的边缘，同时保留了构建纳米多孔结构的能力。这个方案中，使用 Al₂O₃ 作为惰性屏障，CH₄ 分子在铜暴露区域选择性分解形成碳层。在整个铜表面被 Gr 或 Al₂O₃ 屏障钝化后，CH₄ 的催化分解过程就终止，Gr 也停止生长。制备的 PG 屏障大小和纳米孔大小仅相差 1nm 左右，表明氧化物屏障可以几乎原子级精确地终止 Gr 的生长。与直接自上而下方法合成的纳米孔相比，BG-CVD 合成的 NPG 材料有更完美的边缘纳米孔。Volker 等 [26] 提出了一种碳纳米点制备 PG 的简单方法。首先，通过微波辅助法热解柠檬酸和尿素得到碳纳米点；然后，碳纳米点在无氧环境的管式炉中进行 400℃ 退火处理；最后，用红外激光照射将热化的碳纳米点薄膜转化为多孔的三维涡轮 Gr 网络（3D-ts-PG）。利用热解生成的碳纳米点作为前驱体

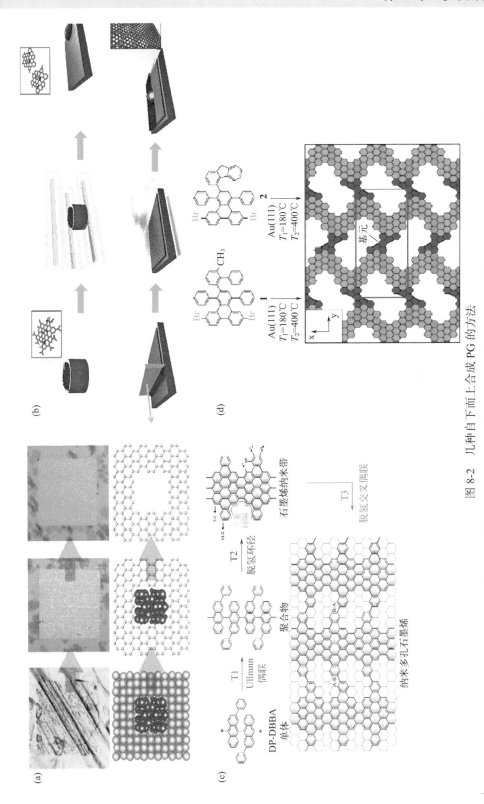

图 8-2　几种自下而上合成 PG 孔的方法

（a）BG-CVD 的原理演示[18]，光学显微镜图（上）和原理图（下）；（b）合成三维旋涡多孔石墨烯[26]；（c）生成 NPG 的合成层次路径[25]；

（d）从分子前体 **1** 和 **2** 中自下而上合成 C-NPG（反构型）[27]

制备了一种高表面积的类似于 Gr 气凝胶或 Gr 泡沫的 PG 材料。这种方法证明了高性能的 PG 材料可以很容易地使用柠檬酸和尿素制备，而不需要使用石墨作为原始材料。Moreno[25] 团队也报道了一种由可调整的有序孔结构合成纳米 PG 的方法，并通过设计分子前驱体的原子精度来调整孔隙的大小、密度、形态和化学组成。运用电子表征进一步揭示了其高度各向异性的电子结构，其中具有约 1eV 能带隙的正交一维电子带与封闭孔隙态共存，使纳米 PG 成为一种高度通用的半导体，可以用于分子物种的筛分和电传感等领域。Peter[27] 团队通过用 Gr 纳米带的横向融合制备了原子精度的纳米孔，仅用一个单一的、温和的退火步骤合成了完全共轭的纳米 PG。在 Gr 纳米带的体带隙内存在界面局域电子态，它们杂化产生一个色散的二维低能带，这种低能带可以根据组成的单链纳米带的边缘态来使其合理化。该方法将 π 自由基态的控制结合到二维 PG 拓扑中，为未来探索可调孔隙网络开辟了新可能性。

8.1.2　多孔石墨烯的应用

多孔石墨烯的应用（图 8-3）涉及各个领域，主要包括以下几个部分：①石墨烯芳香环的电子密度很大而且足够强，可以阻止原子和分子通过芳香环。因此，完美的石墨烯原则上是不被像 He 这样小的原子渗透的，这点在气体分离上有极大的应用。②超级电容器是一种重要的、有发展前途的电化学储能装置，而

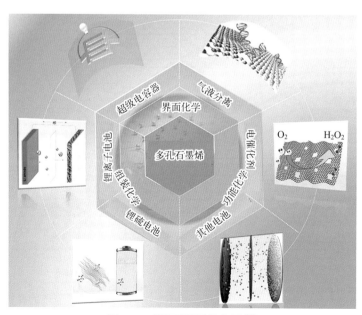

图 8-3　多孔石墨烯的应用[28]

多孔石墨烯将会是超级电容器实现高能量密度的首选材料。③石墨烯优异的电学和力学性能，为开发新型电催化剂提供了巨大的前景。④单分子水平的蛋白质结构测序、DNA 或 RNA 的生物分离是 PG 的一个不可缺少的应用。

（1）在气体分离上的应用

Gr 独特的单原子厚度，使其在广泛的领域，特别是在分离科学领域，产生了许多有前景的应用。研究表明，Gr 只可以渗透质子，其他任何分子都不能渗透，包括最小的氦原子[29-31]。NPG 膜是膜的极限，其渗透率可以达到理论上的最大值。因此，PG 被认为是一种非常有前途的基于分子筛分效应的尺寸选择分离膜。2009 年，Jiang 等[11]首次提出，利用第一性原理计算，具有特定孔径和几何形状的 NPG 将是一种非常有效的气体分离膜。发现通过 N- 功能化的孔有 10^8 级的高选择性，通过全 H- 钝化的孔有 10^{23} 级的高选择性，可以分离具有高 H_2 渗透率的 H_2 和 CH_4 混合物。与理论工作相比，由于进行这种纳米级测量的困难，对 NPG 气体分离膜的实验工作非常有限。实验工作主要集中在 NPG 膜的制备和气体传输速率的测量上。Koenig 等[23]于 2012 年启动了对通过 NPG 的气体传输的首次测量工作。他们使用加压泡罩测试和机械共振来测量了各种气体（H_2、CO_2、Ar、N_2、CH_4 和 SF_6）通过由紫外线诱导的氧化蚀刻产生的 PG 纳米孔的传输速率。然而，PG 的固有缺陷不可避免地存在，因此气体通过缺陷的输送也不可避免严重影响分离性能。并且，他们的测量只涉及到微米大小的 PG 膜，这与工业规模相差很遥远。Boutilier 等[32]报道了具有固有缺陷的 PG 膜的系统实验和理论研究，在存在非选择性缺陷的情况下，也可以实现选择性转运。他们证明了随着 PG 的独立堆积，气体流动速率呈指数级下降，并开发了一个气体传输模型，将这种行为解释为缺陷重叠的随机概率。而且，多孔支撑基底中孔隙的尺寸和渗透性严重影响分离性能。2014 年，Celebi 等[33]报道了大量气体通过物理穿孔的双层 PG 的高传输速率，这些 PG 的孔径分布狭窄，但制作的薄膜的面积最高可达 $1mm^2$。他们的工作表明，工业规模的 NPG 基气体分离膜的制备在当前的技术世界是可能的。

（2）在超级电容器上的应用

超级电容器是一种重要且有前途的电化学储能器件，具有充放电时间短、长循环寿命、高功率密度和环境友好性的特性[34]。超级电容器根据其储能机制可分为两类，包括电化学双层电容器（elecrochemical double-layer capacitors，EDLC）和赝电容器[35]。为了实现高电容，电极材料需要大的比表面积、合适的孔径分布、丰富的杂原子、高导电性和稳定的物理化学性能，碳基材料尤其是 PG 被看作是超级电容器的完美候选电极材料。Ruoff 等[36]用 KOH 的微波剥离 GO 和热剥离 GO 的简单活化，使 PG 的比表面积达到了 $3100m^2 \cdot g^{-1}$，高于传统 Gr 材料的

$2630m^2 \cdot g^{-1}$。首先通过在微波炉中辐照 GO 制备了微波 GO 粉末，然后将制备的微波 GO 粉末置于 KOH 溶液中，将产物过滤、干燥，并将微波 GO/KOH 混合物放在管式炉中，在 800℃下加热 1h 便获得了一种具有纳米孔隙的 PG 材料。这个三维连续的 PG 材料，其具有原子厚度且孔隙范围在 0.6 ～ 5nm，在 1- 丁基 -3- 甲基咪唑四氟硼酸盐的双电极系统中，在电流密度为 $1.4A \cdot g^{-1}$、$2.8A \cdot g^{-1}$ 和 $5.7A \cdot g^{-1}$ 时分别达到 $165F \cdot g^{-1}$、$166F \cdot g^{-1}$ 和 $166F \cdot g^{-1}$ 的高比电容。PG 中的纳米孔有效缩短了相邻 Gr 层之间的离子传输距离，显著加速了整个 PG 材料中的离子转移。更重要的是，用来制备这种 PG 的工艺很容易扩展到工业水平。

（3）在电催化剂上的应用

随着化石燃料的迅速枯竭和环境的严重污染，清洁可持续能源（如太阳能、风能、地热能、潮汐能）的开发利用受到越来越多的关注[37-39]。能源短缺和环境问题是当今世界面临的两大挑战。电化学是许多能源技术以及污染物处理方法的核心要素[40-42]。电化学利用尽可能清洁的能量通过电极收集或注入电子，特别是 Gr 及其衍生物为电化学系统带来了一个新的视角。Gr 材料应用在电催化方面主要有以下几个优势：①大的表面积来提供丰富的电化学活性位点；②高电导率，加速电子传递；③良好的化学稳定性，以及在恶劣的电解质条件下仍可以保持完整性。尽管有这些优点，Gr 基纳米材料仍然面临着严重的问题。第一，由于范德华力的存在，孤立的二维纳米薄片容易重新堆积成密集的薄膜，导致活性表面积严重降低，离子扩散动力学缓慢。第二，虽然电解质离子可以沿平面内方向快速扩散，但很难沿跨平面方向穿透，导致离子扩散距离增加。与 Gr 基纳米片相比，PG 基纳米材料为电催化的应用提供许多结构优点。丰富的孔穴不仅扭曲了 Gr 纳米片的几何形状，而且削弱了 Gr 纳米片之间的范德华力。PG 基材料的优点主要有以下几个方面。①具有大表面积和活性位点丰富的 PG 基材料能够促进电化学反应，显著提高能量密度；②即使是高度压缩的形式下，PG 薄片中产生的孔穴也为离子扩散提供了足够的跨平面通道，从而产生有利的离子动力学和增强的体积能量密度；③ NPG 材料中的孔穴有利于适应电化学反应伴随的体积变化，实现了优异的循环性能；④孔穴形成引起的 PG 片变形可以有效地抑制其重新堆积，同时可以创建更多的水平离子通道和片层间的电子转移，提高电解质离子对电极表面的渗透和促进快速电荷转移。Jia 等报道了一种具有特定碳五角形缺陷（defects-HOPG，D-HOPG）的高定向热解石墨（highly oriented pyrolytic graphite，HOPG）催化剂[43]。具有完美石墨碳结构的原始 HOPG（N-HOPG）在 700℃的氨气中退火，只在 N-HOPG 边缘形成了扶手椅型的特定氮掺杂剂。由于氮的刻蚀导致碳基质的六边形结构被破坏，附近碳原子的悬空键重聚，生成非六边形碳晶格结构（碳缺陷）。在 $0.1mol \cdot L^{-1}$ H_2SO_4 水溶液中，该催化剂在 $0.05mA \cdot cm^{-2}$

下的可逆氢电极（RHE）的起始电位为 0.81V。相比之下，N-HOPG 的起始电位为 0.76V，明显低于 D-HOPG。Xia[44] 团队通过将金属有机框架（modified met-al-organic frameworks，MOFs）热剥离制备了氮掺杂的 NPG。采用二维而非三维晶体结构的 MOF 纳米粒子作为前驱体，利用金属氯化物作为剥离剂和刻蚀剂，进一步热分解生成氮掺杂 NPG，NPG 有助于避免金属聚集现象产生。氮掺杂的 NPG 具有独特的超薄二维形貌、高孔隙率、丰富且可接近的氮掺杂活性位点和有缺陷的 PG 边缘，对酸性电解质中的氧还原反应（ORR）具有前所未有的催化活性。这种方法适用于可扩展的生产。

（4）在 DNA 测序上的应用

在 DNA 中对人类基因组测序可以帮助我们提高对生理学、疾病、医学、遗传学的理解[45]。一种理想的 DNA 测序技术应该是简单、快速和经济有效的。在所有的技术中，纳米孔 DNA 测序是独特的，因为其具有满足上述要求的潜力[46]。PG 作为一种原子级厚度的二维碳片，具有显著的原子电学、力学和热学性能，是 DNA 测序膜材料的不二选择。Prasongkit 等[47] 提出利用 PG 中的线缺陷来改善基于纳米孔的 DNA 测序装置中的核糖核酸酶的选择性。使用量子力学/分子力学和非平衡格林函数相结合的方法来研究电导调制。通过大量从分子动力学模拟中产生的不同取向的采样研究，从理论上证明了基于 PG 的电子器件利用线缺陷来区分四个核苷酸酶是可能的。该研究有助于今后更好地设计一种新的 DNA 测序装置。

8.2

多孔碳纳米管

碳纳米管（carbon nanotubes，CNTs）是由一层或多层 Gr 单壁（single-wall nanotube，SWNT）或多壁（multi-wall nanotube，MWNT）组成的无缝圆柱体，其末端开口或闭合，完美的 CNTs 除末端外，所有碳都以六边形晶格结合[48]。CNTs 的长度从 100nm 到几厘米，具有大的比表面积、良好的导热导电性能。

CNTs 优异的性能使其在储能、传感、储气、废物吸附等方面的应用成为可能。然而，对于一些能量存储等应用，完整的 CNTs 有时会阻碍电化学的有效性，所以在 CNTs 上造孔是一种可行手段。因为多孔碳纳米管（porous carbon nano-tubes，PCNTs）的管壁上有着独特的纳米孔结构会显著增强离子的传输，另外在 CNTs 上造孔使更多的表面原子在参与反应的过程中被有效地接触到，尽管没有产生额外的表面积，但是这些孔可以被视为新创建的"表面边"，增加边缘原子。这些边缘原子在电化学反应过程中，可以进一步增强电化学性能，而且有利于其他应用（如传感器、分离膜）中的性能。

8.2.1　多孔碳纳米管的制备

通常，一维 PCNTs 可以通过化学气相沉积法、静电纺丝法和硬/软模板法等方法制备。化学气相沉积法衍生的 PCNTs，即使经过化学活化，比表面积也低于 $1000m^2 \cdot g^{-1}$。静电纺丝法需要同轴喷嘴（均匀性难以控制）、有毒有机溶剂、活化处理生成 PCNTs，不利于批量生产和环境保护。硬/软模板法通常包括烦琐和复杂的合成过程。此外，对环境同样具有一定危害，如使用氢氟酸（HF）刻蚀去除二氧化硅模板和/或大量使用有害的表面活性剂。因此，尽管有了这些公认的进展，但开发简单、经济有效且环保的方法来制备 PCNTs 仍然是一个巨大的挑战。

（1）空气刻蚀

一般方法制备的 CNTs 表面本身就具有很多缺陷，Lin 等[49]通过在空气中受控的热氧化处理，在多壁 CNTs 侧壁上形成孔结构。这种方法无需额外的溶剂或试剂，且不使用外部催化剂。CNTs 制备过程中包裹在纳米管腔内的催化残基通过催化纳米管壁碳的气化而促进了孔的产生。具体的制备步骤如图 8-4 所示，采用简易的两步法制了中空碳纳米管（holey carbon nanotubes，HCNTs）。第一步是受控的空气氧化，将原始的 CNTs 在开放式管式炉中加热，启动碳氧化，并在设定温度下保持等温允许进一步反应。第二步是纯化，将原先包裹在纳米管内腔中的暴露催化剂通过室温酸洗去除。可控的空气氧化步骤是纳米管壁孔洞形成的关键，而使用非氧化酸的净化步骤只去除暴露的催化剂，对孔洞形态没有显著影响。纳米管侧壁上的开孔导致了比表面积、孔体积和氧官能团含量的增加，这些"PCNTs"的综合性能使其电化学电容与原始相比有了显著的提高。

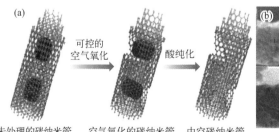

图 8-4　空气刻蚀法制备多孔碳纳米管

（a）受控空气氧化净化步骤制备 HCNTs；（b）空气氧化（430℃/3h）后多孔 MWCNTs 显微图

对于空气刻蚀方法，如何控制孔道的均匀分布是非常重要的。Zhao[50] 报告了一种由相互连接的一维多孔碳纳米管组成的三维 PCN 气凝胶，它可以作为一个独立的超级电容器电极，具有优异的倍率性能。将硝酸（HNO₃）处理和低浓度空气腐蚀工艺相结合，制备示意图如图 8-5 所示，PCNs 的成孔过程如下：① HNO₃ 处理使整个纳米管被阴离子均匀掺杂；②部分 C 原子和 N 原子在加热过程中以气体的形式被消耗和逸出，导致微孔位点的形成；③当温度上升到 1000℃时，引入低浓度气流（以氧气为主要反应物），进一步消耗微孔位点周

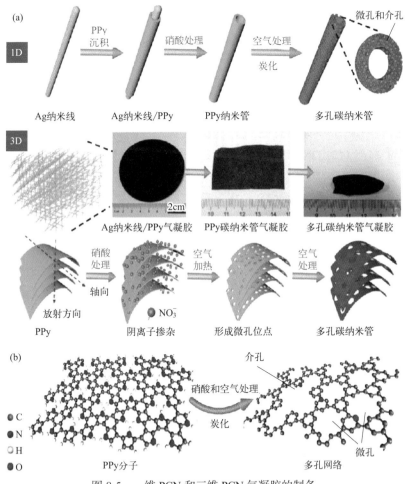

图 8-5　一维 PCN 和三维 PCN 气凝胶的制备

（a）微观上 PPy 沉积在 1D AgNWs（模板）上，然后转化为 PPy 纳米管（HNO₃ 处理）和微孔 / 介孔 PCN

（空气下炭化），宏观 3D AgNW/PPy 网络转化为 PPy 纳米管气凝胶再转化为 PCN 气凝胶的制备过程；

（b）通过 HNO₃ 和空气处理将含有 C、N、H 原子的聚吡咯分子转化为

含有微孔 / 介孔的多孔结构的造孔过程

围的 C 和 N 原子，在 PCN 壁上形成均匀的微孔和介孔。这种在退火过程中控制的低浓度空气刻蚀和 HNO_3 处理是在 PCN 轴向和径向壁上形成均匀微孔的两个关键过程。所得到的 PCN 气凝胶被应用于双电极电容器，可在电流密度高达 $1000A \cdot g^{-1}$ 的情况下充放电，同时保持比电容为 $120F \cdot g^{-1}$（最大电容保留率$\approx 62\%$）。在所有多孔碳基电容器中，制备的 PCN 电极实现了最高的超充能（小于 $100 \sim 200A \cdot g^{-1}$），还在高充电率下获得了卓越的电容保持能力。

（2）缺陷刻蚀

缺陷的控制和表面性能的调节在碳纳米管的应用中变得越来越重要，碳纳米管的结构缺陷会影响电子、激子和声子的行为，从根本上控制碳纳米管的电子、光学、热学和力学性能。空心石墨化碳纳米纤维（graphitic nano fibers，GNFs）是一种特殊的多壁碳纳米管，内部同心管中包裹着的叠杯状具有波纹结构，因此在特定的位置形成缺陷是困难的[51]。使用氧化铬纳米颗粒，选择性地沉积在 GNF 的表面上，制备示意如图 8-6 所示，通过调节这种纳米氧化剂的热分布和负载，从而影响碳的局部氧化使得缺陷孔洞的形成得到控制，在碳纳米管管壁上得到开口为 $40 \sim 60nm$ 的孔。制备的多孔碳纳米管可以有效地稳定催化剂纳米颗粒，防止其团聚，从而增强催化效果。与无定形碳上的 Ru 纳米粒子相比，纳米反应器内的 Ru 纳米粒子对 CO_2 的吸附导致了不同的表面结合中间体，结果表明在纳米管侧壁中引入孔不仅保留了纳米反应器的所有优点，而且还允许调节催化中心周围的微环境。

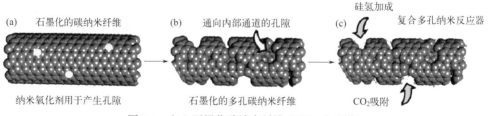

图 8-6　空心石墨化碳纳米纤维（GNFs）制备

相同的，由于 Ni 具有催化非晶态碳向石墨化碳转变的功能，Chen 等[52]以 Ni-无定形碳复合物作为原料，通过控制 Ni 的扩散和汽化，在电纺过程中制备一种具有中空隧道和孔隙的中空石墨碳纳米纤维（hollow graphitic carbon fiber，HGCNF），如图 8-7 所示。在制备过程中 Ni 周围的碳呈现出石墨化，当电压高于一定值时，纤维表面的 Ni 纳米颗粒消失形成孔洞，纤维内部的 Ni 颗粒会经过扩散才蒸发消失。进一步研究表明，扩散缓慢颗粒较大的 Ni 形成隧道的过程，表明 Ni 会发生蚀刻 - 拉伸 - 破裂 - 收缩（etching-elongation-broken-contraction，

EEBC）过程，首先 Ni 颗粒会在一定的电压下尺寸逐渐减小，同时附着在非晶态碳上的 Ni 会发生嵌入延长，尖端 Ni 分离到另一边，剩余部分 Ni 继续拉长形成隧道，隧道中的 Ni 经历润湿和去润湿过程，在 Ni 的移动过程中会由于焦耳热导致非晶态碳石墨化，这样就形成了一条外围为石墨化碳包围的孔隙状隧道。对于这种润湿 - 去润湿形成隧道结构过程的驱动力做了详细分析，润湿过程为镍对非晶态碳的刻蚀，会在非晶态碳壁上形成一个孔或凹坑。孔与镍催化剂的黏附性很强，随之发生连续的刻蚀过程，壁面逐渐石墨化，Ni 与孔洞之间的黏附性降低，从而发生去润湿过程。通过侵蚀 - 润湿 - 去润湿过程合成的 HGCNF 具有 $346m^2 \cdot g^{-1}$ 的大比表面积，CO_2 吸附量为非中空碳纳米纤维的 3 倍，显示出非常好的 CO_2 吸附能力，有望应用于催化剂和传感器载体、氢气储存等方面。

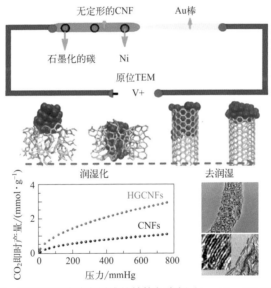

图 8-7　中空石墨碳纳米纤维的结构与表征（1mmHg=133.322Pa）

（3）电刻蚀

CNTs 孔径对离子迁移行为有一定的影响。Tunuguntla[53] 研究表明孔径限制在 1nm 以下的疏水 CNT 中离子转运能力会得到增强。对于孔径较大的多孔碳纳米管材料，由于没有约束效应，溶液对碳纳米管侧壁的润湿性是离子在多孔碳纳米管材料中迁移的主要驱动力。对于超疏水 CNTs，只有具有低表面能的液体才能有效地润湿 CNTs，在没有外场或化学改性的情况下，水和离子在超疏水多孔碳纳米管材料中的转移极其困难。然而，在许多实际应用中，需要具有高表面张力的溶液，如水、电解质水溶液等，超疏水碳纳米管在水溶液体系中的应用具有内在的局限性。在多孔碳纳米管材料中，水的传输需要一种高效、低成本的方法，以提高水溶液在碳纳米管侧壁上的润湿能力。碳纳米管侧壁化学改性是目前应用最广泛的降低水溶液与碳纳米管侧壁界面张力的方法。化学改性过程中，碳纳米管侧壁经常产生缺陷，导致碳纳米管性能的恶化。对于多孔碳纳米管材料，化学改性在碳纳米管弥散过程中也会破坏高孔隙率结构。一般来说，化学改性可能不是多孔碳纳米管材料的理想方法。最近，有报道称在电场作用下，液体／固体界面张力显著降低。在电场作用下，固相基体表面电荷的积累导致了液固界面张力的降低（电润湿效应）。电场作用下的电湿化是一种改善碳纳米管侧壁溶液润湿性的可行方法。Yao[54]通过电场的主动处理调节碳纳米管侧壁上水溶液的润湿性，原始碳纳米管海绵的水接触角为 167.5°，经电场处理的碳纳米管海绵的水接触角接近 0°。

（4）水雾刻蚀

众所周知，水是一种天然的绿色溶剂。当水加热到大约 1000℃时，一小部分分解成氧和氢。受此启发[55]，设计了一种温和的一步氧化方法，通过 CNTs 和来自雾化水流的稀有氧气在高温下发生化学反应，来制备 PCNTs。在一个典型的过程中，首先将水雾化以形成水雾。然后，当达到所需的 850℃时，使用氩气载体将所形成的水雾送入含有原始商用碳纳米管的石英管内，然后从石英管中收集最终产品。与原始 CNTs 相比，850℃水雾处理的 PCNTs 具有丰富的晶格缺陷，外壳呈现不规则形状，表面粗糙。通过这种方法生长的 PCNTs 具有以下优势：①孔径容易控制；②结构完整性和高导电性能够很好保留；③含氧基团在 PCNTs 中被大量引入。将刻蚀后的 PCNTs-S 复合材料作为 Li-S 电池正极材料进行测试，阴极具有高可逆容量、优异的倍率性能和良好的循环稳定性。这种方法的简单性、绿色性和可扩展性，意味着在不久的将来 PCNTs 有潜力用于先进的 Li-S 电池中。

8.2.2　多孔碳纳米管的应用

多孔碳纳米管的应用涉及各个领域，主要包括以下几个部分的应用（图 8-8）。超级电容器由于其快速充放电速率、优异的循环寿命、高功率密度、良好的安全性和稳定性以及较低的维护成本而成为一类有前途的储能装置。多孔碳纳米管由于良好的循环稳定性、高导电性、高表面积、规则的孔结构和良好的电化学稳定性而用作超级电容器中的材料。碳材料因为其巨大的比表面积、表面众多的活性位点，同时也是一种优异的负载金属的载体，被公认为是一种优秀的电催化材料。

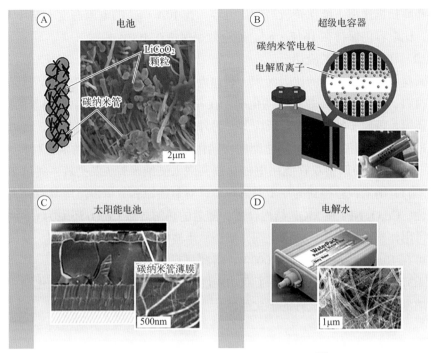

图 8-8　多孔碳纳米管在能源方面的应用[48]

（1）在超级电容器中的应用

碳材料在人类进步和发展过程中发挥着至关重要和不可替代的作用。由于优异的化学性能和热稳定性、天然丰富、制造成本低、环保等优点，多孔碳材料在超级电容器领域得到了广泛的应用，特别是，可控的孔径分布是提高超级电容器能量密度的关键因素。Zhou 等[56] 通过在氮掺杂生物质多孔碳中注入碳纳米管制备一种作为超级电容器电极材料的三维导电复合材料。作为一种生物附属物，每年有数以万计的猪指甲被当作废物丢弃。由于其中蛋白质含量高、天然丰度高，从猪指甲中提取的氮掺杂生物质多孔碳具有成为支持高导电性碳纳米管的主体材料的巨大潜力。通过原位活化过程，碳纳米管均匀分布到氮掺杂的多级多孔碳中。值得注意的是，得到的氮掺杂多级多孔碳／碳纳米管杂化物（表示为 NOPC/CNT-x ）呈现嵌入碳纳米管的多孔网络结构。碳纳米管赋予复合材料高导电性和将多孔碳相互连接，从而在充电／放电过程。得益于丰富的杂原子的强键合效应官能团，氮掺杂的多级多孔碳／碳纳米管杂化物表现出相当大的电荷传输能力，在一定的电流下比电容可达到 $293.1F \cdot g^{-1}$，并且拥有非常高的倍率性能。此外，组装的对称超级电容器的功率密度为 $874.98W \cdot kg^{-1}$，展示出高的能量密度为 $27.46Wh \cdot kg^{-1}$。Lv 等[57] 提出了一种简单的自下而上的多孔碳纳米管合成策略，其所制备的多孔碳纳米管表现出较高的比表面积和优异的电化学性能，在大电流密度和高扫描速率下能保持较高的比电容。在 $10A \cdot g^{-1}$ 的电流密度下循环 10000 次后，比电容仍保持在 $161F \cdot g^{-1}$，库仑效率保持在 100%。

（2）在电催化中的应用

碳材料因为其巨大的比表面积、表面更多的活性位点，例如多孔碳掺杂杂原子的材料，作为无金属非均相催化剂，在各种催化转化中显示出有前景的应用，包括还原、氢原子转移和氧化反应等。另外多孔碳是一种优异的载体，可以减少金属用量并且利用载体和金属之间的协同作用，得到性能优异的催化材料。Dou 等[58]设计了一种新型双官能团电催化剂共嵌入碳纳米管/多孔碳，通过 ZIF-67 包封 Co_3O_4 纳米颗粒得到的一步热解颗粒，对氧还原和氧析出反应具有强大的催化活性。Co_3O_4 NPs 在 MOF 结构合成，随后的热解导致 Co_3O_4 还原为 Co 纳米颗粒，可用作碳纳米管生长的催化剂。氧还原半波电位可以达到 0.918V，其氧析出反应可在 $10mA \cdot cm^{-2}$ 下工作 20000s，将此材料应用于 Zn- 空气电池，其开路电压为 1.37V，此工作新颖地制备了双功能性可应用于锌空气电池的催化剂，也表明碳纳米管材料是一种良好的催化载体。

8.3

多孔炭黑

炭黑（carbon black，CB）是一种内部较松（图 8-9），近乎纯的碳元素组成的细黑色粉末，在各种商业和消费产品中有着广泛的应用。炭黑通常由富碳原料在惰性气氛热解，或缺氧环境下部分燃烧形成。通过控制条件，可以产生具有指定性能范围（如比表面积、颗粒大小、结构、电导率和颜色）的各种 CB。它最大的用途之一是在汽车轮胎等橡胶汽车产品中作为增强剂，而其他常见的日常产品中经常含有 CB，包括油墨、油漆、塑料和涂料等[59]。

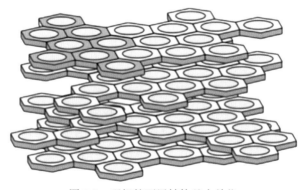

图 8-9　理想的石墨结构基本单位

多孔炭黑（porous carbon black，PCB）通常是由 CB 经过一系列物理化学变化（如造孔剂造孔、刻蚀造孔、机械压制等）得到的具有多孔结构的 CB。由于多孔结构增大比表面积，CB 的边缘活性和导通率得到了一定的提高。另外，CB 本身具有优异的导电性能，PCB 继承了 CB 本身的优异的导电性，以及多孔结构带来的表面能和电化学性能的提升，因此在催化剂、能源器件和电化学储能方向具有广阔的应用前景[60]。

8.3.1 多孔炭黑的制备

炭黑材料由于成本较低、自然资源丰富、稳定性好、绿色无污染等优势，具有较高商业价值。但是炭黑的理论电荷容量较低，限制了材料能量密度的进一步提升。为了改善这一问题，许多研究人员通常向炭黑材料中加入多孔结构。发达的孔隙结构，能够增加材料的比表面积，进而达到提高活性位点数量的目的。常见的多孔炭黑制备方法主要有以下几种。

（1）碱性刻蚀法

近年来，许多科研工作者利用刻蚀的方法合成了多孔石墨烯以及多孔碳纳米管，依照同样的刻蚀方法，也可以合成 PCB。例如 Yin Ruilin 等运用碱性刻蚀的方法获得 PCB。通过强碱与 CB 混合，随后进行惰性气体加热，获得了 PCB 材料。多孔结构的加入使 CB 的电化学循环稳定性、能量密度以及功率密度都得到了提升，在电容器与电极材料方面都具有良好的应用前景[61]。

（2）机械压制法

CB 在应用过程中，可以与其他材料结合，通过其他材料的填充，直接压制成为多孔结构，可以作为多孔电极使用。例如 Nasibi Mahdi 等将 CB 与聚四氟乙烯在乙醇中混合，利用少部分的聚四氟乙烯作为孔填充物，直接将糊状混合物压制在镍箔中，并后续对该材料进行性能评估，结果表明该材料作电极时的比电容高达 33.58F·g^{-1}，100 次循环后表现出良好的可逆性[60]。

（3）相分离法

相分离法可以制备一种具有连通孔结构的 PCB 膜。通常使用的氟基黏合剂在 Li-O$_2$ 电池中不稳定，为了解决这个问题，Matsuda Shoichi 等采用碳纤维和聚丙烯腈材料增强 PCB 膜的机械强度和稳定性，将该 PCB 膜作为 Li-O$_2$ 电池的电极材料时，数据结果显示，其比容量 > 7000mAh·g^{-1}，这是目前 CB 基电极的最佳容量性能。电解质质量与电池容量之比（E/C，g·Ah^{-1}）优于先前文献报道的 CB 的五倍[62]。

（4）等离子体法

除了上述一些对 CB 进行直接改造生成 PCB 的方法，还有一些科研人员利用等离子体法合成 PCB。例如 Kang 等用苯作为碳源，通过溶液等离子体法，经过等离子体放电、加热后生成 PCB。通过该方法合成的 PCB，具有优良的宏观孔隙结构，平均孔径仅有 14.5nm。该方法合成的 PCB 作为 Li- 空气电池电极材料时，放电比容量达到 3600mAh·g^{-1}，比电池性能最好的商用 CB-Ketjen Black EC-600JD 的比容量高出 30%～40%[63]。

8.3.2　多孔炭黑的应用

由于多孔结构提高了炭黑的材料表面性能，使多孔炭黑能具有多方面的应用潜质。目前多孔炭黑在电化学领域中具有较广泛的应用。材料的表面性能提升，活性位点数量增加，能够有效改善电化学催化性能。炭黑材料由于表面有限的活性位点，在电容式电荷存储机制上受限，而多孔结构的加入恰好可以改善这一缺陷，使炭黑获得较高的电荷存储能力，因此多孔炭黑材料有望能够推进电化学储能发展[59]。

（1）在锂离子电池中的应用

锂离子电池是目前应用最为广泛的电化学储能系统，也是近些年来研究的热点。但是目前锂离子电池的导电性和离子电导率的进一步提升仍是一个挑战。离子电导率的提高主要集中在电极的孔径分布和孔隙网络结构优化上，基于此观点，K. Mayer Julian 等利用测量汞孔隙的计算方法，进行 CB 的孔隙率对电导率和电极力学性能的影响研究，结果表明，CB 孔隙率越大，电极的相对塑性变形功越大，电导率越大。这意味着在后续的压实步骤中，电极更容易被压实。CB 颗粒的外表面积越大，黏结强度越大，孔隙率越低，电导率越低[64]。

虽然 Li-O_2 电池的理论能量密度远远超过了传统的锂离子电池，但是在高面积比容量条件下，具有足够高的容量以维持重复放电/充电循环的正电极的限制阻碍了具有实际高能量密度的 Li-O_2 电池的实现。Matsuda Shoichi 等合成了一种自立式自支撑 PCB 膜作电极，在高电流密度（> 0.4mA·cm^{-2}）条件下，放电比容量可达 7000mAh·g^{-1}。采用所研制的自立式碳膜作为正极，制备了 500Wh·kg^{-1} 级可充电锂氧电池，并在 0.1C 倍率下实现了重复放电/充电循环[62]。

Li- 空气电池由于具有较高的能量密度，在未来的电化学能源应用中具有很大的潜力，理论能量密度与汽油相当，是传统锂离子电池的 5～10 倍。多孔碳材料因其具有良好的孔隙率，利于氧扩散而发挥重要作用。在各种类型的电池体系中，非水系统似乎是最安全的，并具有最高的可充电性。Kang 等利用等离子体法合成了具有层次化的多级孔隙结构的 PCB，应用到 Li- 空气电池电极上，结果表明高孔容的中微观层次结构更有效，促进了电化学反应和氧扩散，提高电池的放电容量。电池比容量＞ 7000mAh·g^{-1}，是目前 CB 基电极材料达到的最佳比容量，质量比容量优于先前报道过的 CB 的 5 倍[63]。

硫元素作为阴极材料具有成本低、性质丰富、环境友好等优点。因此，锂硫电池被认为是应用于电动汽车、电网存储等下一代可充电锂电池中最有前途的电源系统之一。但它的实际应用仍有许多问题需要克服。硫的绝缘性质就是急需克服的一个问题，Li 等将微孔碳与 S 结合，形成硫 / 微孔碳复合物作电极，可以有效地解决当前锂硫电池存在的这些问题。实验结果表明所制备的硫 / 微孔碳（S/MC）复合材料具有良好的电化学性能，复合材料作电极的锂硫电池体系理论能量密度较大，达到 2600Wh·kg^{-1}，几乎比目前商用锂离子电池高出一个数量级[65]。

另外，构建连接各活性材料粒子的均匀分布的导电网络是克服活性材料固有性能限制的重要途径，Cho Inseong 等利用石墨烯、碳纳米管、PCB 材料作为导电添加剂，添加到 LiCoO$_2$ 电极材料中，增大导电性能，提升电化学性能，数据显示，PCB 掺杂的电极材料获得了最高的电导率[66]。

（2）在催化剂上的应用

催化甲烷分解制氢技术是一种极具前景的无 CO$_2$ 排放的制氢技术，常见的活性炭材料虽然活性高，但是失活较快。而 CB 相对活性炭具有更低的活性、更高的稳定性，因此可以用 CB 与活性炭合成复合材料，使其同时具有较高的活性和稳定性。例如 Li Yang 等用浸渍法合成孔隙结构的 CB/ 活性炭复合催化剂，提高了甲烷转化率和产氢率，增重速度和产碳率均有较大的提高，失活时间逐渐延长，后期稳定性略有提高。对于复合材料孔径，微孔越小，吸附性能越好，甲烷转换速率越快[67]。

开发非贵金属电催化剂是可再生电化学能量转换与存储技术的核心课题。优良的 ORR 催化剂多为 Pt 基催化剂，Pt 在自然界中含量低，价格昂贵，因此开发非贵金属 ORR 催化剂成为降低电催化剂成本的核心问题。Guo 等利用 CB 为基底，将 Fe、N 共掺杂到 CB 表面，经过实验测试显示该催化剂半波电位（0.86V）高于 Pt/C。催化剂表现出的稳定性和耐甲醇性均优于 Pt/C 催化剂[68]。

（3）在电容器中的应用

目前锂离子电容器负极存在电化学动力学缓慢的难题，极大限制了锂离子电容器的倍率和循环性能。PCB 由于具有低成本、高循环性能，成为锂离子电容器的研发热点。Yin Ruilin 等用强碱将 CB 的部分石墨结构破坏，引入缺陷，合成

PCB，其具有极佳的倍率和循环性能。Nasibi Mahdi 等通过简单的机械压制法合成 PCB 作超级电容器双电层材料，实验数据显示，这种纳米孔结构增加了材料的比表面积，并改变电极的电荷存储和电荷传递能力。经过 100 次循环后，电容仅下降 11%，具有优良的循环性能[60]。

8.4

多孔碳纤维

碳纤维具有机械强度优异、柔韧性好、密度低、导电能力突出、化学稳定性高、耐高温和热膨胀系数小等众多优点，因此在轻量化设备、柔性可穿戴电子设备以及航空航天等领域的应用前景十分光明。目前，碳纤维材料通常以沥青、聚丙烯腈、黏胶和可再生生物聚合物（纤维素、木质素等）为原料，经预氧化、炭化或石墨化等过程而合成。这类碳纤维材料的密实结构特性，使其比表面积、孔隙率难以让人满意。因此，优化碳纤维合成设计，引入多孔结构可以显著提升碳纤维的活性位点暴露和内部传质速度，从而进一步扩宽碳纤维材料的应用范围以及性能。

近年来，科研人员已经开发出多种合成方法，并制备出了一系列具有不同结构参数的多孔碳纤维材料。因为这些多孔碳纤维材料不仅很好地继承了碳纤维自身突出的物理化学特性，同时还能够兼具高比表面积和快速传质特性，所以在应用于能源、环境和催化等领域时展现出了极为优异的性能。随着多孔碳纤维材料的快速发展，详细总结多孔碳纤维材料的制备方法和应用进展意义重大。

8.4.1 多孔碳纤维的制备

目前，多孔碳纤维材料制备方法有多种，其中包括活化法、模板法、相分离法、气相沉积法等。模板法使用模板材料浸渍碳源溶液，干燥后进行炭化处理，并去除模板材料以得到多孔碳纤维。气相沉积法则通过热解碳源气体在碳纤维表面沉积形成多孔结构。这些方法可根据制备需求和材料性质等因素选择，实现多孔碳纤维的制备。

（1）活化法

活化法是一种常见的碳材料后处理方法，能够有效地将多孔结构引入到碳材料中。活化法根据反应过程特性一般分为物理活化法和化学活化法。

物理活化法一般含有两个步骤：首先，在惰性气氛下通过热解处理将碳前驱体转化成碳材料；然后使用氧化性气体（如氧气、二氧化碳、空气、水蒸气以及多种混合物），对碳材料进行高温刻蚀，同时去除堵塞在炭化产物内的木焦油等杂质以实现开孔。

化学活化法以化学试剂如氢氧化钾、氯化锌、磷酸等为活化剂，在热解处理前，通过浸泡或研磨的方式将活化剂与前驱体均匀混合，随后活化剂在热解过程中与碳源发生活化反应，从而引入多孔结构。如 E.J.Ra 等[69]对聚丙烯腈基碳纤维在不同温度下进行二氧化碳活化处理，以制备微孔碳纤维。处理后的碳纤维的比表面积、孔容以及孔径都得到了显著的提升，并且随处理温度的升高，活化效果也更加明显。Wang 等[70]以椰汁中提取的细菌纤维素为前驱体，采用 KOH 活化的方法制备了具有等级孔结构的碳纤维材料。KOH 活化处理能够将纤维的比表面积和孔容分别从 $710m^2 \cdot g^{-1}$ 和 $0.57cm^3 \cdot g^{-1}$ 提升至 $1235m^2 \cdot g^{-1}$ 和 $1.02cm^3 \cdot g^{-1}$。

（2）模板法

模板法在多孔碳材料的合成领域取得了巨大成功。模板法是通过在材料内添加纳米粒子经过后续处理获得多孔材料的方法。根据模板剂自身种类的差异，模板法可以分为硬模板法和软模板法。

① 硬模板法

硬模板法是以已经预先合成出来的 $CaCO_3$、ZnO、CaO 和 MgO 等纳米颗粒作为"牺牲模板"，并与碳前驱体混合均匀后共同纺丝，再经过预氧化、炭化、特定的处理除去硬模板后，就能够得到相应的多孔碳纤维材料。

Song 课题组[71]将硬模板剂纳米碳酸钙与聚丙烯腈混纺，并经过炭化和盐酸处理，合成了具有大孔 / 介孔多级结构的碳纳米纤维材料。碳酸钙在炭化过程中将会分解生成 CO_2 和 CaO，生成的 CO_2 气体会在高温下引入介孔结构，而盐酸刻蚀 CaO 硬模板后生成大孔结构。

Yan 等[72]采用原位生成氧化锌硬模板的方法并结合静电纺丝策略，构建了氮掺杂多孔碳纳米纤维。ZnO 的原位形成和热去除对微 / 介层次多孔结构的构建以及高活性 N 掺杂位点的形成起着至关重要的作用。多孔碳纤维的比表面积和孔容分别可以达到 $501cm^2 \cdot g^{-1}$ 和 $0.26cm^3 \cdot g^{-1}$。

② 软模板法

表面活性剂与前驱体分子之间有一定的相互作用力（离子键、氢键以及范德华力等）是利用此方法制备有序介孔材料的基础。通过两者间的相互作用力，表面活性剂与前驱体分子可以自组装形成高度有序的介观结构。经过煅烧或萃取等步骤除去介观体系中的表面活性剂后，就可得到高度有序的介孔材料。

Li 等[73]以低聚酚醛树脂为碳前驱体，F127 为结构定向剂，聚乙烯吡咯烷酮为助纺剂,采用静电纺丝法制备了具有二维六方(p6mm)孔结构的有序介孔碳纤维材料,其孔径为 4.3nm。值得注意的是,虽然此方法能够实现静电纺丝过程中,前驱体与模板剂的有序组装,但是有序结构仅在纤维的局部存在。

Zhou 等[74] 首先采用可逆加成 - 断裂链转移聚合(RAFT)技术合成了两嵌段共聚物聚丙烯腈 - 聚甲基丙烯酸甲酯(PAN-*b*-PMMA)。随后以 PAN-*b*-PMMA 为前驱体经静电纺丝、高温热解等过程,得到具有均匀介孔结构的碳纳米纤维材料。

③ 相分离法

相分离法是一种最为主要的多孔纤维生产方法。纺丝过程中聚合物溶液中固相聚合物从溶剂液相中析出,分别形成聚合物富集相和溶剂富集相。在相分离过程中,聚合物在富聚合物域内部分结晶,影响体系的黏度,直到完全凝胶化发生,即纤维成型。溶剂相经过进一步挥发后则形成多孔结构。目前,相分离工艺,可以产生孔径在 0.1nm ~ 100μm 之间的开放或封闭的孔隙结构。常见的利用相分离原理制备多孔纤维的方法有静电纺丝法和湿法纺丝法。

静电纺丝法制备纤维过程中,通过结合非溶剂诱导相分离或热致相分离技术,能够实现在聚合物纤维的芯部和表面诱导产生孔隙。Rezabeigi 等采用静电纺丝法制备了无后处理的聚乳酸(PLA)微米级多孔纤维,并对其相分离过程中胶凝前溶液的可纺性及老化时间对纤维形貌的影响进行研究,结果显示,从凝胶态的静电纺丝液中无法获得长而均匀的纤维,应合理控制纺丝溶液黏度及比例。

湿法纺丝法是将聚合物溶液挤压入凝固浴中,溶剂和非溶剂之间形成双扩散,于是纤维快速凝固成型。纤维凝固过程同时受到双向溶剂扩散和非溶剂诱导的聚合物相分离(NIPS)控制。当非溶剂扩散进入到纺丝原液中后,聚合物溶液分离形成非溶剂富集相和组成纤维的聚合物富集相,脱除非溶剂后即形成多孔相。纺丝原液和非溶剂的浓度都可以影响最终的孔洞形成。

8.4.2　多孔碳纤维的应用

多孔碳纤维材料不仅继承了碳纤维柔韧性好、导电能力突出、化学稳定性高和耐高温等优点,同时比表面积、孔容和内部传质等也得到显著提升。因此,多孔碳纤维在储能、催化、环境和吸附等领域拥有巨大应用潜力。

(1)超级电容器中的应用

超级电容器由于其高容量、快速充放电率和卓越的可循环性,在储能行业中吸引了越来越多的研究兴趣。一维碳材料因其快速的充放电能力和长循环寿命被认为是最具优势的一类超级电容器材料。但是,它们的容量和能量密度难以让人满意。Na 等[75] 利用水热处理创造多孔结构，以提高纤维的比表面积和孔隙率。所制备的多孔碳纤维用于全固态柔性对称超级电容器（SSCs）时，在 $0.5A \cdot g^{-1}$ 的电流密度下，比电容可以达到 $58.1F \cdot g^{-1}$，并可以长期稳定循环超过 20000 圈。

（2）在锂离子电池中的应用

除超级电容器外，多孔碳纤维材料的独特结构优势，同样使其广泛用于锂离子电池技术中。Qie 等[76] 对自制的聚吡咯纳米纤维进行 KOH 化学活化处理，成功地制备了氮掺杂多孔碳纳米纤维。制备的氮掺杂多孔碳纳米纤维，在电流密度为 $2A \cdot g^{-1}$ 的条件下，经过 600 次循环后，仍具有 $943mAh \cdot g^{-1}$ 的超高可逆比容量。Li 等[76] 采用静电纺丝法结合两步炭化法制备的自支撑柔性多孔碳纳米纤维应用于锂离子电池时，在 $0.5A \cdot g^{-1}$ 下循环 600 次后，可提供高达 $1780mAh \cdot g^{-1}$ 的可逆比容量。

（3）在催化中的应用

Ji 等[77] 采用电纺 - 煅烧法制备了 Ni/MnO 杂化颗粒负载于一维多孔碳纳米纤维催化剂。与目前所报道的催化剂相比，所得到的催化剂显示了最佳的氧还原反应（ORR）和析氧反应（OER）催化活性，对应的锌空气电池具有高开路电压、优越的功率密度和较长的循环寿命。Wang 等[78] 采用碳化钼纳米粒子嵌入氮掺杂多孔碳纳米纤维（Mo_2C/NPCNFs）制备了一种高效的析氢反应（HER）和 ORR 双催化剂。受益于催化剂优异的导电性能和丰富的活性位点，当应用于酸性条件下的 HER 时，起始电位为 $-85mV$，Tafel 斜率为 $68mV \cdot dec^{-1}$，电流密度为 $0.178mA \cdot cm^{-2}$，在 $0.1mol \cdot L^{-1}$ KOH 条件下，ORR 的起始电位为 $-0.9V$，半波电位为 $-0.77V$，Tafel 斜率为 $60.2mV \cdot dec^{-1}$。

（4）在吸附中的应用

工业化进程带来了大量的环境污染问题，严重威胁着人类健康。利用多孔碳纤维材料吸附工业废气和废水中的重金属离子成为近年来的研究热点。Song 等[79] 以 SiO_2 为硬模板，制备了多孔碳纤维材料。当应用于 SO_2 吸附时多孔碳纤维的性能要显著高于传统纤维材料，这说明多孔结构提供的高比表面积和快速传质更加有利于吸附能力的增强。Hong 等[80] 以聚偏二氟乙烯（PVDF）纤维为基础，采用两步炭化处理，合成了具有微孔结构的多孔碳纤维吸附剂。该吸附剂对 CO_2 的最大吸附量达到 $3.1mol \cdot kg^{-1}$。同时，吸附剂还拥有出色的吸附 - 解吸能力。

本章节综述了多孔碳材料合成研究的进展。通过采用不同的合成方法，成功合成了具有不同孔径和孔隙结构的多孔碳材料。这些方法主要可以分为激活过程和模板合成两类。虽然激活过程因其简单和可扩展性经常被应用于多孔碳材料的合成，但通常会产生孔径不均匀和孤立的多孔碳材料。而利用各种设计的模板合成方法则可以获得具有均匀孔径、高表面积和大孔隙体积的多孔碳材料。

此外，本章节还综述了各种多孔碳材料的几种应用，为进一步研究多孔碳的应用提供了依据。作为一种新型的多孔晶体材料，其具有高的比表面积、有序互连的网络结构和可调的孔隙率；而且由于其成本低、环境友好，常被用作前驱体等，已经被广泛应用于电化学、储氢、催化剂载体及气体吸附和分离等领域，以及作为生物传感器固定化生物分子的宿主。多孔碳的比表面积可以达到 $4000m^2 \cdot g^{-1}$，表明在储气分离等方面有巨大的潜力；需要注意的是，在许多生物技术应用中，需要合成直径为 10 纳米的大互连孔的介孔碳材料；而对于燃料电池等电化学器件的电极，则需要具有高度石墨化结构的多孔碳材料，这是一个非常具有挑战性的任务。因此，为了实现多孔碳材料的广泛应用，仍然需要开发简单经济的模板合成方法。

但是，在室温下，多孔碳的应用远远达不到车载目标，因此仅仅扩大表面积是不够的，现实应用中需要更多的突破。比如，通过调控球状、片状、管状等不同形状的多孔碳结构，提供足够的孔隙空间，以使电解质离子和催化剂的作用发挥和增强；需要更加精确地调整孔径分布和孔隙体积，并控制多孔结构等。制备分层多孔碳材料仍然具有挑战性和重要意义。为了实现绿色化学，需要提高其稳定性和循环性，并使用经济的生物质材料作为碳资源。目前液相分离研究还不够充分，例如去除石油中的芳香烃等杂质或废水中的有害物质等。总之，为实现廉价、高效的大规模工业和社会应用，未来需要持续研究多孔碳材料的制备。多孔碳的应用潜力仍有待挖掘，需要进一步深入探索应用的前沿。

参考文献